图解
普通心理学

游恒山 ◎ 著

中国纺织出版社有限公司

《图解心理学》中文版权©2014，游恒山/著。

本书为五南图书出版股份有限公司授权中国纺织出版社有限公司在中国大陆出版发行简体字版本。本书内容未经出版者书面许可，不得以任何方式或任何手段复制、转载或刊登。

著作权合同登记号：图字：01-2022-0607

图书在版编目（CIP）数据

图解普通心理学 / 游恒山著. --北京：中国纺织出版社有限公司，2022.9

ISBN 978-7-5180-9315-1

Ⅰ.①图… Ⅱ.①游… Ⅲ.①普通心理学—图解 Ⅳ.①B84-64

中国版本图书馆CIP数据核字（2022）第017422号

责任编辑：闫 星　　责任校对：高 涵　　责任印制：储志伟

中国纺织出版社有限公司出版发行
地址：北京市朝阳区百子湾东里A407号楼　邮政编码：100124
销售电话：010—67004422　传真：010—87155801
http://www.c-textilep.com
中国纺织出版社天猫旗舰店
官方微博 http://weibo.com/2119887771
鸿博睿特（天津）印刷科技有限公司印刷　各地新华书店经销
2022年9月第1版第1次印刷
开本：710×1000　1/16　印张：15.5
字数：297千字　定价：49.80元

凡购本书，如有缺页、倒页、脱页，由本社图书营销中心调换

第1章 心理学的基本概念

1-1　心理学小测验　002
1-2　心理学的定义　004
1-3　心理学家做些什么　006
1-4　心理学的七大门派（一）：生理心理学和心理动力学的观点　008
1-5　心理学的七大门派（二）：行为主义和人本主义的观点　010
1-6　心理学的七大门派（三）：认知主义和进化论的观点　012
1-7　心理学的七大门派（四）：社会文化及其他观点　014

第2章 学　习

2-1　学习的基本概念　018
2-2　经典条件作用（一）　020
2-3　经典条件作用（二）　022
2-4　操作性条件作用（一）　024
2-5　操作性条件作用（二）　026
2-6　操作性条件作用（三）　028
2-7　认知学习　030

第3章 记　忆

3-1　记忆的结构（一）　034
3-2　记忆的结构（二）　036
3-3　记忆的结构（三）　038
3-4　记忆的历程（一）　040
3-5　记忆的历程（二）　042
3-6　遗忘的原因　044
3-7　增进记忆的方法　046

第4章 思　维

4-1　概念形成　050
4-2　推　理（一）　052
4-3　推　理（二）　054
4-4　问题解决（一）　056

4-5　问题解决（二）　058
4-6　判断与决策（一）　060
4-7　判断与决策（二）　062

第 5 章　心理测验

5-1　心理测验概论（一）　066
5-2　心理测验概论（二）　068
5-3　心理测验的统计基本原理　070
5-4　测验的信度与效度（一）　072
5-5　测验的信度与效度（二）　074
5-6　智力评估（一）　076
5-7　智力评估（二）　078
5-8　智力理论（一）　080
5-9　智力理论（二）　082
5-10　IQ 的先天与后天因素　084

第 6 章　发展心理学

6-1　基本概念　088
6-2　认知发展理论（一）　090
6-3　认知发展理论（二）　092
6-4　社会发展（一）　094
6-5　社会发展（二）　096
6-6　性别认同和性别角色　098
6-7　道德发展　100

第 7 章　动机与成就

7-1　基本概念　104
7-2　摄食行为　106
7-3　性行为（一）　108
7-4　性行为（二）　110
7-5　同性恋　112
7-6　成就动机　114

第 8 章　情绪与压力

8-1　基本概念　118
8-2　情绪理论（一）　120
8-3　情绪理论（二）　122
8-4　生活压力　124
8-5　创伤后应激障碍　126
8-6　健康心理学　128

第 9 章　人格心理学

9-1　人格的基本概念　132
9-2　人格的类型论　134
9-3　人格的特质论　136
9-4　人格特质的五因素模型　138
9-5　心理动力学的人格理论（一）　140
9-6　心理动力学的人格理论（二）　142
9-7　心理动力学的人格理论（三）　144
9-8　人本主义的人格理论　146
9-9　行为主义与社会学习论的人格理论　148
9-10　社会学习与认知主义的人格理论　150
9-11　人格测试（一）　152
9-12　人格测试（二）　154

第 10 章　变态心理学

10-1　变态行为的界定　158
10-2　心理障碍的分类　160
10-3　变态行为的起因（一）　162
10-4　变态行为的起因（二）　164
10-5　变态行为的起因（三）　166
10-6　焦虑障碍——强迫症　168
10-7　心境障碍——抑郁症（一）　170
10-8　心境障碍——抑郁症（二）　172
10-9　躯体形式障碍——疑病症　174
10-10　分离障碍——分离性身份障碍　176

10-11　进食障碍——神经性厌食　178
10-12　人格障碍——反社会型人格障碍　180
10-13　儿童期心理障碍——多动症　182
10-14　儿童期心理障碍——自闭症　184
10-15　精神分裂症　186

第 11 章　心理障碍的治疗

11-1　治疗的概念　190
11-2　心理动力学疗法　192
11-3　人本主义心理治疗（一）　194
11-4　人本主义心理治疗（二）　196
11-5　行为主义治疗（一）　198
11-6　行为主义治疗（二）　200
11-7　认知治疗　202
11-8　认知—行为治疗　204
11-9　团体治疗　206
11-10　生物医学的治疗（一）　208
11-11　生物医学的治疗（二）　210

第 12 章　社会心理学

12-1　社会心理学的基本概念　214
12-2　人际知觉　216
12-3　归因理论——关于他人行为　218
12-4　态度的形成与改变　220
12-5　人际吸引　222
12-6　从众行为　224
12-7　顺从行为　226
12-8　服从行为　228
12-9　亲社会行为　230
12-10　攻击行为　232
12-11　偏　见　234
12-12　团体影响　236
12-13　团体决策　238
12-14　冲突与合作　240

第1章
心理学的基本概念

1–1　心理学小测验

1–2　心理学的定义

1–3　心理学家做些什么

1–4　心理学的七大门派（一）：生理心理学和心理动力学的观点

1–5　心理学的七大门派（二）：行为主义和人本主义的观点

1–6　心理学的七大门派（三）：认知主义和进化论的观点

1–7　心理学的七大门派（四）：社会文化及其他观点

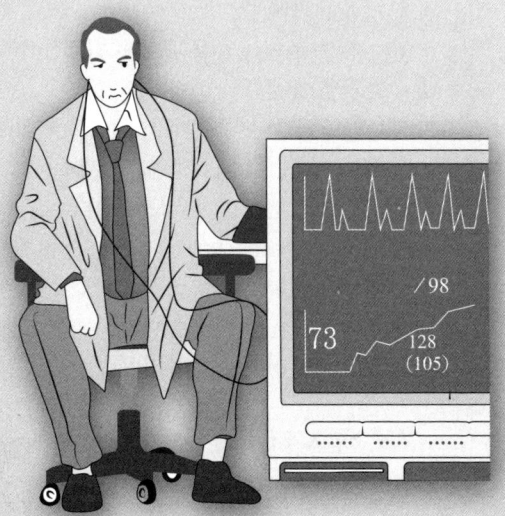

1-1 心理学小测验

从坊间的书报杂志和个人的生活经验中，我们已获得一定的心理学知识。事实上，我们每个人都是一位业余的心理学家，我们知道如何察言观色和推断他人行为的起因。但是，这样的认识是否具有科学的依据？是否经得起科学的严格考验？你不妨尝试判断下列表述的对错：

1. 你的大脑制造一种类似海洛因（heroin）的止痛物质。
2. 有些人的意志特别坚强，他们不需要担心会成为酗酒者。
3. 许多发生在我们身上的事情在记忆中毫不留痕迹。
4. 你出生时就拥有你一生中所有的脑细胞。
5. 几乎每个人每晚都会做好几次梦。
6. 智力是一种纯粹遗传的特质，终其一生都维持在固定的水平上。
7. 无论是采用尼古丁贴片、药物媒介、社会支持团体还是认知—行为的治疗，戒烟的成功率普遍不高。
8. IQ是多种心智能力的总括性的指标，能预测个人的成就。
9. 心理障碍不是少数人的"特权"，它发生在几近半数的人身上。
10. 测谎器相当准确，它所侦测的生理反应能够辨别说谎的嫌疑犯。

关于上述问题，所有单数题的答案是对，偶数题则是错。我们以下稍作说明。

1. 对：这些化学物质被称为内啡肽（endorphin）。
2. 错：酒精是有诱惑性的，它能够削弱甚至"最坚强意志"的抵抗力。
3. 对：记忆并未记录我们生活的所有细节。事实上，我们周遭的大部分信息从不曾抵达记忆，所被记忆的内容经常也是经过编造及扭曲的。
4. 错：头脑的一些部位终其一生持续制造新的神经细胞。
5. 对：人们每晚平均做梦4~6次，虽然他们通常不记得自己的梦境。
6. 错：智力是遗传和环境二者相互作用的结果。因此，智力水平（如IQ测验所测得的）在一生中会发生变动。
7. 对：大部分戒烟方案平均而言只有20%~25%的成功率。最高的戒烟率发生在癌症患者身上（63%），以及因为心血管疾病（57%）或肺部疾病（46%）而住院的患者身上。显然，瘾君子最终还是在重大疾病面前低头了。
8. 错：IQ测验所评估的是相对上窄频的一些心智能力，它们很少涉及创造力、直觉、音乐才能、运动技能及情绪智力等。此外，像是幽默、诚实、端庄、韧性及怜悯等特性在过着幸福生活上也很重要，但这是IQ测验捕捉不到的。
9. 对：研究已指出，美国18岁以上的人群中，46.4%曾经在他们一生中受扰于确诊的心理障碍。
10. 错：至今还没有客观证据支持测谎器的准确性。

无论你答对或答错几题,你都没必要沾沾自喜或自怨自艾。在接下来的论述中,我们将探求人类行为的How,What,When及Why,也将质问我们在自己、他人和动物身上所观察的行为的因与果。最主要的,我们想知道自己为什么会有当前的思考、感受及行为?什么因素使我们每个人成为不同于他人的独立个体?

测谎仪(lie detector)建立在这样的假设上:当人们说谎时会展现激动状态的生理指标。

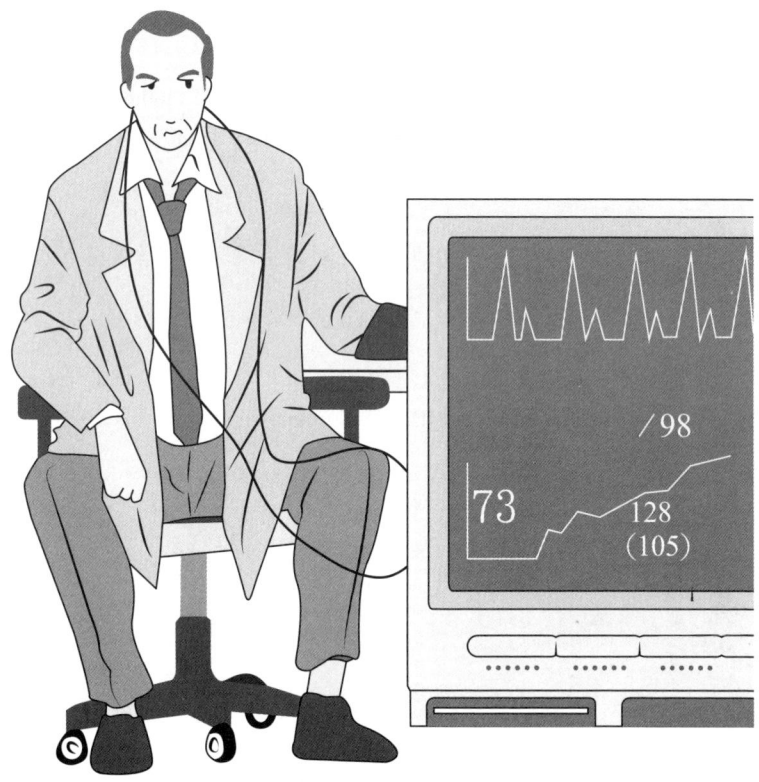

✚ 知识补充站

如何击败测谎仪

测谎仪的正式名称是"多功能记录器"(polygraph),它是在1930年代被发明的。测谎仪测量自主神经系统的活动,方法是把传感器(sensors)贴附在身体的不同部位上:胸部、胃部、手指等。这些传感器侦测呼吸(深度和速率)、心脏活动(心跳和血压)及流汗的变化。它也可能测量脑部的电活动。事实上,测谎仪侦查的不是谎言,而是随着一些特定情绪(恐惧、愤怒、罪疚)而发生的生理变化。

你能否击败测谎仪?这涉及"身体"和"心理"两种基本对策。在身体的手段上,你可以自我施加一些疼痛,像是咬舌头;把大头针藏在鞋子中;缩紧及放松肌肉。在心理的手段上,你可以倒数数字,甚至抱持色情的思想或幻想。这些手段的作用是在提供真实、夸大,但却是误导的生理读数。

1-2 心理学的定义

心理学家最想问的问题是：人类本质（human nature）是什么？为了解答这个问题，他们基本上从两方面着手，一是检视个体心理的历程，二是分析源自外界环境的影响。

（一）心理学的定义

心理学（psychology）被界定为"对于个体的行为及其心智历程的科学研究"。

1. 科学

心理学的研究结论必须建立在根据"科学方法"（scientific method）的原则所搜集的证据上。科学方法是指科学家在研究现象或解决问题时，所采用的整套客观、系统及精密的方法——包括在进行观察、搜集资料及陈述结论等步骤中。

2. 行为

"行为"（behavior）是个体适应所处环境的工具或手段。心理学观察个体如何展现行为和发挥功能，也观察个体在特定情境下如何自处和回应。

3. 个体

心理学探讨的对象通常是关于"个体"（individual）的，如一个新生儿、一位自闭症幼童。但是，研究对象也可能是一只在迷津中寻找出路的小白鼠，或一只在学习啄键以取得食物的鸽子。

4. 心智历程

"心智历程"（mental processes）是指人类心智的运作过程。人类有大量活动是属于内在而隐蔽的事件，像是知觉、想象、推理、记忆、判断、创作及做梦等。尽管不是外显而可被观察的活动，心理学家已设计了许多巧妙的实验来探索这类心理事件和历程。

（二）心理学的目标

（1）描述（describing）：心理学的第一项任务是准确地观察行为，对之作客观的描述。这样的行为资料是进一步研究的基石。

（2）诠释（explaining）：诠释需要超越原先的观察，从行为和心智历程中找出规律。心理学家把可被测量的特定行为称为反应（response），至于引发该反应的环境条件则称为刺激（stimuli）。他们试着在刺激与反应之间寻找一致而可靠的关系。

（3）预测（predicting）：预测是指陈述某特定行为将会发生，或某特定关系将会呈现的可能性。科学的预测必须是精确的表达，以使它们能够被检验。

（4）控制（controlling）：许多心理学家认为控制行为是很重要的，不仅因为它可以验证科学解释的真伪，也是因为这些改变行为的方法有助于改善生活品质。这种控制的意图已促成各式各样的心理治疗方式。

对于从事应用研究的心理学家来说，他们增添了第五个目标，即提高人类生活的品质。

心理学定义的四大要素

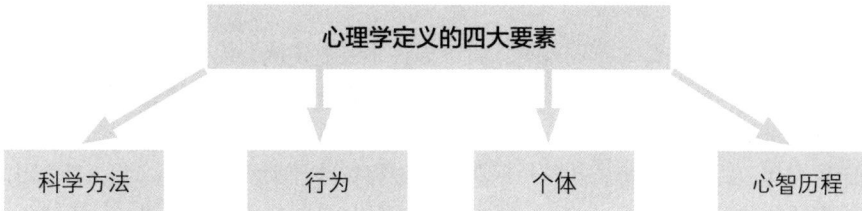

问题与回答"心理学家知道你正在想什么?"

Q：当人们面对心理学家时，经常会好奇地发问："那么，你知道我正在想什么？"人们总是认为，心理学家应该能知道当事人的心理活动，就如算命先生那般。"心理学"就是在揣摩别人的所思所想吗？

A：心理活动具有广泛的意义，像是人们的感觉、知觉、记忆、思维、情绪及欲望等。心理学家的任务是探索这些心理活动的规律，即它们如何产生、发展，受到哪些因素的影响，以及相互间的关联等。心理学家或许可以根据你的外在特征（如外显行为和情绪表现等）或测验结果来推测你的内心世界，但他们无法一眼就看穿你的内心——这样的读心术（mind reading）属于超感知能力（ESP）的范围。

✚ 知识补充站

心理学的初期演进

虽然在古印度的瑜伽传统中，早已提出了一些心理学的先驱观念，但是关于西方心理学的起源，一般认为可以追溯于古希腊的一些伟大思想家。早在公元前四五世纪时，苏格拉底（Socrates）、柏拉图（Plato）和亚里士多德（Aristotle）等哲学家就已针对"心灵如何运作""自由意志的本质"及"心身二元论"等问题展开理性的对话。直到19世纪尾声时，研究人员借用像是生理学和物理学的一些实验技术以探讨源自哲学的这些基本问题时，心理学才开始被确立为一门独立的学科。

1879年，冯特（Wilhelm Wundt）在德国莱比锡创立第一所正式的实验室，探讨感觉（sensation）和知觉（perception）的基本历程。冯特被誉为实验心理学之父，他使心理学脱离了哲学范畴，开创了现代科学心理学的新纪元。

1-3　心理学家做些什么

　　心理学研究不仅涵盖许多不同观点，也牵涉许多专业领域，你几乎在各种学术和应用场所都能找到心理学家的踪迹，包括教育界、运动界、企业界、法庭、教会、政府机构、医院诊所及各级学校等。我们以下只列举一些心理学家的主要类型：

　　临床咨询师、心理咨询师、精神科医师：他们探讨心理失常的起源，为心理障碍（及其他生活适应的问题）提供诊断及治疗。但临床咨询师接受的是心理学训练，只能从事心理诊断及心理治疗。精神科医师接受的是医学训练，他们可进一步采用处方药物治疗。

　　生理心理学家、心理药物学家：他们探讨行为、感受及心理过程的生物—化学基础。他们研究各种感官、神经系统及腺体的功能与心智及行为的关系。

　　人格心理学家、行为遗传学家：他们编制测验、发展理论，以理解人们在性格及行为上的个别差异，探讨遗传和环境如何影响这些差异。

　　社会心理学家：他们探讨人们在团体及组织中如何产生作用、社会情境对于行为的影响，以及人们如何有选择性地解读并记忆社会信息。

　　实验心理学家、行为分析师：他们探讨（在人类和动物身上）学习、感觉、知觉、情绪及动机的基本历程。实验心理学的主要特征是在实验室内，发现及操纵自变量，然后观察因变量，借以发现两者之间的因果关系。

　　认知心理学家：他们探讨像是记忆、推理判断、创造、问题解决、决策及语言使用等心理过程。

　　发展心理学家：探讨个体一生中在身体、智能及社交互动上所发生的变化。其目的在于分析遗传、环境、成熟及学习等因素对各种行为发展的影响。

　　工业—组织心理学家、人因心理学家：他们在普通的工作场所或特殊作业上，探讨各种影响工作表现及士气的因素。他们也在知觉及认知方面进行基础研究，以便所设计的工具仪器和工作环境最便于操作，或最适合人们的身心需求，进而提高生产效率。

　　教育心理学家、学校心理学家：探讨如何改进学习过程，协助设计教学课程，着手行为问题的诊断及矫治。

　　健康心理学家：探讨不同生活风格如何影响身心健康，设计及评估预防方案，协助人们应对生活压力。

　　司法心理学家：在法律施行的领域内，将心理学的理论和方法运用于行为问题，如目击者证词的可信度和精神错乱的认定。

　　运动心理学家：评估运动选手的表现；运用动机、认知及行为的原理以协助选手获得最佳成绩。

　　当然，无论是在学术还是在实务的场合中，针对更为复杂的议题，各个领域的心理学家可能组成跨学科的团队以发挥各自所长。

心理学家在职场的比例分布（根据2009年的资料）

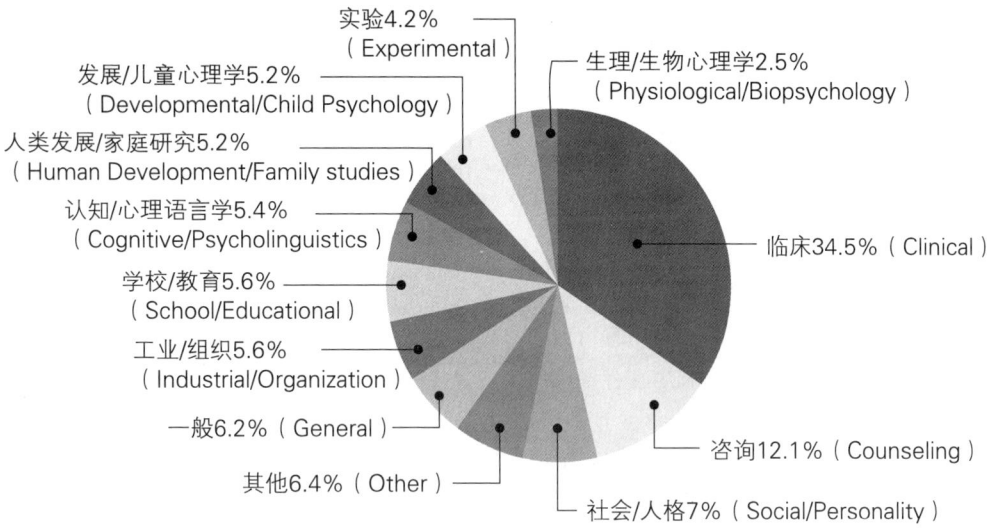

问题与回答"心理学家只研究变态的人？"

Q: 许多人在寻求心理治疗之前，往往经过很大的心理挣扎，他们担心：人们会不会认为我是精神病？我是不是"心理有问题"的人？我这样算是"变态"吗？
这种看法的形成，一方面跟我们的文化传统有关，中国人较为内敛，一向讳疾忌医，为了面子问题，他们不愿意承认自己有问题。另一方面，为了满足人们的猎奇心理，媒体喜欢炒作"变态心理"的题材。许多人从电视、电影、小说及报纸上认识心理学，这容易形成片面的误解，认为心理学只关注变态的人，因而为心理学打上了带有偏见的烙印。

A: 大多数心理学研究都是以正常人为对象。有些人把心理学家和"精神病学家"混淆了。精神病学是医学的分支之一，主要从事精神疾病和心理失常的诊断及治疗。精神科医生在治疗精神疾病时可以使用药物，当然他们也必须接受心理学的专业培训。临床心理学家也关注病人，但他们采取心理治疗，而不是药物治疗。除此之外，大多数心理学研究探讨正常人的心理现象，如儿童的情绪发展、性别差异、智力、青少年叛逆、老年人心理，以及跨文化比较等。
最后，有些人寻求心理咨询不是因为他们认为自己"有问题"，而是他们想要更深切地了解自己，或是为了更充分地开发自己的潜能。

1-4　心理学的七大门派（一）：生理心理学和心理动力学的观点

在现代心理学的演进上，许多人尝试提出"大规模理论"，以之作为架构，引导他们在人类行为及心理过程的复杂现象中理出头绪。经过时间的淬炼，几种观点（perspective）或概念模式显出优势地位，在心理学研究中开拓了自己的一片天地。心理学家所持的观点决定了他们如何检视行为和心理过程，也决定了他们采用的研究方法，以及他们如何界定行为的因与果。你不妨称之为心理学的七大门派：

生理学的观点（biological perspective）

这种观点引导心理学家从基因、大脑、神经系统及内分泌系统等生理活动上寻找行为的起因。它的前提是，行为和心智历程可以通过理解人类的生理功能和解剖结构来解释。个体的经验和行为大体上被视为发生在神经细胞之内及之间的化学活动和电活动的结果。认知神经心理学（cognitive neuropsychology）是一个不断发展的领域，主要是研究人类认知心理和认知行为与脑部神经生理之间的关系。它坚持还原论（reductionism）的观点，认为即使最复杂的现象也能通过分解（还原）为更小、更特定的单位加以理解。认知神经心理学试图以脑神经生理运作为基础，探求人类复杂的高级心理过程产生的起源。

新近脑部造影科技（如fMRI）的进展已导致认知神经科学领域的重大突破，它使生理学的观点能够延伸到广泛的人类经验。

心理动力学的观点（psychodynamic perspective）

弗洛伊德（Sigmund Freud，1856—1939）创立了精神分析（psychoanalysis），他主张个体行动是起源于先天本能、生物性驱力，以及个人试图解决自己需求与社会要求之间的冲突。他强调童年经验和潜意识心理过程（起因于个人对不愉快经验和不被接受冲动的压抑）的重要性。自弗洛伊德以来，数以百计的理论家扩展了他的观点。这些较新式的理论典型地被称为"心理动力学"，因为它们强调人格的各种成分之间动态的交互作用，而且把发生在个体一生中（除了人格塑成的童年早期外）的各种影响力和互动都考虑进去。

弗洛伊德的精神分析论可被视为首次的系统化探讨，以便说明人类心理过程如何可能导致心理障碍。就如同生物论的观点（视器质病理为心理障碍的起因）取代了迷信，心理动力学的观点（视精神内在冲突和夸大的自我防御为一些心理障碍的起因）也取代了大脑病变。换言之，这种观点是从动机、欲望、情绪及防御机制等内在历程来解释个人的心理和行为。

生物论的观点

```
                    行为的起因
          ┌──────┬──────┴──────┬──────┐
       基因结构  大脑历程    神经系统  内分泌系统
```

心理现象和社会现象最终能够从生化历程（biochemical processes）的角度加以理解。

弗洛伊德（1856—1939）：奥地利心理学家和精神病学家，他是精神分析学派的创始者。

✚ 知识补充站

人类的败家子——弗洛伊德

16世纪中叶，波兰人哥白尼（Nicholas Copernicus）对地球为宇宙中心的说法表示质疑，提出太阳为天体运行中心的看法。这一理论到17世纪初受到德国科学家开普勒（Johannes Kepler）和意大利学者伽利略（Galileo Galilei）进一步的确认。达尔文（Charles Darwin）在1859年出版《物种起源》，指出高等动物（如人类）是由低等动物（如猿猴）进化而来的，大悖于上帝创造人类的传统观念。最后，弗洛伊德在1900年发表《梦的解析》，指出人类根本不是理性的动物，人类行为决定于个体不自觉的潜意识（unconsciousness）和童年经历，所谓自由意志的说法是不存在的。这三位人物的观念使人类在地球上的地位节节败退，几至不堪的地步，被戏称为人类思想史的三大败家子。

1-5 心理学的七大门派（二）：行为主义和人本主义的观点

行为主义的观点（behavioristic perspective）

行为主义者强调先前学习经验在塑造行为上的作用。他们认为心理过程太难以进行客观的观察及测量，因此不应该作为研究的主题。相反，行为主义者试图理解特定的环境刺激如何控制特定性质的行为。华生（John Watson，1878—1958）率先提倡行为主义的观点，斯金纳（B.F.Skinner，1904—1990）接着扩展其影响力，这使行为主义在20世纪的大部分时间中一直是美国心理学界的第一大势力。他们在理论上接受达尔文进化论的观念，即人类与动物的行为有相似之处。他们因此大多以动物为实验对象，试图以动物行为的变化规律来解释人类的行为。

关于心理学应该研究什么，华生的答案是外显行为（overt behavior），即那些可以被观察、测量及记录到的活动。至于感觉、知觉、意识、情绪及思维（华生认为思维只是言语行为的一种变体）等内在心理过程，因为不能直接观察，应该被排除在心理学领域之外。

为了进行客观的实验研究，华生把行为和引起行为的环境影响分为两个要素：刺激（S）和反应（R）。至于个体内在的心理活动则被视为黑箱（black box）。行为主义主张，我们只需关心刺激（输入）与反应（输出）之间的因果关系，完全不用理会黑箱（心智运作）的性质和功能。

根据行为主义的模式，行为完全是由环境中的条件所决定的。人类既非善，也非恶，只是对所处环境做出反应而已。因此，通过对环境条件的适当安排，我们可以改变或矫正人们的行为。

人本主义的观点（humanistic perspective）

人本主义心理学兴起于1950年代，它也被称为心理学界的"第三势力"，以有别于心理动力学的悲观论调和行为主义的决定论。根据人本主义的观点，人们既不是受到本能力量所驱使的小丑，也不是被环境所操弄的傀儡。相反，人们是积极、主动的生物体，本性善良，且拥有抉择的能力；人们会致力于自己潜能的开发和成长，积极寻求改变，且能够规划与重建自己的生活。

人本主义思想的代表人物主要是马斯洛（Abraham Maslow，1908—1970）和卡尔·罗杰斯（Carl Rogers，1902—1987），他们坚持人的整体性与不可分割性，强调个体拥有朝向心理成长及健康的自然倾向。他们新创自我实现（self-actualization）的字眼以指称每个人的先天倾向，以便朝向自己潜能的最充分发挥。

人本主义心理学家主张以正常人为研究对象，探讨人们的经验、价值、希望、情感、生命意义等重要问题。这种观点认为人们的潜能是内在因素，也是价值的基础，环境则是外在限制因素，也是促进潜能发展的条件，只有良好的环境，才能协助人们实现自己的潜能。

心理学的演化

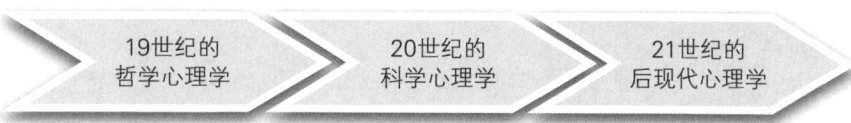

20世纪美国心理学研究的四大学派

```
         20世纪美国心理学研究的四大学派
    ┌──────────┬──────────┬──────────┐
 精神分析学派   行为主义学派   人本主义学派   认知学派
 1930年代在美   1913年华生提出  兴起于1950年代  兴起于1960年代
 国快速发展    行为主义宣言
```

黑箱理论

刺激 → 黑箱 → 反应

＋ 知识补充站

心理学家简介：卡尔·罗杰斯

　　卡尔·罗杰斯是人本心理学的创始人之一，他在1942年出版《咨询与心理治疗》一书，首次提出他著名的非指导性治疗法——个案中心或当事人中心治疗法（client-centered or person-centered therapy）。他不同意传统心理治疗把心理困扰者视作病人。相反，他的治疗法以接受治疗的当事人为中心，重视对方的人格尊严。在实施心理治疗时，咨询师应该具备三个条件：一是真挚（congruence）的态度；二是具同理心（empathy）的倾听；三是无条件的积极关注（unconditional positive regard）。个案在这样的氛围下，将会被激发个人价值感，从而开始面对自己的潜在能力。

1-6　心理学的七大门派（三）：认知主义和进化论的观点

认知主义的观点（cognitive perspective）

自1970年代以来，心理学界掀起一场"认知革命"，它是对于行为主义狭窄视野的一种直接挑战。认知主义的核心题材是思维和所有认识（knowing）的过程，主要包括注意、记忆、想象、辨识、推理、判断、解决问题及意识本身。根据认知主义取向，人们思考是因为拥有独特的天赋，这是基于我们大脑的天然设计。

根据认知主义的模式，先前的环境事件和过去的行为结果只是部分地决定个人当前的行为（如行为主义者所认为的）。许多最具意义行为的出现是来自全新的思考方式，不是源自过去所使用的可预测的方式。以儿童为研究对象，瑞士学者皮亚杰（Jean Piaget）采用一系列心智作业，证实了在认知发展过程中发生了质的变化（qualitative changes）。为了解释儿童的成长精巧性，皮亚杰探求儿童的内在认知状态。

在认知主义的观点中，当个人应对现实时，他所应对的不是在客观世界中的现实实际状况，而是他的思想和想象所构筑的内心世界的主观现实（subjective reality）。认知心理学家不仅视思想为外显行动的结果（results），也视思想为外显行动的起因（causes）。

认知心理学家探讨高级心理过程，他们可能研究正常人的认知心理过程（实验认知心理学）；研究计算机设计、人工智能和心理语言学（认知科学）；研究脑部伤害对认知的影响，从而理解脑神经生理运作与认知功能的关系（认知神经心理学）；研究认知能力与年龄的关系（认知发展心理学）；以及运用认知心理学的理论和方法于实际生活情境（实用认知心理学）。认知取向的研究在当今的心理学界已成为主流之一。

进化论的观点（evolutionary perspective）

这种观点试图在现代心理学与达尔文（Charles Darwin，1809—1882）进化论的自然选择之间建立起关联。自然选择（natural selection）的基本原理是"物竞天择，适者生存"，也就是那些有助于有机体生存的特征，将会是最可能传给下一代的特征。这不是随机的，传递下来的特征是经过自然过程的"选择"。

在心理学上，进化论的观点是指，就如身体能力那样，人类的心理能力也是历经好几百万年的演化以达成的特定的适应用途。动物的大脑就像其他器官一样，自然选择塑造了它们的内部结构，因而产生较多适应行为的大脑获得挑选及繁衍的机会，产生不良适应行为的大脑会逐渐消失。

进化心理学以极度漫长的进化过程作为主要的解释原则。例如，进化心理学家试图理解男性和女性身为进化的产物（而不是视为当代社会压力的产物）所采取的不同性别角色。因为进化心理学家无法通过操纵进化过程来进行实验，所以他们在寻求证据以支持自己的理论上必须特别具有创意。

认知心理学家探索高级心理功能，特别是关于人们如何获得知识和使用知识

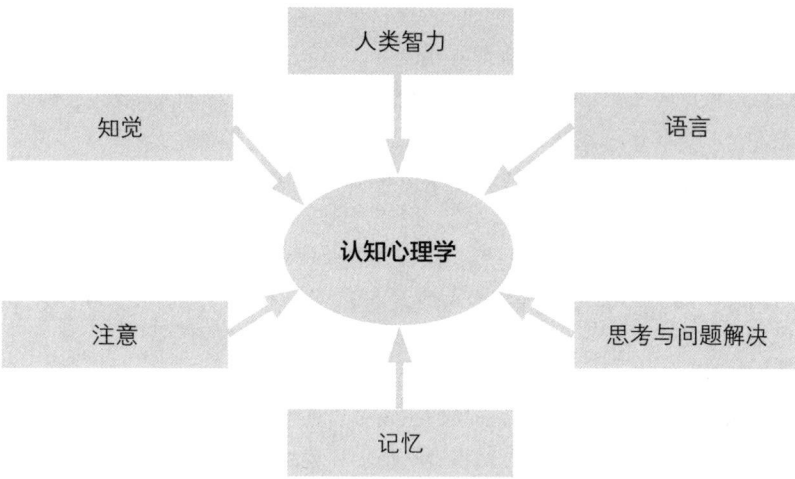

自然选择（优胜劣汰）的运作方式

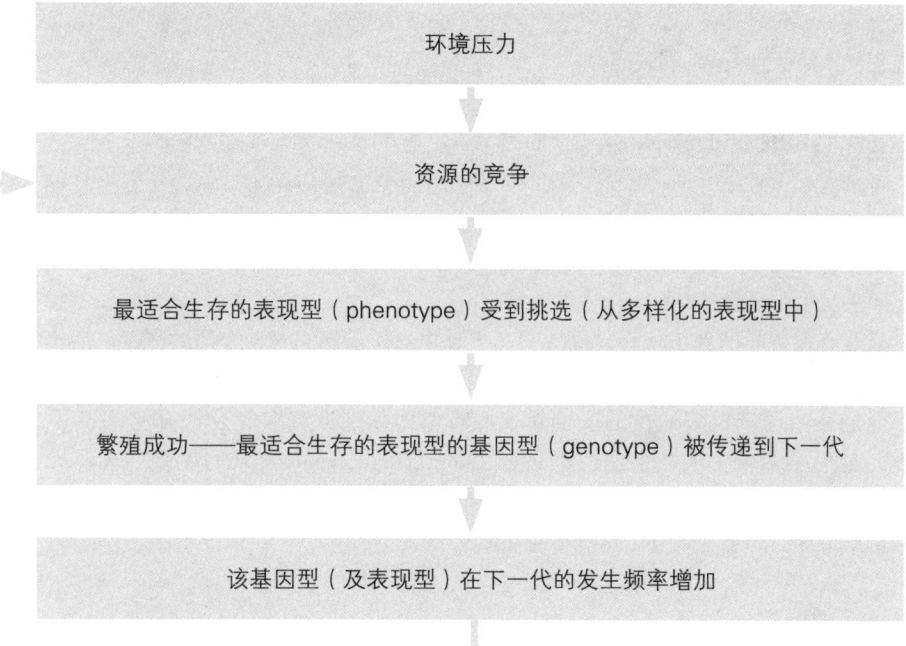

1-7　心理学的七大门派（四）：社会文化及其他观点

社会文化的观点（sociocultural perspective）

这种观点把焦点放在文化的多样性及丰富性上，探讨与行为的因果有关的跨文化（cross-cultural）差异。心理学研究经常被抨击建立在关于人性的西方观念上，主要以中产阶级的美国白人为研究对象。因此，社会文化的观点是针对这样批评的一项重要回应。为了考虑文化的影响力，这将需要对不同族群进行比较。例如，研究人员可能检视不同种族的年轻女性的进食障碍（eating disorders）患病率，或是比较美国人跟日本人的道德判断标准。他们试图决定心理学所发展出的一些理论是否适用于所有人类，像是弗洛伊德的心理动力学是否适用于一些以母权为中心的社会（在新几内亚的一些部落中，家庭权威是落在母亲身上，不归于父亲）。

跨文化的观点跟心理学研究的几乎任何主题都可能产生关联，像是人们对世界的知觉是否受到文化的影响？人们所说的语言是否影响他们体验这世界？文化如何影响儿童的成长方式？文化是否影响个体表达情感的方式？文化是否影响人们在一些心理障碍上的发生率？因此，社会文化的观点对于人类经验的一些广泛适用理论和规则提出持续而重要的疑问，因为这些理论和规则往往忽视了文化的多样性及丰富性。

上述七种概念模式各有自己不同的观点和假设，因而导致他们以不同方式为行为的问题寻找解答。除此之外，心理学界还有一些特定角度的见解，我们稍作介绍：

女性主义（feminism）的观点

这种观点强调女性的政治、经济及社会的权利，以及这些势力如何影响男性和女性的行为。女性主义的观点起源于1960年代的妇女解放运动。

特别引起女性主义研究人员关注的议题之一是进食障碍。她们认为年轻女性的进食障碍主要是大众媒体和文化大力鼓吹女性"苗条身材"的过度压力所造成的。女性主义者要求我们注意流行文化中时尚杂志和女模特的推波助澜的作用。

后现代主义（postmodernism）的观点

质疑心理科学的真正核心，挑战它对于真相的探求和它对于个体的强调。后现代主义学者表示，为了理解人类的思维和理智，我们需要检视涉及思维和理智的社会历程。

他们认为居于权势地位的人们对于心理学中何谓"真实"及"真相"说了太多话。因此，他们主张现实的社会建构主义者（social constructionist）观点，这表示"现实"（reality）和"真相"（truth）的概念是受到社会的界定（或建构）。除了社会和它的"专家们"指派给它们的意义之外，这些概念不具有意义。

当代心理学的七种观点的比较

理论观点	对人性的看法	行为的主要决定因素	研究的重点
生理学	被动、机械性的	遗传和生化历程	大脑、神经系统、内分泌系统的活动
心理动力学	受本能的驱策	遗传和童年经验	潜意识的动机、冲突
行为主义	对外在刺激的回应,可变动的	环境、刺激条件、奖惩史	特定的外显反应
人本主义	主动积极的,具有无限潜能	自我概念、人际关系、个人成长的需求	人类经验和潜能
认知主义	创造而主动地回应刺激	刺激条件和心理过程	心理过程,包括感觉、知觉、记忆及语言等
进化论	为解决古代人类面对的问题所产生的适应	为了生存而适应	演化出来的心理适应
社会文化	社会文化能够加以变动	文化规范和社会学习	态度和行为的跨文化模式

人在操纵动物的行为,抑或是动物在猜测人的心理?

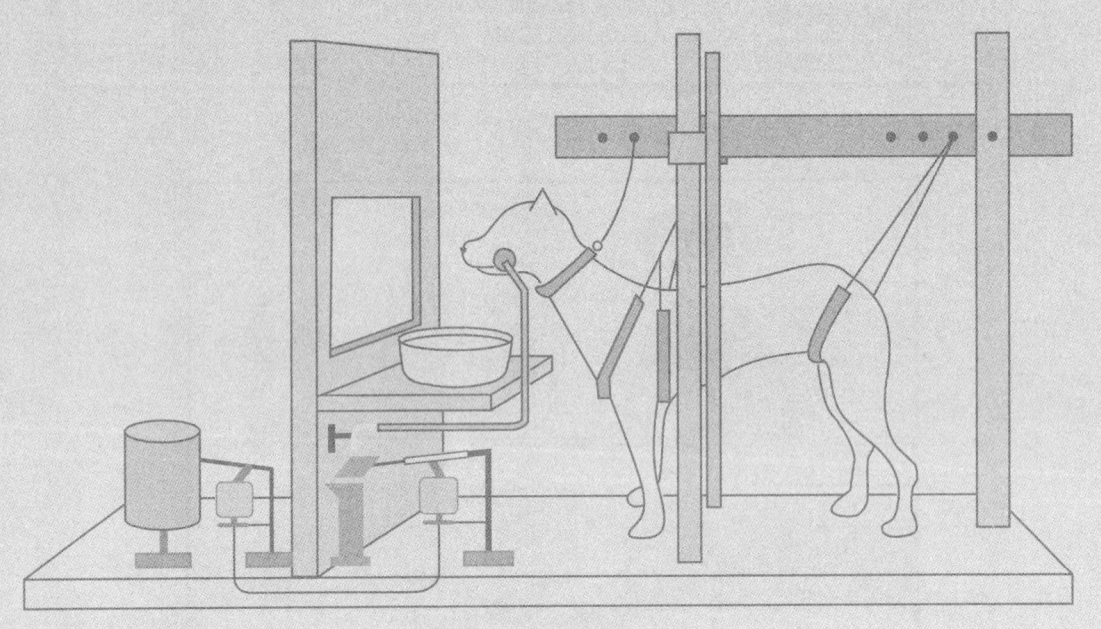

第2章
学 习

- 2-1 学习的基本概念
- 2-2 经典条件作用（一）
- 2-3 经典条件作用（二）
- 2-4 操作性条件作用（一）
- 2-5 操作性条件作用（二）
- 2-6 操作性条件作用（三）
- 2-7 认知学习

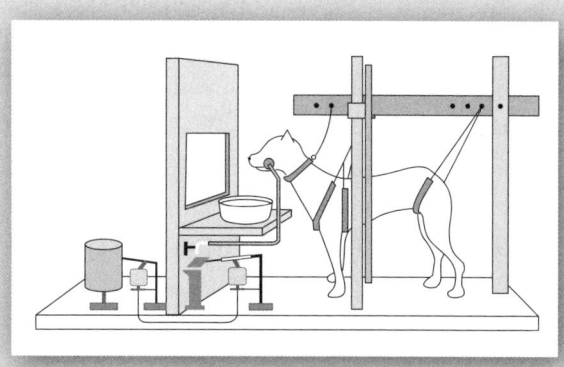

2-1 学习的基本概念

动物的大部分行为是天生的,也就是出于遗传的本能(instincts),不需经由学习。但是,人类的行为则大部分是经由学习,很少出于本能,除了一些类似本能的基本反射动作(reflexes)。

(一)学习的定义

学习(learning)是指一种历程,它建立在练习和经验上,使行为或行为潜能产生一致而持久的变化。

(1)行为或行为潜能的变化:你无法直接观察学习本身,但是从你的表现(performance)的进步上,你知道学习发生了。另外,儿童从观看暴力节目中可能已习得暴力行为,但需要等到他与人发生冲突或愤怒时才会展现出来。因此,他习得的是行为变化的潜在性。

(2)一致而持久的变化:你习得的行为必须是在不同场合中相当一致,或在不同时间中相当持久的。例如,一旦你学会骑单车,你日后跨上单车将总是能够维持平衡。

(3)建立在练习和经验上:学习是通过练习或经验而发生的,像是药物、疲倦、身体或脑部发育(成熟因素)等导致的变化,都不能算是学习。

(二)行为主义的发展

1. 行为主义的诞生

华生(John Watson,1878—1958)是行为主义心理学的创始人。现代心理学领域的大部分学习观点,都可在华生的研究工作中寻觅到其根源。在19世纪末和20世纪初,心理学家主要凭借对感觉和情感的内省(introspection)以了解人们的意识活动。华生(1919)反对这种做法。在他看来,就像物理学或动物学,心理学也必须成为"一门纯粹客观的自然科学"。如果把意识作为心理学的研究对象,心理学就永远不能跻身科学之列。华生认为,心理、意识和灵魂一样,只是一种假设,属于主观的东西,本身既不可捉摸,又不能加以观察、测量或证实,以之作为研究对象,只是一种自欺欺人的做法。相反,华生界定心理学的主要目标为"行为的预测和控制"。

2. 激进的行为主义

斯金纳(B. F. Skinner,1904—1990)除了质疑把内在状态和心理事件视为研究内容的正当性外,他也怀疑把它们视为行为起因的正当性。根据斯金纳的观点,心理事件(如思想和想象)并不引起行为。相反,它们是环境刺激所引起行为的样例。斯金纳强调行为分析(behavior analysis),也就是把重点放在探索学习和行为的环境决定因素上。行为分析技术试图在学习中寻找规律性,这样的规律性是普遍一致的,发生在所有物种身上,包括人类。这也就是为什么这个领域的进展相当依赖动物方面的研究。人类较复杂形式的学习代表的是较简易历程的结合和精巧化,而不是"性质"上不同的现象。

学习的类型

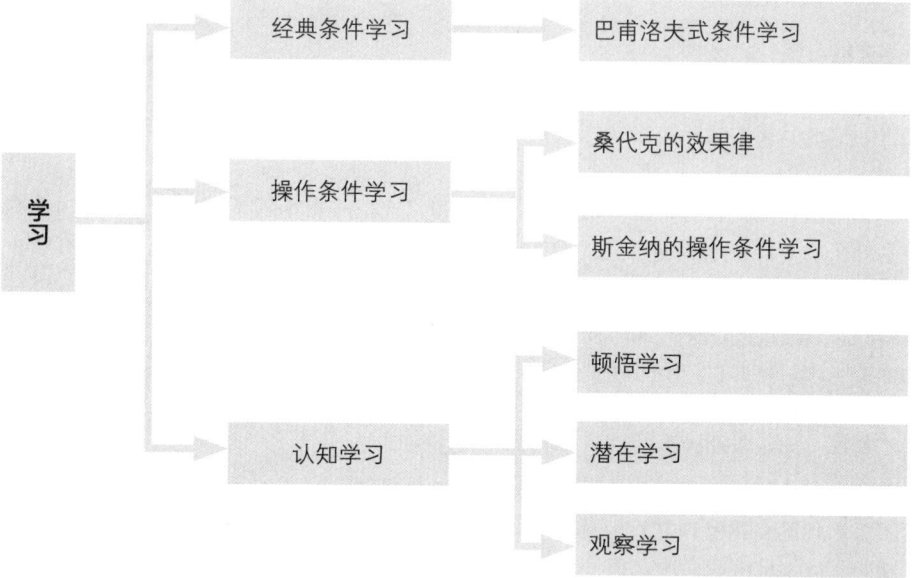

➕ 知识补充站

心理学家简介：华生

　　华生是20世纪初的美国心理学家，有"行为主义之父"的美誉。他关于动物行为的研究是取法于巴甫洛夫的条件反射实验。1913年，他在心理学期刊发表行为主义的五大主张，这被视为行为主义的正式提出。这五大主张是：①心理学应该研究行为，而不是意识；②研究方法是对行为的客观测量，而不是主观内省；③心理学的目标是预测及控制行为；④环境是影响行为的主要因素，控制环境因素就可改造人们的行为；⑤研究动物所得的原理，可用来解释人类的行为。

　　显然，华生把人性的变化视同物性的变化。这些主张符合当时高涨的"科学即真理"的氛围，迅速获得广大的支持，从而成为此后美国心理学界的第一大势力，甚至扩展为所谓的"行为革命"。

　　在他最著名的《行为主义》（1925）这本书中，华生提出这样的论点：给我一打健康的婴儿，体能状况良好，在我设计的环境中养育他们长大。我保证随意挑选一个，我都能把他训练成为任何一种专家（医生、律师、艺术家、商人、领袖，甚至是乞丐或小偷），无论他的天资、嗜好、倾向、能力，或他父母的职业及种族为何。

2-2 经典条件作用（一）

巴甫洛夫的实验

巴甫洛夫（Ivan Pavlov，1849—1936）是一位俄国的生理学家，他原本在从事一系列关于消化腺和唾液分泌的研究（他还因此获得1904年的诺贝尔奖），却意外发现了经典条件反射的原理。

为了测量唾液在各种状况下的分泌量，巴甫洛夫把一根小管子直接插入狗的唾液腺，再连接到外头的容器。他的助手把食物送进狗的嘴中，唾液就会流进容器中。但是在喂食几次后，巴甫洛夫注意到一种现象，也就是在食物被实际送入嘴中之前，狗就已经开始分泌唾液。狗后来只要看到食物，看到喂食助手，听到助手走近的脚步声，或甚至助手开门的声音，都会开始分泌唾液。事实上，任何有规律地出现在喂食之前的刺激都可以引发唾液分泌。

这种现象起初干扰了巴甫洛夫的研究设计，但后来在他50岁那年，他决定转移他的研究方向，专注于探讨这种现象背后的原因。

在典型的实验中，巴甫洛夫使用铃声作为中性刺激，它原本不会引起狗的唾液分泌。但是铃声多次伴随食物呈现之后，单独呈现铃声也能引发狗的反射性反应（reflex response），即分泌唾液。以这种方式，狗获得了条件反射，它学会听铃声而流口水。

在巴甫洛夫的实验中，不需要学习就能引起反应的刺激称为非条件刺激（unconditioned stimulus，UCS），而非条件刺激所引发的行为便称为非条件反应（unconditioned response，UCR），这二者就比如食物引起唾液分泌，它是一种不必学习的反应。

然后，当狗建立起条件反射后，原来的中性刺激现在称为条件刺激（conditioned stimulus，CS），而条件刺激所单独引起的反应称为条件反应（conditioned response，CR），这二者就比如铃声单独呈现也会引起唾液分泌，它表示学习已经发生了。

经典条件学习的实例

在行为主义发展的初期，华生试图证明，我们生活中的许多恐惧反应，其实是中性刺激与一些天然引发恐惧的事物伴随出现所致。他以一位11个月大的婴儿阿尔伯特（Albert）为对象，每次小白鼠出现，华生就在阿尔伯特背后制造巨大声响（UCS），巨响引起阿尔伯特的惊吓反应和苦恼情绪（UCR）。经过7次的条件学习尝试后，阿尔伯特原先喜欢的小白鼠，现在却成为条件刺激（CS），引起阿尔伯特的惊吓及哭泣反应（CR）。后来，阿尔伯特习得的恐惧类化到另一些毛茸茸的物件上，如兔子、狗及圣诞老人的面具。

我们不知道阿尔伯特后来的情况。他会不会因为害怕圣诞老人的大胡子，进而变得痛恨圣诞节？华生和其助理曾经讨论如何实施对抗性条件作用（counterconditioning），以便消除阿尔伯特不当的害怕行为。但阿尔伯特已被他母亲带走。无论如何，这是一件颇引起心理学界非议的研究伦理问题。

巴甫洛夫使用各种刺激作为中性刺激，如铃声、灯光或节拍器的嘀嗒声。研究人员首先呈现中性刺激，随即呈现食物。狗的唾液则通过管子加以收集。

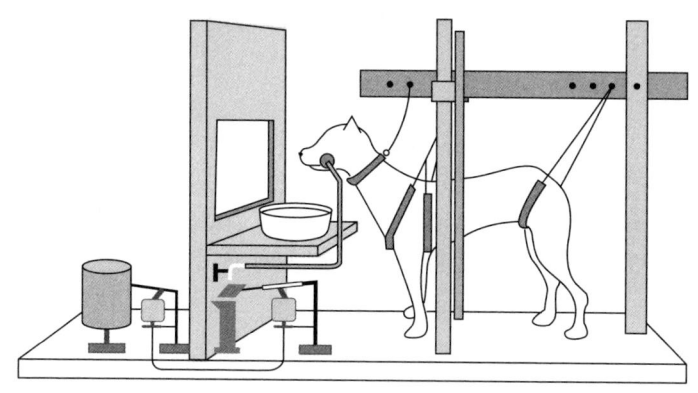

经典条件反射的示意图

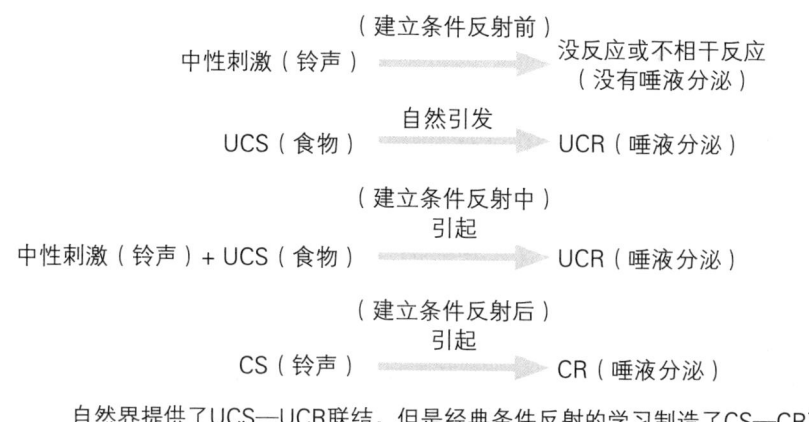

自然界提供了UCS—UCR联结，但是经典条件反射的学习制造了CS—CR联结

2-3 经典条件作用（二）

经典条件学习的历程

自巴甫洛夫以来，研究人员陆续发现条件学习的一些特有现象，我们在此列举一些重要原理。

1. 消退（extinction）

在条件学习中，随着CS—UCS重复地配对呈现，CS能够可靠地引发CR时，我们就说条件反应已被"获得"（acquisition）。在条件反应形成之后，假如UCS（食物）不再伴随CS（铃声）呈现，重复几次后，条件反应（唾液分泌）将会逐渐减弱，最后甚至停止出现，这种过程称为"消退"。因此，为了避免条件反应的消失，你必须偶尔再引进UCS，以便维持条件反应。

2. 自发恢复（spontaneous recovery）

当消退发生后，休息一段时间，再单独呈现CS，这时本已停止的条件反应可能又恢复出现，称为"自发恢复"。当然，如果消退持续进行，条件反应最终还是会消失。

3. 泛化（generalization）

随着条件学习的形成，CS将会引发CR。然而，另一些类似于CS的刺激也可能引发相同的反应，即使它们从不曾与原先的UCS配对呈现过，这种现象称为"刺激类化"。俗谚所云"一朝被蛇咬，十年怕井绳"，便是刺激的泛化在发挥作用。此外，先后两刺激在性质上越为相似的话，所引发的CR就越强。

4. 分化（discrimination）

在条件学习过程中，有机体辨别相似刺激的能力可以通过训练变得敏锐化，譬如在所呈现的1000Hz、1200Hz及1500Hz三种频率的铃声中，只有一种频率（如1200Hz）的铃声呈现时才会有食物（UCS），另两种铃声呈现则没有食物。经过充分的练习，有机体将学会只针对与食物配对的那种频率的铃声（1200Hz）产生反应，另两种不同频率铃声的呈现则不会引起反应，这称为"分化"。

5. 高级条件学习（higher order conditioning）

在条件学习形成之后，这时候的CS可以充当UCS，当它与另一刺激伴随出现时，新的刺激也将会引发CR，也就是衍生出另一层次的经典条件学习，这称为"高级条件学习"，又称"二级条件学习"（second order conditioning）。

这种从具体到抽象的学习方式在人类学习中随处可见。例如，食物→金钱→存折→提款卡等串联关系，就是经由二级条件学习过程而学到的。实际上，条件学习作用的延伸不限于二级，人们的复杂行为中遍存着更高级的条件学习作用。

广告中性感的主角（UCS）引起你的性兴奋（UCR）。广告商把产品（牛仔裤、跑车及饮料，作为CS）摆在主角身旁，经由经典条件学习作用，他们希望产品本身也引起你的性兴奋感受，进而促使你购买他们的产品。

✚ 知识补充站

心理学家简介：斯金纳

斯金纳是几十年来在心理学界最具影响力的人物之一，他也是新行为主义中极端行为主义的代表，他试图把心理科学的发现推广为实际生活的应用。

斯金纳原本渴望成为一名作家，但大量阅读使他偶然接触到巴甫洛夫和华生的著作，他决心放弃文学，而以心理学为他的终生事业。他长期留在哈佛大学从事研究工作。

为了使心理学理念普及化，斯金纳在1948年和1971年分别发表了《桃源二村》❶和《自由与尊严之外》❷两本小说式著作，这使他在美国成为家喻户晓的心理学家。

斯金纳始终坚信，行为科学可以改造社会。他一生致力于把操作条件学习作用和后效强化原理推广于日常应用。因此，学校教育方面的"程序教学"和"计算机辅助教学"，以及心理治疗方面的"行为矫正"都是基于他的理念而产生的。

---

❶ 简体中文版《瓦尔登湖第二》由商务印书馆于 2016 年出版。——编者注
❷ 简体中文版多译作《超越自由与尊严》。——编者注

2-4 操作性条件作用（一）

在经典条件学习中，CS和UCS产生联结，使CS取代UCS，进而CS也能引起个体非自主的反射，建立起新的S—R联结。但是，个体的很多行为是自主性的，这些行为是否会被重复展现取决于它们带来的结果。操作性条件作用是另一种联结式学习。

桑代克的效果律

正当巴甫洛夫在研究俄国的狗如何分泌唾液的同时，桑代克（Edward L. Thorndike, 1874—1949）则正在观察美国的猫如何逃脱迷笼（puzzle box）。桑代克提出联结律（connectionism），他表示"学习就是在刺激与反应之间形成联结的过程"，他的研究奠定了斯金纳操作条件学习的理论基础。

桑代克把一只饿猫关进迷笼中，然后观察它如何学会拉起门闩以取得笼外的食物。当被关进笼子里，饿猫起初只是乱抓乱咬迷笼中的任何东西，意图逃离监禁。在所有混乱的动作中，它偶然地踩到踏板，门闩拉起，于是脱身而取得食物。当这样的程序重复几次之后，猫在笼内的混乱动作逐渐减少，踩踏板的频率则增加。最后，猫一进到笼子中，就以一种很明确的方式踩踏板。

根据桑代克的说法，个体在环境中起先是试误（trial and error）。然后，如果某项反应（踩踏板）跟随可带来"满足"的一些奖赏的话，这项反应就会被重复——它受到强化。至于那些没有获得奖赏的反应（乱抓乱咬）将会逐渐减弱。

桑代克称这个学习原则为"效果律"（law of effect），它指出个体反应后，如果能够获得满意的效果，该反应将被强化，随后同样情境出现时，个体将会重复该反应，这就表示学习已经发生。这种学习模式又称工具学习（instrumental conditioning）。

斯金纳的操作条件反射

斯金纳赞同桑代克的观点，即环境结果对于行为产生强大的影响。但他反对桑代克使用"满足""意图"等解释所观察的行为。他认为我们所需要做的首先是分析"环境因素"和有机体的"外显行为"，其次是检定它们之间可预测的关系。但我们不需要知道有机体的内在活动或状态，这不符合科学心理学所坚持的客观研究取向。斯金纳的分析是以实验为依据的，而不是从理论推出来的。为了实验上分析行为，斯金纳开发了操作条件反射（operant conditioning）的程序。他改变有机体行为的后果，然后观察这对随后行为产生的效应。所谓的"操作"是指对环境起作用以产生强化。

斯金纳设计了一套仪器，称为操作箱（operant chamber），以使他能够控制有限环境中的所有刺激。当展现实验人员所认定的特定行为后（如自转一圈），小白鼠前往压杆，这套装置便会递送食物。有时候，实验人员感兴趣的是动物在某一期间执行特定行为的频率，这时候便会另外连接仪器以记录小白鼠压杆的次数。这些设计（包括稍加修改以训练鸽子啄键）容许实验人员探讨什么变量使小白鼠学会特定行为，进一步探讨后效强化对动物行为的影响。

为了逃脱迷笼以取得食物,桑代克的猫必须从试误中习得正确的反应。

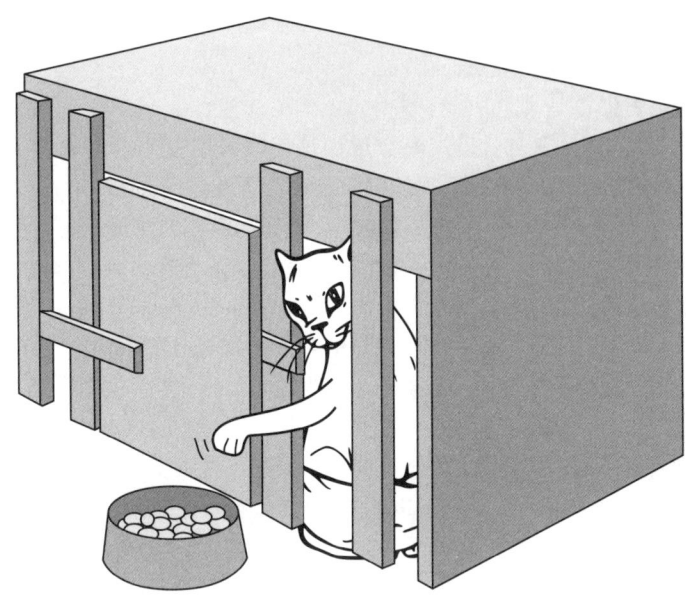

操作箱示意图

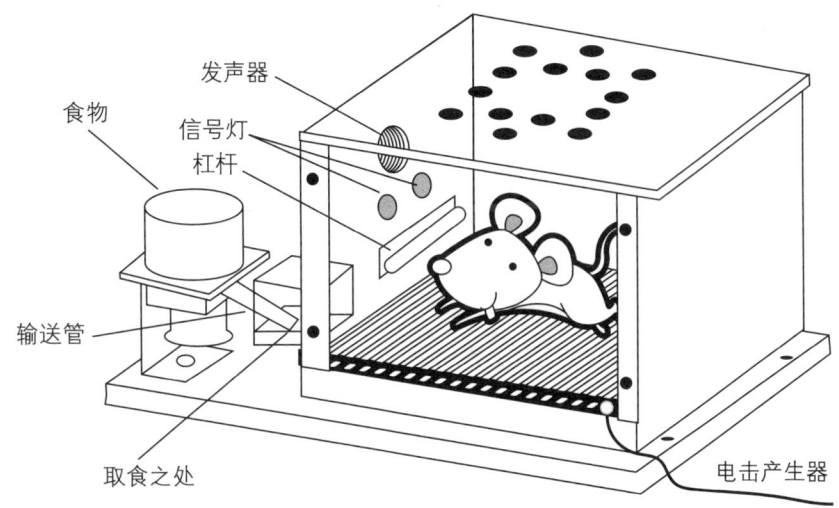

2-5 操作性条件作用（二）

操作条件反射的主要现象和原则

1. 正强化和负强化

任何刺激，当它在反应之后呈现时会增加该反应再度发生的概率，这样的过程就称为强化（reinforcement）。至于所呈现的刺激就称为强化物（reinforcer）。强化物是依据"它们在改变反应概率上的效果"而被认定的。强化物可分为两种：①正强化物（positive reinforcer），它的呈现提高了反应再度发生的概率。个体喜欢的刺激通常都可充当正强化物，如食物、水、金钱及赞许等。②负强化物（negative reinforcer），它的撤除或停止使得反应再度发生的概率增加。它通常是一些不愉快的刺激，如电击或噪声。例如，老鼠必须不停地在转轮上跑动，才能切断电源而不被电击，电击便是负强化物。另外，有些汽车加装蜂鸣器，直至驾驶人扣上安全带后，恼人的噪声才会停止，噪声就是在起负强化的功能。

无论正强化或负强化，二者都是在提高先前的反应再度发生的概率，但正强化是在个体反应之后呈现满欲刺激（appetitive stimulus），负强化则是在个体反应之后撤除厌恶性刺激（aversive stimulus）。

2. 消退和自发恢复

在经典条件学习中，如果CS持续呈现，但UCS却不再出现，重复几次后，已建立的CR将会消退下来。同样原理也适用于操作条件学习，如果个体反应后，强化物却不再出现，重复几次后，个体的反应率将会逐渐降低，最终回复到操作条件学习之前的水平——它被消除了。

"自发恢复"的情形也会发生在操作条件学习中。例如，你首先对鸽子施加强化，每当绿灯亮起而鸽子啄键时，你就给予食物。然后，你不再施加强化，啄键行为将会消除。但是，如果你偶尔把鸽子放进操作箱中，再打开绿灯，鸽子仍有可能会自发地再度啄键，这就是自发恢复。

3. 行为塑造

为了训练动物更复杂的行为，如海豚投球或老鼠滑水，我们无法静待这些行为出现，再施加强化。这时候，实验人员需要采用行为塑造（shaping）的技术，也就是运用操作条件学习的原理以连续渐进的方式（successive approximation method）强化实验对象的行为，最终建立起想要达成的行为。

当实施这项技术时，首先对所要训练的行为做更进一步的划分，依序排定各个小步骤（如海豚游向球的方向、海豚直接游向球、碰触球、顶起球……），然后通过差别强化（differential reinforcement），对于动物符合要求的行为施加强化，对于不符合要求的行为加以削弱，就这样连续而渐进地，最后建立起一连串复杂的行为反应模式。

强化的种类

正强化与负强化	正强化	所呈现的刺激因为其出现而提高了反应再度发生的概率。
	负强化	所撤除的刺激因为其消失或终止而增进反应再度发生的概率。

原级强化与次级强化	原级强化	所呈现的刺激本身具有强化作用,能够直接增进个体的反应,如食物、电击等。
	次级强化	所呈现的刺激本身原先不具有强化作用,但因为经常与原级强化物相伴出现,随后也具有强化的功能,如金钱、代币等。

操作条件学习的主要现象

操作条件学习的一些现象
- 消退和自发恢复
- 泛化(generalization)和分化(discrimination)
- 行为塑造

➕ 知识补充站

惩罚与体罚

当还是孩童时,你应该就很熟悉惩罚(punishment)。惩罚物(punisher)是指任何刺激,当它附随于某一反应之后出现时,将会降低该反应再度发生的概率。

正如正强化和负强化,惩罚也可被分为两种:①积极惩罚(positive punishment),这是指个体行为之后附随嫌恶刺激的呈现,像是儿童做错事而遭受父母的责骂或挨打,便是属于积极惩罚。②消极惩罚(negative punishment),这是指个体行为之后附随满欲刺激的剥夺,像是儿童做错事,父母剥夺零用钱或看电视的权利,便是属于消极惩罚。

如何辨别强化和惩罚?我们可从它们各自对行为的效应加以考虑,即强化总是提高先前的反应再度发生的概率,惩罚则总是降低先前的反应再度发生的概率。

专家学者们一再提醒,为了消除不良行为,最佳途径始终是教导良好行为并强化它,而不是惩罚不良行为。当惩罚是迫不得已的措施时,你应该注意下列事项,以避免它的不良副作用。

1. 惩罚应该迅速而简短。
2. 惩罚最好在不良行为发生时立即施加(立即性)。
3. 施加处罚时最好态度平静,避免盛怒之下处罚过重,造成儿童不当的恐惧心理。
4. 惩罚应该前后一致,父母之间也应一致,避免儿童无所适从,甚至投机取巧(一致性)。
5. 惩罚应该针对不良行为本身,不要推托到受罚者的人格。设法让儿童了解处罚是对事,不对人。
6. 惩罚最好制订各种处罚规则,不要直接诉诸体罚。

2-6 操作性条件作用（三）

强化物的特性

在操作条件学习中，强化物具有影响、改变和维持行为的作用。此外，强化物不一定是生物上决定的，它们可以通过经验而习得。最后，强化物也可以是一些活动。

1. 初级强化和次级强化

如果刺激本身就具有强化作用，它们能直接增加个体的反应率，便称为初级强化物（primary reinforcer），如食物之于饥饿，水之于渴，或电击等均属于初级强化物。至于初级强化物的呈现使个体反应率提高的过程，便称为初级强化。

原本中性的刺激，因为逐渐与初级强化物联结起来，后来也具有强化行为的效果，这称为次级强化物（secondary reinforcer），如金钱、代币等。

实际上，人类的大部分行为较少受到生物性初级强化物的影响，而是受到各式各样的次级强化物的影响。例如，人们追求金钱、赞美、成绩、奖状、锦标、名誉及各种地位象征，这些次级强化物支配了人们大量的行为。

2. 普雷马克原则（Premack principle）

这是指个体较喜欢的活动（较强的反应，或较频繁发生的行为）可被用来强化较不喜欢的活动。例如，儿童不喜欢参加团体活动，但喜欢唱歌，我们可以运用普雷马克原则，让儿童参加以他喜欢的唱歌为主的团体活动。长期下来，即使团体活动不再以唱歌为主，儿童也会继续参加团体活动。因此，强化物不一定是指环境中的基本物质，它们也可以是个体所重视的任何事件或活动。

强化时制（schedules of reinforcement）

1. 连续强化（continuous reinforcement）

这是指每次正确反应都得到奖赏的强化方式。连续强化能快速建立新行为，但在强化物不再呈现后，行为无法长久地维持。

2. 部分强化（partial reinforcement，或间歇强化）

这是指个体的部分正确反应得到强化，但不是全部反应都会得到强化。

（1）固定时距（fixed interval）：从上一次给予强化物后，经过固定的时间，才会针对反应再给予强化。在实际生活中，按月或按周发薪便是属于固定时距。

（2）不定时距（variable interval）：不按照固定时间施加强化，个体无从预测何时获得奖赏。例如，钓鱼和打猎便是属于不定时距。

（3）固定比率（fixed ratio）：当个体完成固定次数的反应后，才会得到强化。按件计酬的方式便是属于固定比率。

（4）不定比率（variable ratio）：不按照固定次数施加强化，个体不知道几次反应后才会得到强化。各种赌博行为（如玩吃角子老虎）的报酬便是属于不定比率。

需要快速学习新行为时，最好采用连续强化，但想要维持行为的话，最好采用不定时距或不定比率的强化方式。特别是不定比率，当强化物不再呈现时，它最能抗拒消退，这正是赌博行为不容易戒除的原因。

连续强化对于"训练"动物相当有用处,但是间歇强化(intermittent)对于"维持"所习得的行为有较佳效果。

怎样的强化时制能激励这位男子购买乐透彩票?

> ➕ **知识补充站**
>
> ### 迷信行为
>
> 　　一次周末,实验助理返家,但他忘记关掉一排鸽舍的定时喂食器。所以每隔半小时,喂食器发送一份美味的饲料。在鸽子看来,它们是因为自己当时的举动而被颁发奖赏。从而每隔30分钟,它们就重复该举动,结果奖赏(饲料)也都出现了。你可以想象实验助理星期一上班时,他会看到什么景象。例如,有一只鸽子不断转圈,另一只举起双翅,还有一只则不断摇头。它们都认为这些动作招致了自己的奖赏。这就是迷信行为(superstitious behavior)。
>
> 　　人们的许多迷信行为也是经由操作性条件作用习得的。例如,有些棒球选手因为戴了一件佩饰或做了一些动作而打击出色,他们会认为这是佩饰或动作带来了好运,他们将会重复这样的行为。当然,他们偶尔还是会有出色的打击,这就形成不定比率的强化。因此,迷信行为不容易戒除。

2-7 认知学习

根据认知心理学，学习不一定会引起行为的变化，但它一定会造成心智活动的变化。这表示有些形式的学习必须以心智历程的变化加以解释，而不能只以行为变化本身解释，但我们仍可以对之做科学的研究。

（一）顿悟学习（insight learning）

柯勒（Wolfgang Kohler，1887—1959）是认知心理学的先驱（也是完形心理学派创始人之一）。他反对学习只是刺激—反应的联结，他认为个体对整个情境的认识才是关键所在。

1920年代，他在南非Canary海岛上执行一系列以黑猩猩为对象的实验，观察黑猩猩如何解决问题。在典型的实验中，香蕉挂在猩猩抓不到的高处或摆在笼外远处，它们必须利用现存的工具拿到香蕉。猩猩很快就会用棍子把挂在高处的香蕉打下。随着香蕉的高度增加，它们会竖起棍子，在倾倒之前很快爬上去，还会把木箱堆起来以拿到香蕉，或把细竿塞到粗竿中连成一根长竿。

当遇到挫折时，猩猩会丢掉棍子、脚踢墙壁，找个地方坐下来。根据柯勒的报告，猩猩会挠头，然后凝视附近的木箱。突然间，猩猩跳起身来，拿起棍子把木箱拖到香蕉底下。柯勒认为，就像人类，猩猩学会解决问题是通过突然领悟或知觉到事物之间（或刺激之间）的关系。这绝对是心智历程，不只是行为层次，他称之为"顿悟"。

当桑代克以实验说明猫的学习只是通过试误发生时，柯勒则指出，动物的学习也牵涉到认知变化。

（二）位置学习（place learning）

心理学家托尔曼（Edward C. Tolman，1886—1959）也相信认知历程在学习上的重要性。他主张学习应该包括两个成分：①认知地图（cognitive map），也就是对整个学习情境的一种心理表征（mental representation）；②对于行动结果的一种预期。

在托尔曼的迷津实验中，老鼠首先走遍迷津中的每一条通道。经过几次练习后，老鼠总是选择通道1来抵达食物箱，因为它的距离最短。这时候，如果在A处把通道1堵塞，老鼠很快就学会选择通道2。然后，如果在B处把通道2封锁起来，老鼠只好选择路途最长的通道3。

休息一阵子后，老鼠被放在起点，首先在A处堵塞，老鼠进入通道1，发现不能通行，它会改走通道2以抵达食物箱。这时候把堵塞处从A移到B，再把老鼠放回起点。实验却发现，当老鼠选择通道1而在B处被阻挡，因而退回起点后，它们会直接选择偏好度最低的通道3，完全不会尝试通道2。这显示老鼠知道B处被封锁后，通道2同时也无法通行，所以只好选择最不喜欢的通道3。

根据托尔曼的说法，老鼠所习得的绝不只是把机械式左转右转的活动连在一起，它们在最初的"自由活动"中已对整个迷津产生了全盘性认识，也就是对迷津的方位建立了认知地图，托尔曼称之为"位置学习"。随后老鼠仿佛按照这份认知地图在行动，而不是以试误的方式摸索迷津的各个位置。

自托尔曼之后，许多研究已一致地发现，鸟类、蜜蜂、老鼠及另一些动物拥有惊人的空间记忆能力。

黑猩猩以"顿悟"方式解决问题。它们突然洞悉学习情境中各种刺激线索之间的关系。

老鼠的行为显示它们似乎拥有认知地图，以便以最佳方式取得食物。

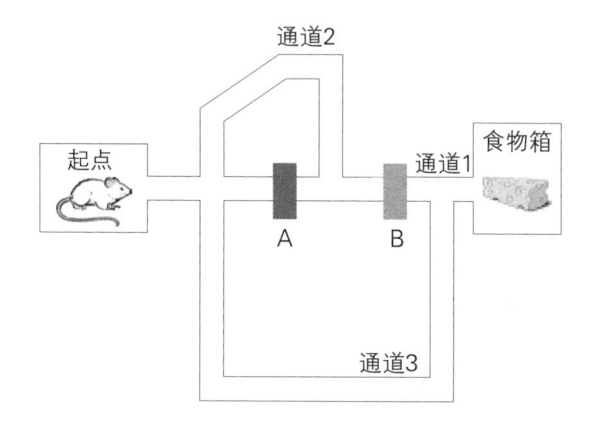

＋知识补充站

观察学习

　　仅通过观看另一个人展现行为，也看到对方因为该行为而受到奖赏或惩罚，个人后来也会以大致相同的方式展现行为，或约束自己不要那样举止，这种历程称为观察学习（observational learning）。这之所以奏效是基于"替代性强化"（vicarious reinforcement）和"替代性惩罚"的作用，也就是所谓的"前车之鉴"。

　　班杜拉（Albert Bandura，1965）在他著名的"玩偶研究"中证实了这种现象。儿童观看成人榜样（models）对一个塑胶玩偶施以拳打脚踢，他们稍后比起控制组儿童（未观看攻击行为）表现出较高频率的同样行为。此外，儿童仅是观看电视上榜样的暴力行为（甚至是卡通人物），也将会模仿这样的行为。

　　班杜拉承认行为可以经由强化而习得（替代性强化），但他也强调认知历程（对于行为后果的"预期"）的重要性。因此，他的观点被统称为"社会学习理论"（social learning theory）。

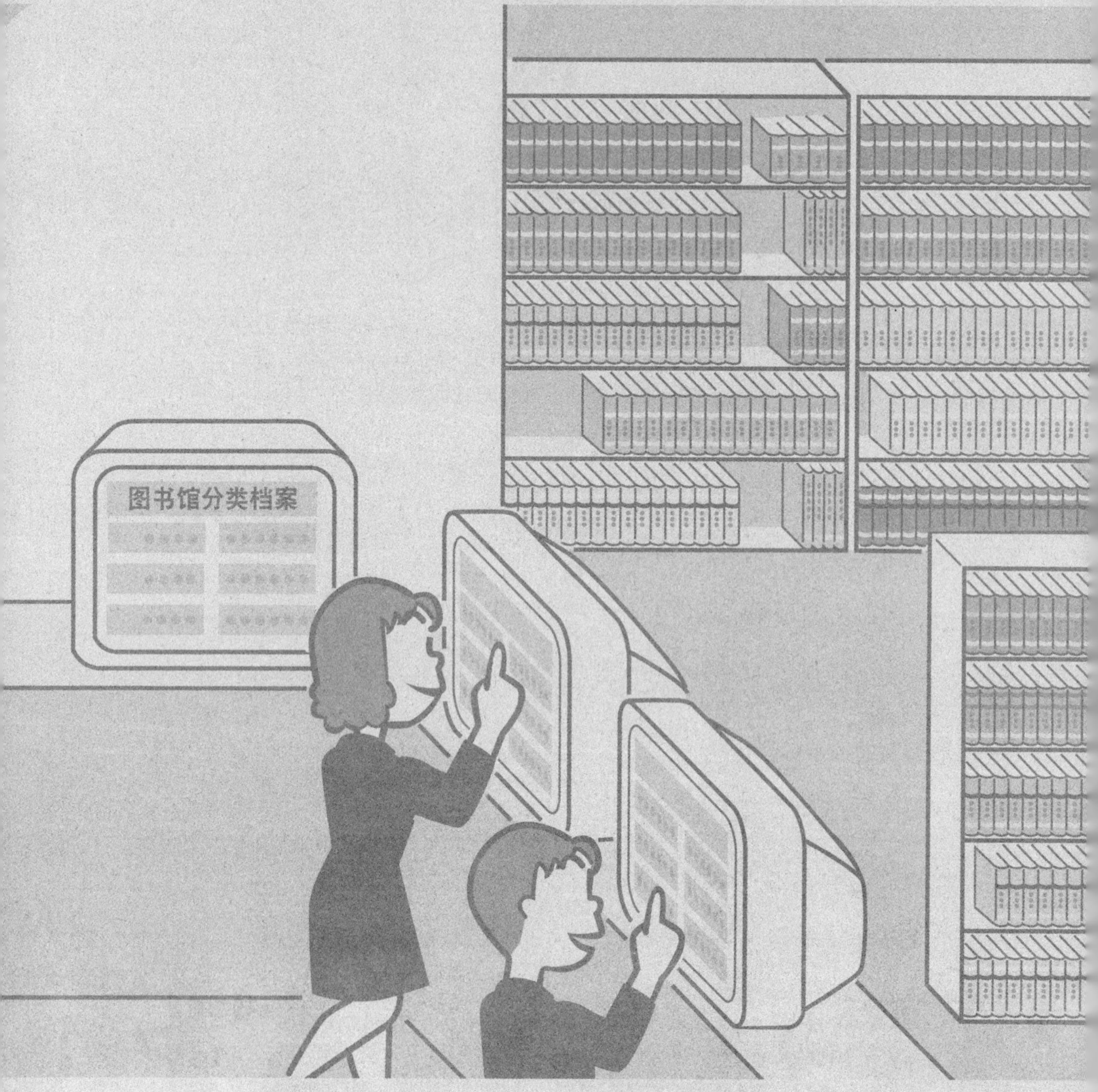
图书馆分类档案

第3章
记　忆

- 3-1　记忆的结构（一）
- 3-2　记忆的结构（二）
- 3-3　记忆的结构（三）
- 3-4　记忆的历程（一）
- 3-5　记忆的历程（二）
- 3-6　遗忘的原因
- 3-7　增进记忆的方法

3-1 记忆的结构（一）

记忆（memory）被普遍定义为储存信息和提取信息的能力，它是一种信息处理（information processing）的过程。自1960年代认知心理学兴起后，记忆已成为最重要的研究主题之一。在记忆的探讨上，一般把记忆分为记忆结构和记忆历程两大方面，在记忆结构方面，最常被采用的是"三阶段储存的记忆模式"，它把记忆分为感觉记忆、短时记忆及长时记忆三个阶段。

感觉记忆（sensory memory）

外界信息被你的感官（视觉、听觉、嗅觉、味觉）所接收，作短暂的停留，如果你不加以注意，它们很快就会消失。每种感官记忆保存了对感觉刺激的物理特性的准确表征，虽然不到几秒的时间，但它们扩展了你从外界获得信息的效能。

视觉的短暂储存称为映像记忆（iconic memory），它不超过1秒钟，电影和卡通影片就是利用这视觉暂留的原理设计而成的。

听觉的短暂储存称为余音记忆（echoic memory），也就是声音消失后，你还保留的残余感觉记忆，它维持较长时间，大约2～4秒钟，这可能跟声音随着时间的延展性有关。

总之，各种感官记忆延长了感觉刺激的存留，以供你进一步处理稍纵即逝的信息。

短时记忆（short-term memory，STM）

如果你想拨一家陌生公司的电话号码，你首先会查阅电话簿，然后你会记住这个电话号码到拨完电话后。但如果对方正占线中，你通常需要再去翻一次电话簿。如果你有过这样的经历，就不难理解，为什么有一种记忆称为"短时记忆"。

随着感官记忆中的信息获得你的注意，它们就被转至短时记忆，信息在这里被维持的时间稍微长些，以供你集中认知资源于一些特定的心理表征上。

1. STM的容量

短时记忆的容量有限，一般人能够记得的组块为5～9个。米勒（George Miller，1956）曾提出，7（±2）是一个"魔术数字"。一般而言，当呈现一些随机排列的熟悉项目时（如J.M.R.S.O.F.L.P.T.Z.B），人们的平均记忆容量大约是7个单位。这些项目包括字母、单字及数字等。这也是为什么电话号码大多是7位。

2. 复述

短时记忆有容量的限制，那么为什么你在生活中仍有良好的表现呢？你首先是运用复述（rehearsal）。以先前的拨电话号码为例，你想要记住电话号码的一个良好方法，就是不断在脑海中重复背诵，这种记忆技巧称为"维持性复述"。当信息未被复述时，它们很快就会从短时记忆中流失。

外界信息最初在感觉记忆和工作记忆中编码，然后被转移到长时记忆中以供储存，而信息也从长时记忆被提取到工作记忆中以供使用。

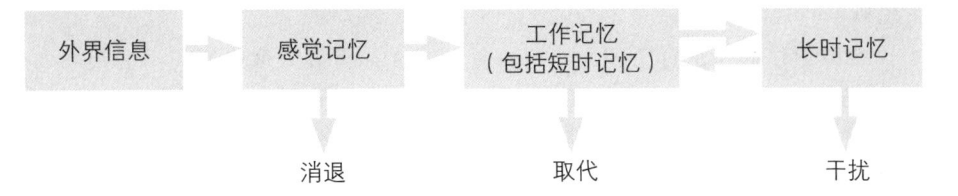

```
外界信息 → 感觉记忆 → 工作记忆（包括短时记忆） ⇄ 长时记忆
              ↓              ↓                    ↓
             消退            取代                  干扰
```

感觉记忆保留信息的原始形式，称为"感觉信息储存"。

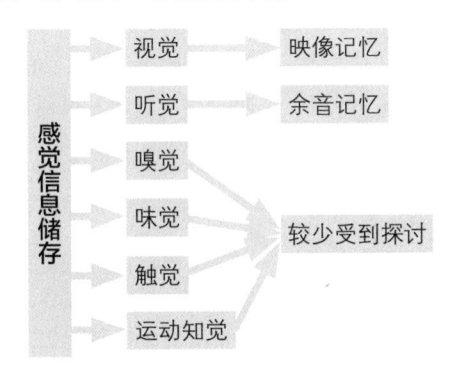

```
            ┌→ 视觉    → 映像记忆
            ├→ 听觉    → 余音记忆
感觉信息储存 ├→ 嗅觉   ┐
            ├→ 味觉   ├→ 较少受到探讨
            ├→ 触觉   ┤
            └→ 运动知觉┘
```

> **＋ 知识补充站**
>
> **序列位置效应（serial position effect）**
>
> 　　如果你被要求学习一些不相干单字所组成的列表，然后你尝试回忆这些单字。无论是采用依序回忆法（serial recall）还是自由回忆法（free recall），也无论单字列表有多长（由6、10或15个单字所组成），你几乎总是对列表最前面几个单字记得很好（首因效应，primacy effect），也对列表最后几个单字记得很好（近因效应，recency effect），但对于列表中间部分的单字却记得很差，这称为"序列位置效应"。
>
> 　　在日常生活中，你也不难发现这种现象。例如，当回答"今天是星期几？"或"今天是这个月几号？"的问题时，如果你在该星期开头和结尾的日子发问，对方很快就会给你正确答案；但如果你在中间的天数发问，所需考虑时间就相对长多了。同样地，儿童在学习英文字母（或中文注音符号）方面，最常犯错的就是中间那些字母（从I到M）。

3-2　记忆的结构（二）

3. 组块

当你希望记住的信息过于庞大而很难复诵时，你可以采取组块集组的策略。组块（chunk）是指有意义的信息单位。例如，以1-9-9-7这个数字排列为例，如果你把它看作4个单元，就几乎占去大半STM容量。但是，如果你把它看作一个年份，比如香港回归的年份，那么这4个数字只形成一个组块，你就可以空出大部分记忆容量以接纳其他信息。同样地，"CATKICKRAT"看似复杂（10个组块），但也可以视为"CAT KICK RAT"3个单词（3个组块）。组块集（chunking）就是指借助一些组织法则或储存在长时记忆中的资料，把信息组合为有意义的单元。组块集有助于减轻记忆的负荷或扩充短时记忆的容量。

最后，即使你已找不到方法以使新刺激与你长时记忆中的各种法则、意义或编码（codes）形成配对关系，你仍可以利用组块集。你能运用简易的"节奏形态"或"时间分组"方式来组织所要记忆的项目。例如，"120379753116"可以组成"120，中顿，379，中顿，753，中顿，116"，这样的效果应该胜过整体依序记忆的方式。你不难发现，许多人就是以这种组合原理记住一长串的电话号码的。

4. 工作记忆（working memory）

除了在新记忆的获得上起重要作用外，STM在现存记忆的提取上也扮演同等重要角色。实际上，STM不应被视为记忆通过的一个处所（place），它是一种过程（process），以供你集中认知资源于一些小组的心理表征上。在STM中，无论是来自感觉记忆还是长时记忆的信息都可以在这里被运作、处理、思考及组织。因此，短时记忆经常也被称为"工作记忆"，它就是你用来完成语言理解和推理等任务的记忆资源。

长时记忆（long-term memory）

我们一般所指的记忆就是"长时记忆"，它是我们从感觉记忆和短时记忆所获得的所有经验、事件、信息、技巧、文字、分类及规则等的储藏室。

1. 编码形式（coding formats）

无论是从感觉记忆进入短期记忆还是从短时记忆进入长时记忆，信息要储存于记忆中，就必须经过编码（encoding）。编码是把外界物理刺激转化为内在的抽象形式，也就是形成"心理表征"，以便于处理及运作。

心理表征可以是视觉编码（visual code）、声音编码（acoustic code）、语义编码（semantic code），或味觉、嗅觉、触觉等各种代表外在刺激的心理形式。例如，短时记忆的主要编码形式是声音编码，长时记忆则主要为语义编码。根据双重编码理论（a dual-code theory），具体事物（如"狗"）是以语义和视觉两种方式储存的，至于抽象的资料（如"自由""道德"）则只以语义方式储存。

长时记忆类型

```
                    ┌─→ 程序性记忆
                    │   （如何做一些事情的记忆）
                    │
长时记忆 ───────────┤
                    │                          ┌─→ 情景记忆
                    │                          │   （对于特定个人经验的回忆）
                    └─→ 陈述性记忆 ────────────┤
                        （关于事实和事件的记忆）│
                                               └─→ 语义记忆
                                                   （一般知识）
```

程序性记忆使得专业人士（如大联盟的投手）能够自动地执行复杂的任务，不用意识上回想整套动作的细节。

+ 知识补充站

遗忘综合征

　　DSM-Ⅳ-TR定义出一种跟记忆有关的障碍，称为遗忘综合征（amnestic syndrome）。患者的立即性回忆通常没有受损，对于遥远过去事件的记忆也保存良好。但是，患者无法将信息转移至长时记忆；或者可以转移，但却无法提取。总之，患者失去学习新信息的能力，或无法记起先前学得的信息。

　　脑损伤是出现遗忘综合征的根本原因，它可能是长期酗酒和维生素B_1缺乏所引起的。此外，头部创伤、中风、脑部颞叶手术、脑部感染（脑膜炎）及氧气剥夺都可能导致遗忘综合征。

　　幸好，遗忘综合征可以完全或局部地复原。再者，因为程序性记忆（学习例行工作、技巧及动作的能力）通常被保存下来，即使失忆患者缺乏对特定个人经验的记忆，他们仍然能够被教导执行一些工作，以协助他们重新加入劳动人口。

3-3 记忆的结构（三）

2. 信息的转移及维持

在短时记忆中，"复述"是维持信息的有效方式。但为了把信息转移到长时记忆，并作有效的维持，就需要利用"精密化"（elaboration）。精密化是对信息作较深层次的处理，不仅对之作有意义的思考，也设法在新生记忆与既存记忆之间制造较多联结。例如，你如果能够以心理画面（视觉意象）来辅佐所呈现信息的话，通常对你回忆会有相得益彰的效果，因为这同时提供你语义和视觉二者的编码。

3. 记忆的组织

如前面所述，短时记忆的容量有限（7±2个项目），长时记忆则没有容量受限的问题。但在长时记忆中，信息的组织仍然很重要，以有利于事后的提取。至于信息在长时记忆中如何被组织及储存，研究者已提出"网络模型"（network model）和"激活扩散模型"（spreading activation model）等理论。大致而言，我们的知识是按照意义的类别而不是按照属性进行组织的。例如，我们会把所有的鸟都归在鸟类这一分支下，而不会将所有红色的东西归为一类存放，红色只是用于描述物体的属性。

4. 记忆的类型

根据记忆的特性，研究者一般把长时记忆分为程序性记忆（procedural memory）和陈述性（declarative）记忆两大类。程序性记忆是关于"知道如何做"（knowing how）的记忆，如骑自行车、打领带、弹吉他、打字及烹饪等。虽然程序性记忆初始是按照程序逐步学习所得，但是一旦掌握而熟练后，记忆的提取自动展现，不再需要刻意注重程序，否则反而表现不佳。程序性记忆一旦建立，也不容易忘记。

对一些事实和事件的回忆牵涉到陈述性记忆。它是关于"知道些什么"（knowing what）的记忆。例如，阅读物理学，你就知道关于运动定律的一些知识。

陈述性记忆可被进一步分为情景记忆（episodic memory）和语义记忆（semantic）两类。情景记忆是你个人所经历的特定事件的记忆，它是关于何时、何地、何事的记忆。情景记忆所储存的不是普遍性概念，而是具体的事实，如你的毕业旅行。

此外，有些信息无条件供应你的提取，不需要你诉诸它们发生的时间和地点。这些记忆是通用的，无涉于你个人的经验，称为语义记忆。各种概念和文字的意义便属于语义记忆，像是法国的首都、9的平方根及$E=mc^2$的公式等。你不妨把语义记忆看作一本"百科全书"，而情景记忆则是一本"自传"。

5. 舌尖现象

尽管长时记忆的容量很大，一旦记住就可能一辈子也不会忘记。不过现实生活似乎不是这样，你应该有过这样的体验：你偶遇一位熟识的人，想跟他打招呼，却突然说不出他的名字，好像就在嘴边，却怎么也想不起来。你知道自己没有忘记他的名字，如果把他的名字摆在几个名字中间，你一定能够指认出来。

这在心理学上称为"舌尖现象"，主要是因为你找不到回忆的线索。研究已显示，在所调查的51种语言中，有45种使用"舌头"的字眼来描述这样状态。其次，舌尖现象的发生颇为频繁，普遍是每星期一次，但随着年龄而增加。在半数情境中，我们最终会回忆起想说的话。

呼之欲出的舌尖现象（the tip-of-tongue phenomenon，TOT）

> 我知道答案！

> 但是我突然忘记了……

> 到底人类的心思是怎么一回事？

记忆储存的双重编码理论

具体事物：猫 → 唤起表象 → 同时以语义和视觉方式储存 → 容易记忆

抽象资料：真理 → 不会唤起表象 → 只能以语义方式储存 → 不易记忆

✚ 知识补充站

专家拥有较佳的记忆力？

一般认为专家拥有良好的记忆力。心理学家进行过这样的实验：他们让象棋高手和生手观看棋盘上棋子的摆设，然后打乱棋子，要求他们依照原样将棋面复原。如果是有意义的棋局，高手能够准确地重摆出来，新手却做不到。但是，如果棋子的摆设是随机而没有规律的，那么高手和生手的记忆表现就没有差别。

显然，高手能够按照棋子与棋子间的关系进行记忆，即利用他们既存的知识和推理来记忆。这说明专家的短时记忆容量没有比生手来得大，只是他们能够应用长时记忆的知识，将资料组成有意义单位来进行记忆，也就扩大了记忆的容量。因此，在前述的记忆结构图中，短时记忆和长时记忆是双向沟通的，短时记忆能够调用长时记忆的知识来协助记忆。

3-4　记忆的历程（一）

记忆可分为编码（encoding）、储存（storage）及提取（retrieval）三个过程。编码是初始的信息处理，把外在的物理刺激转为内在的心理表征。储存是把经过编码的信息保留一段时间，以便需要时加以提取。提取则是把储存在记忆中的信息取出以供应用。简言之，编码使得信息流入记忆系统，储存是保留信息到你需要的时候，提取则是使信息流出。这样的划分看似简单，但其实这三个过程之间有相当复杂的关系。

信息的加工层次

有些学者不赞同短时记忆和长时记忆的划分方式，他们认为可以从加工的层级来探讨记忆。加工层次理论（levels-of-processing theory）指出，随着信息在越深的层级接受加工，该信息就越可能进入记忆。例如，感官层次属于浅层分析，记忆痕迹较弱，信息不易维持于记忆中；语义层次属于深层加工，痕迹较强，信息才易于被记住。这表示信息加工涉及较多的分析、解读、对照及精密化（精细加工）的话，它将会导致较良好的记忆。

编码特异性原则（encoding specificity principle）

你在编码阶段组织信息的方式不仅会直接影响储存的方式，也会影响你提取时所运用的线索。这表示当提取的背景符合编码的背景时，你想要提取的记忆将会很有效率地被提取出来，这被称为"编码特异性原则"。

你接到小学同学的邀请函，努力回想当年的一些情景，却发现时间之贼已偷走你不少的回忆。不过一旦你踏入当年的教室，往事说不定就像波涛般撞击你的每一根神经，每一个角落在你脑海里都对应一个深埋的故事。你登记信息的情境与你尝试提取该信息的情境彼此相似或相符的话，你的记忆能力将会大为增进，这被称为情境依赖记忆（context-dependent memory）。

情境依赖记忆仅是编码特异性原则的实例之一。当你学习新资料时，你也会记录那时候相关的物理环境和心理环境的特性，如生理状态、心情、噪声水平或气味等。当你后来尝试回忆所研读过的资料时，这些背景学习将为你提供额外的提取线索，因而有助于增进你的表现，你不妨称之为状态依赖、心情依赖等。

闪光灯式记忆（flashbulb effect）

这个术语所指的是对个人生活中特殊而重大事件的记忆，通常伴随强烈的情绪激发状态。这种记忆的特征是极为鲜明而生动的意象，包括事件发生时自己在哪里，当时正在做些什么，还有什么人在场等。这个术语是在1977年被提出的，当时是为了探讨人们对于约翰·肯尼迪在1963年遭到暗杀事件的记忆。几十年过去了，这个事件对许多人来说仍仿佛历历在目。

近期，许多事件已被确定容易令人产生闪光灯式记忆。这些震撼性事件包括纽约世贸中心（双子星大厦）遭受恐怖攻击、黛安娜王妃的意外身故及挑战者航天飞机的高空爆炸等——显然，它们的冲击性视不同文化而异。

图书馆进了一批新书,需要先经过编目,然后送上书架储存,等到需要时再检索出来。这过程类似于信息的编码、储存及提取,以便你能够从记忆储藏室浩瀚的信息中,提取你所需要的一小片段的信息。

请你先注视第一幅图案,将之放在你记忆中,然后注视第二幅图案,试着把两幅图案结合起来。如果你拥有遗觉像,你可以看到第三幅图案中的数字63。

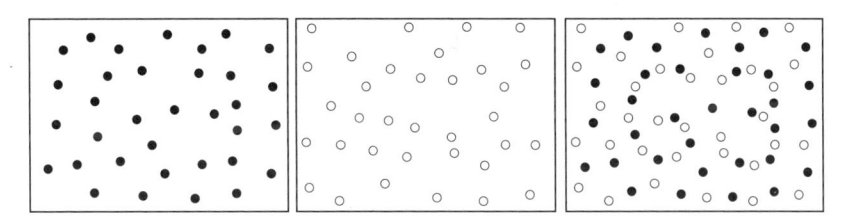

+ 知识补充站

遗觉像(eidetic imagery)

有些人宣称拥有照相记忆(photographic memory),它的正式术语是"遗觉像"。这表示实体刺激虽然不复存在,但仿佛仍在面前一样,当事人可以清晰地"看见"该刺激的表象,也能回忆图画的各个细节。

遗觉像不同于后象(afterimage),也不同于映像记忆,它的保留时间更为长久。根据估计,大约8%的儿童(在青少年期之前)拥有这样的能力,但是成年人则几乎没有。为什么遗觉像的能力会随着时间消退,至今仍没有令人满意的理论被提出。

3-5 记忆的历程（二）

记忆是一种再建构的过程

当我们听到一则不熟悉的故事时，在编码阶段，我们可能根据自己的期望或所储存知识来解读故事的情节，这称为建构的记忆，而同样情形发生在提取阶段，就称为再建构的记忆（reconstructive memory）。这表示当我们自以为对事件记得很正确时，其实完全不是那么一回事。

1. 证人记忆（eyewitness memory）

当记忆是经过建构和再建构的过程时，那就避免不了会发生记忆的扭曲。关于证人记忆，洛夫特斯（Elizabeth Loftus）是这方面研究的权威。在她的一项实验中，受试者先观看一段汽车相撞的影片，然后被要求估计当时的车速。第一组受试者被问："当汽车撞毁（smashed）在一起时，车速有多快？"，第二组则使用强度较低的动词：碰触（contacted）。实验结果发现，第一组受试者对车速的估计快多了。经过一个星期后，所有受试者被发问："你有看到任何玻璃碎片吗？"事实上，影片中并未出现玻璃碎片。但是"撞毁"组有35%受试者表示看到，"碰触"组则只有14%。

显然，发问所使用的动词改变了受试者对目击事件的记忆，使得受试者利用合理的推断来填充情节中间的空隙。因此，证人对所看到事件的记忆，很容易受到"事件后信息"（post-event information）的扭曲。

2. 诱导性提问（leading questions）

如果你身为车祸或犯罪行为的目击者，被要求在法庭上接受质问，那么律师可能设法说些事情（措辞的方式）轻易地改变你对事件的回忆。在洛夫特斯的另一项实验中，受试者先观看车祸的短片，在关键的问题上，第一组受试者被问道："你有没有看到那个破掉的车灯？"（"Did you see the broken headlight?"）；第二组则被发问："你有没有看到一个破掉的车灯？"（"Did you see a broken headlight?"），结果第一组有较多人答"有"。在英文中，"the"是定冠词，它使得问句变得具有诱导性，意思成为"那里真的有个破掉的车灯，问题是你看见了没有？"但是"a"就没有先行的假设，因为"a"是个不定冠词。

这些实验说明，我们的记忆是一种再建构的过程，我们往往无法辨别记忆表征的原始来源。我们的记忆就像是一幅美术拼贴，根据我们过去经验的不同成分再建构起来。

长时记忆的提取

探讨长时记忆的提取，最常用的两种方式是回忆法和再认法。

回忆法（recall）：在回忆法中，受试者只能根据少许的线索回忆出长时记忆中的信息。一般考试中，所谓的填充题、问答题及名词解释就是属于回忆法。

再认法（recognition）：在再认法中，受试者必须从一些选项中挑选正确的信息，或者指认所呈现信息是否在先前出现过。一般考试中，选择题、是非题及匹配题都属于再认法。一般来说，学生在再认法上的表现优于回忆法，这是因为再认法提供的提取线索较多。

在法庭诘问中，律师深知如何以不同字眼描述汽车事故，将会影响目击者对事件的回忆。

记忆的测量方法

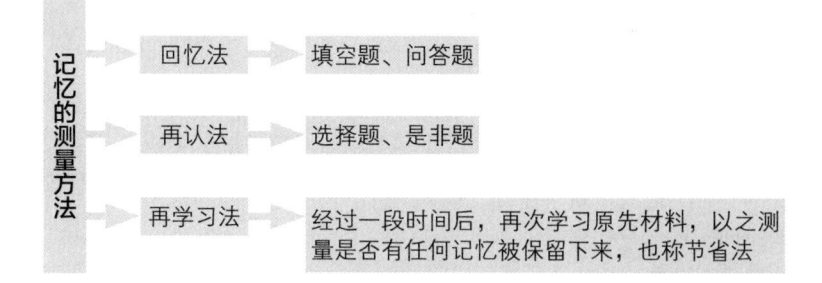

记忆的测量方法
- 回忆法 → 填空题、问答题
- 再认法 → 选择题、是非题
- 再学习法 → 经过一段时间后，再次学习原先材料，以之测量是否有任何记忆被保留下来，也称节省法

✚ 知识补充站

复活的记忆

"多重人格障碍"经常被认为起源于童年虐待，特别是性虐待。患者往往在接受催眠治疗时，"恢复"他们童年受虐的记忆，许多人进而控告他们的父母。在一些案例上，父母被判定有罪而入狱服刑。但在另一些案例上，父母证明了自己的清白（根据当年的档案资料，如他们当时在国外任职），他们反过来控告治疗师，认为对方在其成年子女身上诱发及灌输不实的记忆。催眠下的记忆是真实的、编造的，抑或受到治疗师的诱导？这方面的争辩至今莫衷一是。

记忆的"录像机理论"指出，大脑就像是一台录像机，它把我们所有听过、看过、感受过的信息统统记录下来，永久加以保存。唯一的问题是如何倒带，找出我们想要的那一段。但研究已显示，记忆倒带的说法（主要是采用催眠）不符合实际情形。有些信息从来就未被记住，有些半途流失了，还有些则被变更以配合新获得的信息。

3-6 遗忘的原因

为什么我们会忘记一些事情？为什么信息已被移进长时记忆中，但还是会遗忘？

（一）消退论（decay theory）

我们所学习的内容会在大脑里留下记忆痕迹（memory trace），随着时间的流逝，这些痕迹会逐渐衰退，如果长时间不再复习，就可能完全消失，这称为记忆的消退论。这种说法似乎合情合理，我们对生活中一些事情或人物的记忆，时间一久就淡忘了。

从适应的角度来看，这有点像是"用进废退"的原理，即我们长时间不用的技能将会退化。一般认为，消退论可以解释感官记忆和短时记忆迅速而被动的消失，但不能充分说明长时记忆的遗忘原因。

（二）干扰论（interference theory）

这种观点指出，遗忘不是纯粹时间因素所致，它是因为信息的互相干扰，使得信息无法被提取出来。当信息越为相似，相互产生的干扰越大。

干扰可分为两种情况：如果是新学习干扰个人对原先学习的保留或回忆，这称为逆向干扰（retroactive interference）。但如果是先前学习的内容干扰了个人对新材料的学习和回忆，这称为顺向干扰（proactive）。

如果你更改过你的电话号码，你应该经历过顺向干扰和逆向干扰。起先，你发现很难记住新的电话号码，因为原先的号码不时地出现在心头（顺向干扰）。然后，当你终于记住新号码后，你发现自己已无法记起原先的号码，即使你曾经那般熟悉该号码（逆向干扰）。

（三）提取失败论（retrieval failure theory）

这种观点指出，记忆并未随着时间而消退，而是随着时间的流逝，提取线索变得不足或不当；或者原先记忆随着新信息的进入而变更，使得提取发生困难。

前面所提的"舌尖现象"就是提取线索不足或不当所造成的。对于记忆的内容而言，记忆过程发生的时间、地点及你当时的心情等都构成了日后回忆这些内容的线索。你在回忆的时候，如果一时想不起来，你不妨依循这些线索来进行记忆搜索。

（四）动机性遗忘（motivated forgetting）

这是精神分析论创始人弗洛伊德提出的解释，遗忘的发生是因为当事人有意地压抑过去不愉快的经验。这表示遗忘的背后隐藏了个人不愿意记忆的动机，因此称为动机性遗忘。

在一项研究中，受试者被要求学习一些东西，而实验人员对待他们的态度很恶劣（相较于亲切）。研究结果显示，如果学习经验是负面的（相较于正面），受试者稍后记得较少。另一项研究则发现，刚分娩过的母亲被要求报告她们所承受的疼痛的性质和数量。几个月后，她们被要求再评估一次，她们这一次都报告较不疼痛。

关于遗忘的原因，前述的所有观点不一定是自相矛盾的，它们反映的是不同心理学家的不同视角，有助于我们理解发生在自己心里最深层次的神秘现象。

你过去的学习可能使你较难以登记新信息，称为顺向干扰。你现今的学习可能使你较难以提取先前的信息，称为逆向干扰。

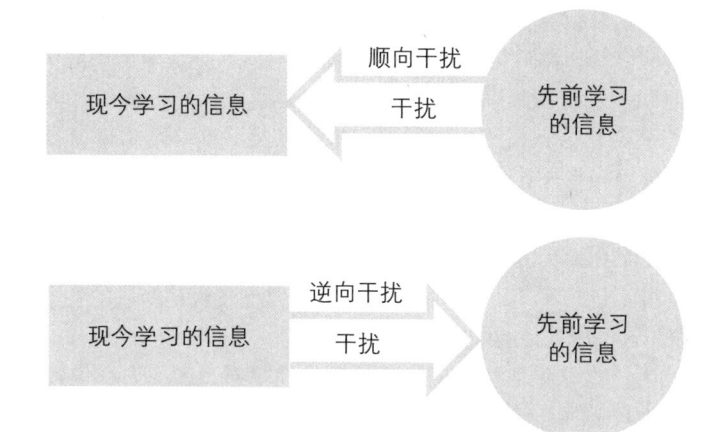

```
现今学习的信息  ←— 顺向干扰 干扰 —  先前学习的信息

现今学习的信息  — 逆向干扰 干扰 →  先前学习的信息
```

如果你是服务生，你如何运用精心的复述以使每位顾客拿到正确的餐点？

➕ 知识补充站

幼年经验失忆（infantile amnesia）

"幼年经验失忆"是指大多数人长大后，都不记得幼童时期（5岁之前）的经验。根据现今认知心理学的解释，幼童的世界极不同于他15岁时的世界。在幼童的世界中，桌子高不可攀，椅子要拼命才爬得上去，成年人更是个个像是巨人。因此，幼童这时的记忆必然是依据他当时的情境来登记的。等到他长大后，他当然缺乏特定、适合的线索来提取那些记忆。

另一种解释放在登记（编码）的层面上，即幼童储存记忆的能力不足。这可能是幼童的神经系统尚未发育成熟；也可能是他们尚未发展出图式（schema）的认知架构，使得他们的经验还无法被有组织、有系统地储存起来。

3-7 增进记忆的方法

从前面的讨论中，你已知道一些增进记忆的方法。首先，在感觉记忆阶段，你应该集中注意于所要学习的信息，否则它们很快就会消失。其次，你应该利用简单复述以维持信息于短时记忆；你也可利用组块集以扩充短期记忆的容量。最后，在长时记忆方面，你可以利用有组织及有意义的联结、精密化、深层加工，以及双重编码储存等策略以增进记忆。除此之外，你还可利用一些视觉和语义的形式来组织信息，这些增进记忆的方法称为记忆术（mnemonics）。

（一）位置法（method of loci）

位置法最先由古希腊和罗马的演讲家所采用，用以记住长篇演讲的各个段落。后来，它被援用来记住一长串名称或物件的顺序。

使用这种方法时，你首先把想要记住的事物与你很熟悉的一系列位置联想在一起，例如你上学路途中一些明显的场所，或是你家从客厅到厨房的一些地点。当需要记起这些事物时，你只要循序想起这些熟悉的位置（心理上走一遍这条路线），那么你表象中放在那些位置上的事物就会被回忆出来。

（二）字钩法（peg-word method）

在字钩法中，你首先建立一套自己熟悉的"记忆挂钩"，它们是你容易记住，不需要再花费心力加以记忆的一连串线索。然后，你把想要记住的事物跟这些挂钩联结。稍后，当你试图回忆这些事物时，你的挂钩就可为你提供提取线索。

在英语中，经常被使用的一组字钩是：

one is a bun（小圆面包） four is a door（门） seven is a heaven（天空）
two is a shoe（鞋子） five is a hive（蜂巢） eight is a gate（水闸）
three is a tree（树） six is a sticks（球棒） nine is a line（直线） ten is a hen（母鸡）

你可以注意到它们具有编号和押韵的效果，朗朗上口。

（三）关键词法（the key word method）

这是用于学习外语的方法，它首先找出跟外语单词发音相同或相似的本国词句（称为关键词），然后利用表象图使得二者的意思产生联结。例如，英语的"restaurant"，你可以想象："餐厅"没开冷气，使得你"热死腿软"。这也被称为谐音法，或右脑图像法，它结合了声音、故事及情境等因素。在你初学外语时，这种方法对于你记忆陌生单词有不错的效果。

（四）字词联想法（the method of word association）

前述三种记忆术是利用表象，字词联想法则是利用语言的组织。

缩略语法（acronym）：这是把想要记忆事项的第一个字母或单词，设法加以联结为有意义的单词或句子。例如，记住太阳光谱七种颜色（red, orange, yellow, green, blue, indigo, violet）的方法是把它们组成一个姓名，Roy G Bir。

谐音法：这是利用谐音把无意义的材料转换成有意义的词句。例如，记住$\sqrt{2}=1.414$（意思意思）；记住$\sqrt{3}=1.732$（一妻三儿）。

位置法：如果你上学途中会经过一些地点，你可以把想要记住的事物（如购物清单）与那些地点联想在一起。

字钩法：个人先建立一套自己熟悉的"记忆挂钩"，再把想要记住的事物依序挂在钩上。这是一种联结记忆法。

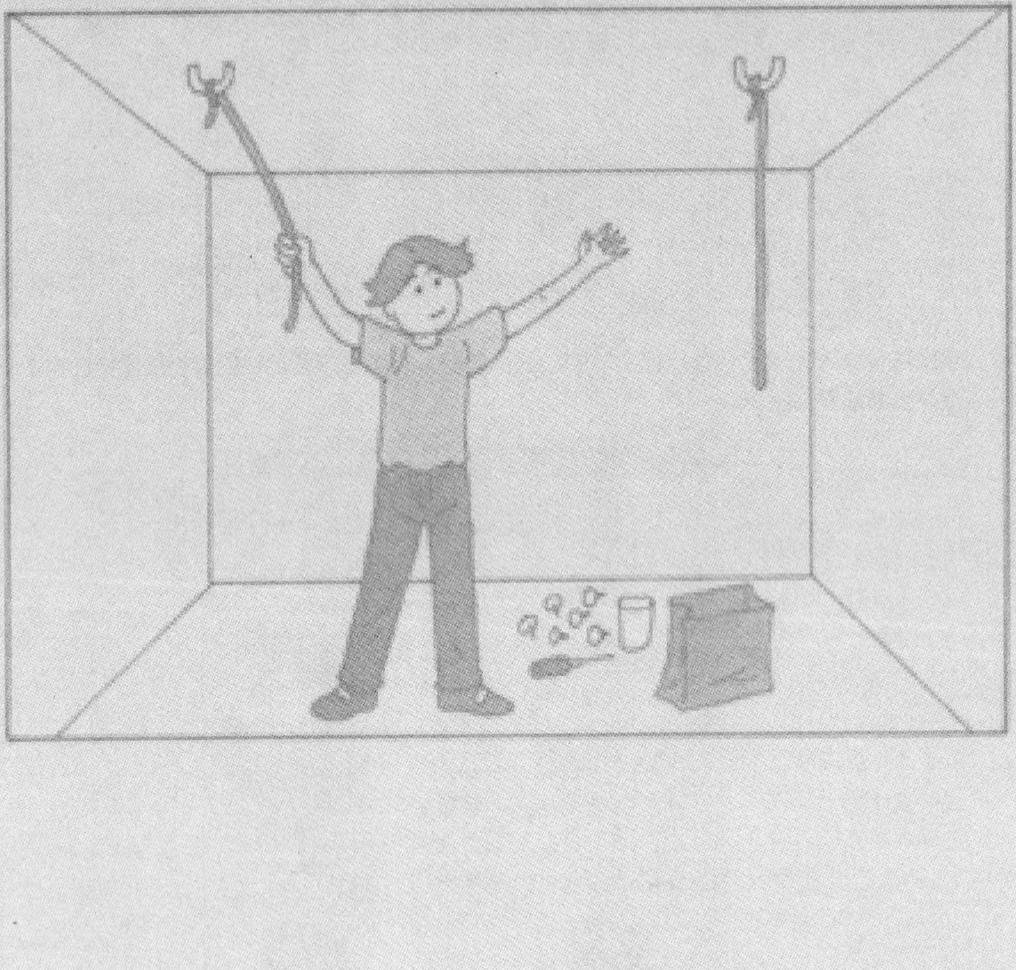

第4章
思　维

- 4-1　概念形成
- 4-2　推　理（一）
- 4-3　推　理（二）
- 4-4　问题解决（一）
- 4-5　问题解决（二）
- 4-6　判断与决策（一）
- 4-7　判断与决策（二）

4-1 概念形成

人类在很多能力上远不如其他动物。例如，人类跑不快、感官不灵敏、力气不大、身体也不够灵活。尽管有这么多缺陷，但是在自然界的残酷生存竞争中，人类竟然脱颖而出，而且缔造了灿烂的文明。我们所凭借的是什么？那就是我们的头脑。更具体而言，就是我们的理性、思考能力及创造能力。

早在现代心理学发展之初，心理学家就对思维深感兴趣。但是由于行为学派的兴起，认知的研究一度式微。直到1960年代后，思维才重新成为心理学的研究主题。

思维牵涉到概念形成、推理、判断、决策及问题解决等心智活动。但事实上，这些活动是高度相关的认知历程，不易加以区别。

（一）分类（categorization）

我们所居住的这个世界充满了无数的独立事件，我们必须从中不断地抽取信息，把它们组合为较小、较简易的样式，以便能够在心理上加以处理。例如，为了获得"小狗"（doggie）这个词的意义，儿童必须能够储存这个词被使用的每种场合，以及储存关于该情境的信息。以这种方式，儿童发现"小狗"所指称的共同核心经验：四只脚而有皮毛的动物。

此外，儿童还必须了解，"小狗"指的不仅是特定的一只动物，而是适用于"整个类别"的动物。这种"对一些个别经验加以分类"的能力是能够进行思考的有机体的最基本能力之一。

（二）概念（concepts）

你对各种分类所形成的心理表征称为"概念"。除了具体事物外，概念也可能表征一些特性（properties），如"绿色"或"重量"；表征一些抽象观念（abstract ideas），如"正义"或"真理"；以及表征一些关系（relations），如"A比B高"或"A比B聪明"。每个概念代表你对外界经验的一种简要概括的单位。命题（proposition）则是可以辨别真伪的最小单位，它由概念所组成，用以表征许多形式的信息。

形成概念也就是分类。从功能上来看，这有助于我们对事物的认识及预测。当然，我们的分类也不是一成不变的。不同群体对于事物会有不同的分类，有时候这与生存环境有关。例如，因纽特人有很多关于雪的词汇，用以描述不同状况的雪；菲律宾的哈努诺人（Hanunoo）对稻米的种类有92种名称；阿拉伯人对骆驼有许多不同称呼方式；中国人对亲戚的称呼远多于西方人。

（三）表象（mental image）

语言当然是表达思想的工具之一。但是，思考一定要通过语言来表征吗？研究已发现，除了语言外，思考也能以"表象"的形式呈现。

视觉思考（表象思考）增进了我们思维的复杂性和丰富性。但其实，我们也能运用另一些感官进行思考，如听觉、味觉、嗅觉及触觉等。但是，这些形式的思考很少受到研究。

认知科学尝试整合认知心理学、哲学、语言学、计算机科学（特别是人工智能）及神经科学等领域的研究。

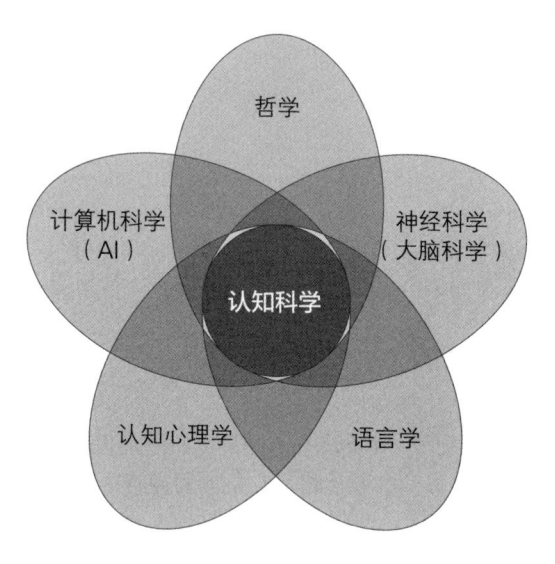

```
            哲学
计算机科学          神经科学
 （AI）    认知科学  （大脑科学）
     认知心理学   语言学
```

人类使用两种主要的思考方式：

表象的方式 → 图形的思考 → 以图画来表达

抽象、符号的方式 → 语言的思考 → 以概念和命题作为心智建构

✚ 知识补充站

视觉表象的极限

假设你有一张很大的报纸（如足球场那般大），它的厚度大约为0.07厘米。通过想象，你先对折1次，这张报纸变成2层；再对折1次，它变成4层。如果你对折50次，这张报纸会成为什么样子？

受试者被要求估计这张报纸对折50次后的厚度。大部分人会在心中想象这张报纸一再被对折后的模样，但他们的估计都偏离正确答案太远了。

正确答案是约8亿千米（$2^{50} \times 0.07$厘米）。这已经超过地球与太阳之间的距离。世界上没有一张纸能够被对折50次。如果只运用视觉心象来处理这个问题，你的答案一定会失准（远远偏低）。面对这样的问题，你最好使用数学符号。

4-2 推理（一）

我们在日常生活中经常进行推理以做出决策，只是我们不太自觉而已。例如，"他今天神清气爽，他一定心情很好"（推理）；"早餐吃些什么"（决策）等。考虑一下这样的推理：

前提1：如果她喜欢我，她会跟我一起出去。
前提2：她答应跟我一起出去。
结论：她必然喜欢我。

在这个推理中，前提1是错误的。"她会跟你一起出去"可能有许多理由，如搭个便车、免费吃顿午餐等，不一定是因为"喜欢你"。许多人容易为情所困，他们就是犯了这样的逻辑错误。

归纳推理

推理（reasoning）又称逻辑推理，它是指从已知条件推导出未知结论的过程，可被分为归纳推理（inductive）和演绎推理（deductive）两种。归纳是指从特殊到一般的推理方式，也就是从许多特例中总结出一般性的普遍规律。它是利用现存的证据以提出可能的结论，但不是必然的结论。

前两个星期的周末假日，高速公路堵车。前一个星期的周末假日，高速公路堵车。这一个星期的周末假日，高速公路堵车。归纳：每逢周末假日，高速公路就会堵车。你可能觉得不一定如此。例如，遇到下雨天或寒流来袭时，周末假日的高速公路就不会堵车。所以，归纳推理是根据经验所作的可能性判断，它的结论不是确定不移的，随后的经验可能就将其推翻。

在真实生活中，你解决问题的能力有很大部分是依赖归纳推理，那些在过去奏效的方法应该也能解决现在面对的类似问题。这样的类推（generalization，或归纳）加速了当前问题的解决。但是，归纳推理也容易造成你的"心理定式"（mental set），使你一味地采用先前成功的解题经验，却不管它们是否适用于新问题，或是否已有更具效率的解决方法。

演绎推理

演绎是指从一般到特殊的推理方式，也就是先有一个普遍规律，然后从这个规律推导出特定的事例。演绎推理有许多种形式，三段论法（syllogism）是其中之一，它由亚里士多德（Aristotle）在两千多年前首先提出。考虑下列这个三段论法：

前提1：所有有引擎的设备都需要石油。
前提2：汽车需要石油。
结论：汽车有引擎。

这个三段论法尽管在逻辑推理上是不正当的（因为许多没有引擎的设备也需要石油），但它的结论却符合事实。心理学家发现，许多人在这样的推理上容易发生误判。也就是"结论为真，就判断关于前提的推论也是正当的"。为什么呢？

这种现象称为"信念偏差效应"（belief-bias effect），即人们倾向于把他们认为值得信赖的结论判断为正当的，不符他们信念的结论则易被判断为不正当的。

推理范例

所有老虎都有4条腿。
我有4条腿。
所以，我是老虎。

> **✚ 知识补充站**
>
> 在进入下一单元之前，你不妨先试做下列的问题：
>
> 一、河内塔（Tower of Hanoi）的问题：A桩上有几个碟子必须被移至C桩，规则是一次只能移动一个碟子，而且大碟子不能放在小碟子上面。请以最少的步骤完成。
>
> 二、用这6根火柴组成4个等边三角形，不能折断火柴。 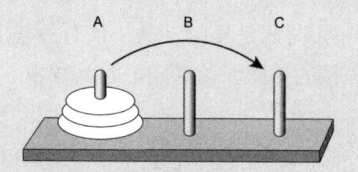
>
> 三、杰克以60元美金买一匹马，然后以70元卖掉。随后他又以80元买回来，再以90元卖掉。请问在这样买卖中，他赚了多少？（a）不赚不赔；（b）赚10元；（c）赚20元；（d）赚30元。 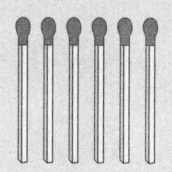
>
> ＊答案请参考下一单元。

4-3 推 理（二）

听演讲时，你不要因为演讲者的结论（如减税、环保）符合你的心意，就放松对它的前提的检验，这将是偏袒你预先所持的信念。同样，你也不要因为他的结论不符合你的理念，就全盘推翻它的逻辑推理，这将丧失理性探讨的机会。

条件推理

在日常生活中，我们经常不自觉地运用推理。例如，"如果明天不下雨，我们就去打篮球""如果没意外的话，我会在30分钟内到达""除非你做完家庭作业，否则不许看电视"。先满足一定的条件才能实现后面的目标，这种形式的推理称为条件推理（conditional reasoning）。

在下图的4张卡片中，每张卡片的一面是数字，另一面是字母。请以最少次数翻卡片，以便确认这个规定："如果卡片的正面是元音字母，那么另一面必定是偶数。"

抽象作业 ➡ A　　K　　4　　7

你会选择翻看哪几张卡片呢？大部分人翻看了A和4两张卡片，但是正确答案是A和7。A是元音字母，如果它背面不是偶数就违反规定，所以应该检验。K不是元音字母，即使它背面是偶数也不违反规定，所以不必检验。4是偶数，就算它的另一面不是元音字母，还是不算违反规定。7是奇数，如果它背面是元音字母，那就违反了规定，所以应该检验。

在这项"沃森选择任务"（Wason selection task）的实验中，只有10%左右的人选择正确。这使研究学者大为怀疑人们有效推理的能力。

后续的研究发现，人们之所以出现推理错误，是因为上述卡片实验与现实脱节，不能将他们真实世界的知识应用于这个任务上。

心理学家把上面4张卡片换成4张个人资料卡，一面写的是年龄，另一面写的是所喝的饮料。至于所检验的规定则是："如果一个人喝含有酒精的饮料，他必定已年满18岁。"

真实世界作业 ➡ 喝啤酒　　喝可乐　　24岁　　16岁

现在，你认为至少应该检查哪几张资料卡？这个问题的逻辑同上面问题完全一样，只是内容更改，结果75%的人都选对了，即"喝啤酒"和"16岁"。

这表示人们日常的推理相当容易受到情境的影响，这些情境是否真实和具体会导致不同的结果。而人们抽象推理的能力则较为贫乏。

✚ 知识补充站

上一单元的解答：

一、完成"河内塔"问题需要7个步骤，如下所述：

首先，最大的碟子（碟子3）需要移到C桩→次目标

其次，为使碟子3能移动，需要先移开碟子1和2→次目标

最后，一定要先移开碟子1，但移至B桩或C桩→次目标

设定这些次目标，你就可依序完成任务：

1. 碟子1移到C桩→完成第三个次目标
2. 碟子2移到B桩→完成第二个次目标
3. 碟子1移到B桩
4. 碟子3移到C桩→完成第一个次目标
5. 碟子1移到A桩
6. 碟子2移到C桩
7. 碟子1移到C桩→解开谜题

江湖传说，河内的一群和尚正在解决这样问题，但是碟子数量达64个之多。据说谜题破解之际将是世界末日来临之时。但即使每秒钟移动一个碟子，也需要一兆年才能完成任务。请你放心，你看不到那一天。

二、这些火柴必须搭成金字塔般的立体形状。只在平面上摆置，一定无解。

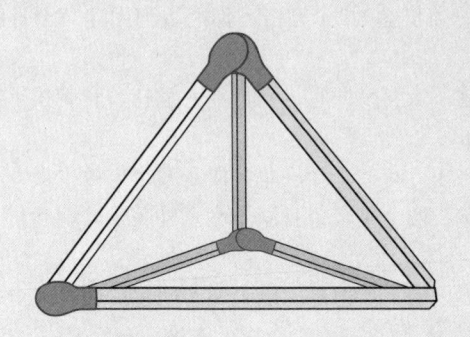

三、正确答案是赚20元，你应该视之为两笔买卖。许多人将其当作一笔买卖，很容易选（b）的错误答案。

4-4　问题解决（一）

所有的认知活动在本质上可说是为了解决问题。事实上，本章所讨论的概念形成、推理及决策也都是问题解决（problem solving）。问题解决需要你结合当前的信息和储存在记忆中的信息，以便达成一些特定目标。

问题空间（the problem space）

什么是问题？良好的问题应该具备几个条件：①初始状态（initial state），说明问题的起点是什么；②目标状态（goal state），说明所要达到的状态是什么；③操作规则（operations），说明可利用来解决问题的规则。这三个部分界定了所谓的"问题空间"。如果具备这些条件就是定义良好的问题（well-defined problems），否则就是定义不良的问题（ill-defined problems）。例如，数学上的问题大多是定义良好的问题；至于房屋装潢、景观设计及写小说等则属于定义不良的问题。

问题呈现方式（problem representation）

问题表征的方式往往直接影响问题解决的难易程度。试看下面的问题："你有一块西洋棋盘（参考右页图形）。现在，它有两个角被切掉了，共剩有62个方格。假设你有31个骨牌，每一个正好可以遮盖棋盘的2个方格。你能否利用这31个骨牌把所有的棋盘方格都遮住呢？"

许多人觉得这个问题不太容易回答，他们在心里持着骨牌摆了半天，也摆不出一个所以然来。那么换作下面的问题呢？

"在一个偏远的小村庄，有32个年轻单身汉和32个未婚少女，村长努力做媒，即将促成32对姻缘。但在婚礼前夕，两个年轻单身汉不幸意外丧生。请问村长能否就剩下的62个人，撮合出31对美满婚姻呢？"

你很清楚答案是"不可能"。但是，以上两个问题的内核完全相同。既然每一个骨牌所能遮盖的是一黑一白2个方格，如今切掉2个白的方格，自然无法遮满。

解决问题的策略

1. 枚举法（algorithms）

枚举法也称"定程序法"，它是一种随机的寻求方式，即计算机解决问题的方法。

它是把所有可能的步骤一一列出，直至找到正确答案为止。例如，你忘记了自行车号码锁的数字，如果采用枚举法，那么你可以从"0000"开始，然后"0001""0002"……一直试下去。这种方法保证你可以找到正确的数字组合，但是这样太缺乏效率了。

2. 启发法（heuristics）

启发法是利用从过去经验中获得的一些技巧或规则，将之套用于当前的问题。这种认知策略也被称为经验法则（rules of thumb）。例如，如何把ENRLA五个字母组成有意义的单词？如果采用枚举法，你就要列出120种可能的组合方式，这太费时了，但如果你运用英文的知识，知道EA经常一起出现，再把R放在EA后面，想起有LEARN这个单词，很快就能找到答案。启发法具有较高的效率，但不保证一定能找到答案。

你是否能够用31个骨牌（每一个可以盖住2个方格）盖满62个方格的棋盘呢？

射线—肿瘤问题

Q：患者体内有一个恶性肿瘤，不能开刀，只能以射线加以消灭，但需要很强的剂量。在这么强剂量的照射下，射线一路经过的正常细胞也会被破坏，得不偿失。如何加以解决？

A：你可以从体外许多不同角度，同时射入几股较弱的射线，使之汇集在肿瘤处，以达成疗效。而各股较弱的射线不会破坏正常细胞。

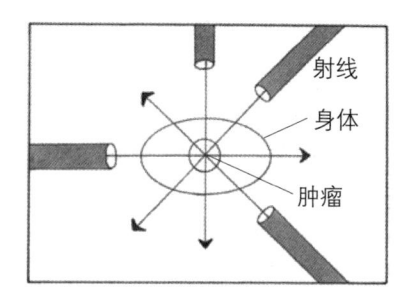

倒推法

Q：桌上摆着15粒开心果，你跟朋友两人轮流拿取，每个人一次最少要拿一粒，最多只能拿3粒，拿到最后一粒的人算赢。请问：如果你先拿的话，你有必胜的诀窍吗？

A：面对这个问题，你最好使用倒推法。为了拿到第15粒开心果，你必须先拿到第11粒，才能稳操胜算。为了拿到第11粒，你就要保证自己先拿到第7粒。依此类推，你一定要先拿到第3粒。按照这样的策略做，保证你一定是赢家。

4-5 问题解决（二）

启发法有许多变化形式，例如手段—目的分析（means-end analysis）、类比法（analogy）、倒推法（working backward）及排除法（exclusion）等。

前面所提"河内塔"的解题便属于手段—目的分析，它是建立许多次目标，然后逐步排除目前状态与次目标之间的差异，最后达到总目标。

类比法是利用旧问题的架构来引导新问题的解决。

在倒推法中，我们是从目标反推到起点。例如，在走迷津游戏中，如果从起点出发，你会碰到许多歧路，很容易就走入死胡同。但如果你是从终点开始走到起点，很快就能找到正确的路径。

排除法是通过排除一些肯定不能达到要求的方案，逐步缩小我们搜索正确答案的范围，从而达成问题的解决。这种方法特别适用于选择题。当有一些选项我们不能确定时，排除法有助于提高我们的命中率。

3. 头脑风暴（brainstorming）

这是一种发散性思维方式。所谓风暴，就是要求在搜索问题的解决方法时，集思广益，对任何意见都做记录，无论是否切题中肯，都加以接纳，先不作评价，头脑完全采取一种开放的状态。这种方法往往能够产生一些有创意的解决方案。

4. 顿悟（insight）

有些问题本身不是我们按照常规的分析就能逐步解决的。这些问题经常需要我们理解整体情境的各元素之间的关系，也要求我们跳脱原来的思维模式，换一个角度来看待问题。

尽管在先前解决问题时，你已思考良久，但再怎样苦思冥想，还是看不到希望。这可能是你的动机太强，不容易摆脱原有的桎梏。随着你的思维进入潜伏期（incubation），在一个不经意的时刻，突然灵光一闪，答案就像闪电一样在你眼前划过，这称为顿悟。希腊物理学家阿基米德在泡浴缸时发现浮力定律，便是这种现象的最著名例子。这种对问题关键因素豁然贯通而得到答案的体验，也称为"啊哈"经验（aha experience）。

问题解决的阻碍因素

1. 思维定式（mental set）

人们倾向于重复采用先前成功的经验来解决新问题，却没有注意到它们在当前的情境中是否适用，或是否有更具效率的新方法。在右图的容器问题上，当你从前二个问题发现到"B-A-2C=答案"的概念规则后，你会在第三个问题上也套用相同公式，却发现行不通了。实际上，你只要简单地以"A-C"就能取得正确水量。这就是思维定式妨碍了你解决问题。

2. 功能固着（functional fixedness）

思维定式主要是指我们在运用问题解决策略和方法上发生的"思考"束缚。至于功能固着则是指我们在运用工具和其他物件上，受到它们原来功能的影响，不能想到它们也有其他用途。如右图所示，当你看出螺丝刀也可当作摆锤时，问题就能解决。许多创造性问题解决的课程，就是在训练人们突破这种功能固着的思维。

思维定式的问题

容器的容量（单位：升）

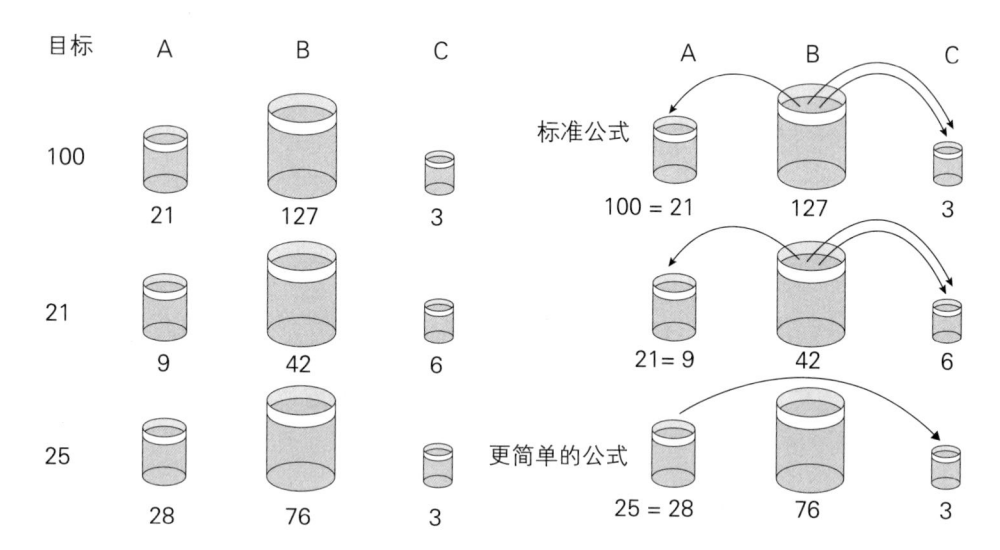

目标	A	B	C		A	B	C
100	21	127	3	标准公式	100 = 21	127	3
21	9	42	6		21 = 9	42	6
25	28	76	3	更简单的公式	25 = 28	76	3

功能固着的问题

你如何只利用房间中的物件（一颗乒乓球、五颗螺丝、一把螺丝刀、一杯水及一个纸袋）把两条绳子绑在一起？

4-6　判断与决策（一）

早期经济学家假设，人们会在充分考虑得失之后，做出符合自己最大利益的决定，也就是说人们在决策时是非常理性的。但真的如此吗？

判断（judgment）是指你基于现存信息而对一些人、事、物形成意见、从事评价及得出结论的过程。决策（decision making）则是指在多个选项之间进行选择的过程，它跟个人行动有较密切的关系。

启发法与判断

许多判断任务要求我们付出的认知能力超过我们信息处理的容量，在这种情形下，我们会诉诸一些策略，称为启发法（heuristics，或直观推断）。启发法是一些心理捷径，它们使得我们能够迅速而有效率地进行判断。它们是一些非正式的经验法则，就类似于直觉。

1. 可得性（availability）启发法

我们估计事件发生的可能性，经常受到它的例证是否容易浮上心头所影响，这称为便利性启发法。在英文单词中，以K为首的单词和以K为第三个字母的单词，何者较多？大部分人认为前者较多，因为人们较容易想起以K为首的单词。事实上，以K为第三个字母的单词数量远多于前者。这表示人们的判断是建立在他们从记忆中较为迅速而容易取得的信息上。这本来是合情合理的，但是当记忆所提供的是有偏差的信息样本时，我们的判断便会发生差错。

研究人员要求受试者估计各种死亡原因的概率，结果发现人们经常高估车祸、凶杀、龙卷风等死亡原因，却低估像是中风、糖尿病及心脏病等的实际致死率。为什么呢？媒体效应是一个原因。媒体经常大幅报道前者，加深人们印象，使得人们较容易提取这方面的信息。你是不是认为精神病患经常无故伤人（就像一颗颗不定时的炸弹）？这大致上也是基于媒体效应。

2. 代表性（representativeness）启发法

当估计事件的可能性时，我们经常以该事件在这类事件中的代表性作为估算的基础，这称为代表性启发法。例如，一个人喜欢象棋，你判断他应该也会喜欢西洋棋，这种依循"相似性"路线进行判断的做法，正是归纳推理的本质所在。然而，当代表性启发法使你疏忽另一些相关信息时，你的判断便会发生差错。考虑这个例子："杰克被那些认识他的人描述为安静、勤勉而内向。他很注重细节、不是很果断，也不特别爱好社交。"现在，你认为他较可能是一位图书馆员？抑或是一位业务员？大部分人根据职业刻板印象会押注在"图书馆员"上。但是，你显然没有考虑到，我们社会中，业务员的人数大约是图书馆员人数的100倍。再者，同样是业务员，有些人推销的是专门化、高科技的设备，推销对象是一些科研人员。因此，许多人在这项判断上犯错是因为忽视了"基础率"（base rate），或者说他们没有认识到全盘的概率。

锚定调整启发法的实例说明：

你先找来5位同学，请他们在5秒钟内估计下列的乘式，然后写下他们的答案：

（A）1×2×3×4×5×6×7×8=＿＿＿＿＿＿＿＿＿＿＿＿＿＿＿

你另外再找来5位同学，同样是5秒钟，请他们估计第二道题目的答案：

（B）8×7×6×5×4×3×2×1=＿＿＿＿＿＿＿＿＿＿＿＿＿＿＿

研究人员要求两组受试者分别回答这两道排列不同的相同问题，A组受试者所得估计值的中位数（median）是512，B组的中数是2250，但真正的答案是40320。当时间不够时，受试者在5秒内只能得到局部答案，他们据以向上调整。随着局部答案的数值越大，他们最后的估计值也将越大，这便是锚定调整启发法。

代表性启发法的实例说明：

你不妨找来10位同学，问他们这个问题：抛掷一枚两面相同的硬币6次，出现"正反正反正反"的概率与出现"正正正正正正"的概率，何者较大？

你会发现，大多数同学回答前者的概率较大。但从纯数学的角度来看，既然每次抛掷硬币时，出现正面或反面的概率是相同的，那么上述两种顺序（抛掷6次）出现的概率也是相同的，即都是二分之一的6次方。

这便是"代表性启发法"在作祟，人们认为前者排序较像是随机的结果，也就较具代表性，至于连续出现6次正面的情形很少发生，概率应该较小才对。

在"二战"后的"婴儿潮"时期，民间有所谓的"七仙女现象"，便是基于这样的信念——我已经连生了6个女孩，不太可能下一个还是女孩吧！

➕ 知识补充站

建立在谬误上的城市

　　你站在赌场的轮盘前，轮盘已连续出现七次黑色号码，你下一把应该押注在黑色或红色上？大部分人会选择红色，他们认为"再继续出现黑色的概率太低了吧！"事实上，轮盘赌具没有记忆，每次出现黑色或红色的概率是一样的，即二分之一。每一次的概率是独立的，不会互相影响。

　　许多赌徒不能认识到这个事实，这就被称为赌徒谬误（gambler's fallacy）。赌徒在连输了好几次后，总认为这一次就轮到自己翻本了，胜的机会远大于输的机会（"不会一直倒霉下去吧！"），因此继续赌下去，无法自拔。那么多座赌场的利润，有很大部分就是建立在这种谬误上。

4-7　判断与决策（二）

3. 锚定调整启发法（the anchoring adjustment）

这是指我们会先对事件的概率值作出初次估计，然后依据这个参照点上下调整以达成最后的估计。这原本合情又合理，但是，如果你的初始数值偏差太大，而你又太坚定地"锚定"于这个参照点，则会因为调整不足而发生差错，这称为锚定偏差（anchoring bias）。例如，在一项研究中，有些学生被问及："你认为发生核战的概率高于还是低于1%？具体概率是多少？"这些学生所设定概率的平均值是10%。在另一些学生的问题中，1%被换成90%，结果这些学生设定的平均值是26%。

在日常生活中，推销员就经常利用锚定法。例如，当你在考虑是否买一台立体音响时，推销员会说："你可能认为这下子要花上1000元或2000元，对不对？"当你被锚定在这个高价位后，他接着表示实际价钱只要599元时，你就会觉得似乎很划算。

第一印象（first impression）也属于锚定效应。当第一印象不佳时，通常需要日后许多良性的互动才能矫正过来。

决策心理学

1. 决策框架（decision frame）

当从事决策时，你自然是选择"将可带来最大获益"或"只会造成最小损失"的选项。但情况没有那般简单。你对获益或损失的感受通常取决于这个决策被"架构"的方式。

假设你突然被公司加薪1000元，你感到高兴吗？当然高兴。再假设公司高层已告诉你好几次，你很有希望会被加薪8000元。现在，只加薪1000元，你的感受如何呢？你发觉自己好像损失了不少钱，你一点也高兴不起来。因此，所谓的获益或损失没有绝对的标准，它部分地取决于当事人所设定的参照点（reference point），即他们的预期（expectation）。决策架构的一个经典例子列在右页中。

2. 框架效应（framing effect）

框架效应在营销中是一个很重要的领域。它表示同样的价格变动，但是以不同的框架呈现，则会对消费者的行为产生很大的影响。因此，你会看到一些典型的广告："如果你在15号之前不签约购买的话，你将会损失……"或"第二件半价优惠"等。

当选择涉及可能的获益时，人们倾向于避免风险，但是当选择涉及可能的损失时，人们将会承担风险以便把那些损失减至最低——这便是右页所提"对抗疾病的方案"的解释。

研究已显示，如果你想要人们从事对自己有益的预防行为（像是使用避孕药和避孕套），那么最好是从获益的角度呈现信息。然而，如果你想要让人们接受医学检测（如HIV检验或乳房摄影术），那么强调负面（不利）后果的信息更能奏效。

框架效应:"对抗疾病的方案"

想象自己是一位科研人员,正着手探讨一种不寻常的疾病的暴发,该疾病预计会夺走600条人命。现在,两个对抗疾病的方案被提出,第一组受试者被要求在两者之间做选择:

> 方案A:如果被采用,有200个人将会获救。
> 方案B:如果被采用,有三分之一的概率600人都将获救,而有三分之二的概率没有人会获救。

在这种决策框架中,72%受试者选择方案A,其余28%则选择方案B。第二组受试者被呈现下列两个选项:

> 方案C:如果被采用,有400人会死亡。
> 方案D:如果被采用,有三分之一的概率没有人会死亡,而有三分之二的概率600人都会死亡。

在这种决策框架中,78%受试者选择方案D,其余22%则选择C。事实上,就概率层面来看,方案A=方案C,方案B=方案D。为什么从以"存活"(survival)角度呈现问题,转为以"死亡"(mortality)角度呈现问题,就导致受试者决策的完全翻转?

➕ 知识补充站

日常生活中的决策

如果你是一位仲裁者,A饮料公司因为使用欺瞒性的广告而被起诉,你认为应该科以多少罚款?在一项实验中,第一组受试者被提供的资料显示:"有20%的概率A公司并不知道它的广告是欺瞒性的。"第二组的资料则指出:"有80%的概率A公司知道它的广告是欺瞒性的。"结果第一组建议的罚款是4万元,第二组则建议8万元。你应该看出,这两种陈述所传达的是相同的基本信息,但是"正面"陈述和"负面"陈述却造成莫大的差别。

在日常生活中,你应该试着从"获益框架"和"损失框架"这两种角度来思考问题。当推销员说:"78%的A牌空调在3年内不会发生故障"时,你应该把它重述为:"22%的A牌空调在3年内会发生故障"。这样的重述有助于你更客观审视所呈现的资料。

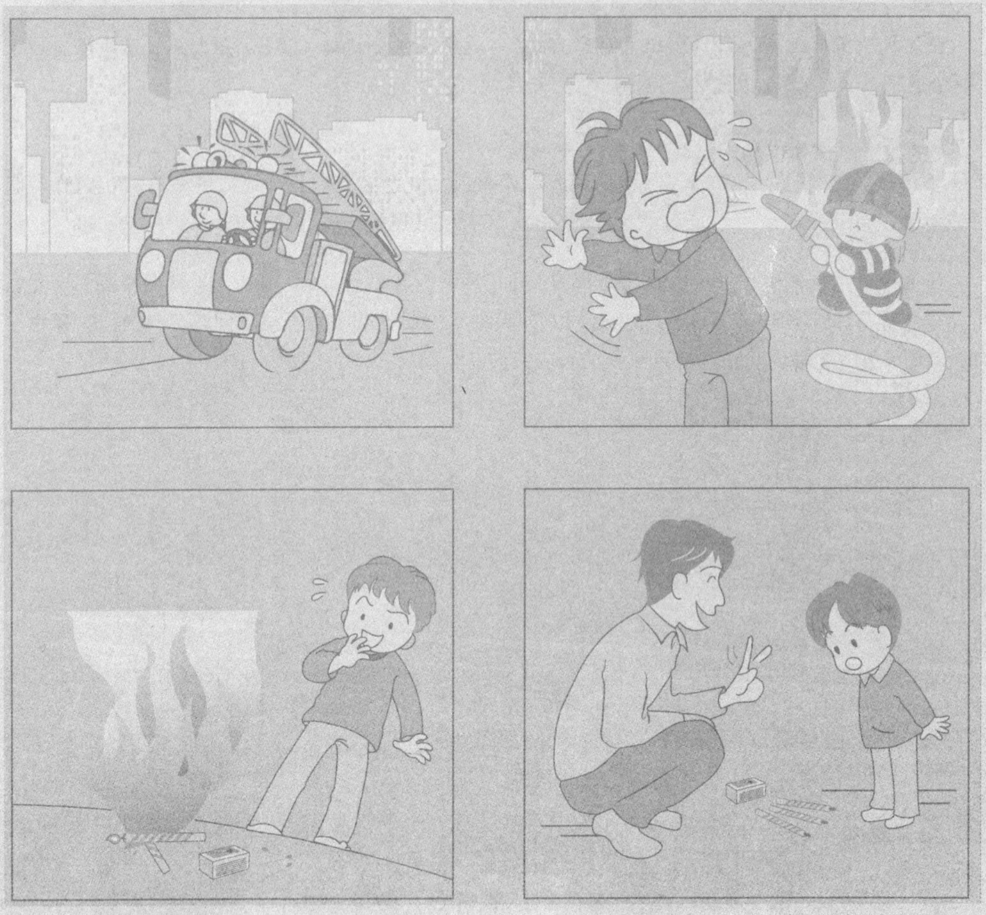

第5章
心理测验

5-1　心理测验概论（一）
5-2　心理测验概论（二）
5-3　心理测验的统计基本原理
5-4　测验的信度与效度（一）
5-5　测验的信度与效度（二）
5-6　智力评估（一）
5-7　智力评估（二）
5-8　智力理论（一）
5-9　智力理论（二）
5-10　IQ 的先天与后天因素

5-1　心理测验概论（一）

从出生到年老，我们在生活中几乎每一个转折点都会遇到测验。根据估计，现今各式机构发行的心理测验超过2500套，更不用提你在求学生涯中需要承受的数以千计的学业测验。心理计量学家（psychometrician）的工作就是致力于心理测验（psychological test）的编制、评估、施行及解读。

心理测验的定义

心理测验（psychological test）是指运用特殊化的测验程序以评定人们的各种能力、行为及特质，从而分析"个别差异"的科学工具。这样的工具通常已经通过标准化而建立起常模、信度和效度。

常模参照测验VS.标准参照测验

常模参照测验（norm-referenced test）是指解释测验结果时主要是根据受试者在团体中相对的位置。现有的标准化心理测验都是依照这一原理编制而成。

标准参照测验（criterion-referenced test）则是在施测之前就已制定标准，施测后根据预定标准来核对所得分数，从而判定是否达到预定标准。这类测验不用诉诸常模，反映的是受试者的能力高低，通常被应用于教育领域。

个体测验VS.团体测验

测验可被大致划分为个体测验和团体测验。个体测验（individual test）是一对一施行的，通常需要由受过专业训练的主试者实施，较为费时。在临床和心理诊断上，大部分是采用个体测验，以搜集深入而详细的个案资料。

团体测验（group test）适合于同一时间施测一大群人，这类测验以纸笔测验（paper-pencil test）居多。它的优点是省时方便，可在短时间内收集到许多人的资料，合乎经济效益。团体测验大多使用在教育、倾向及人事等测验上。

心理测验的功能

描述：心理测验可用来描述（describe）个体或群体的行为。例如，测验结果可供我们对个人的能力、性格及兴趣等特征加以描述。

预测：心理测验可供我们进一步预测（predict）个体未来的行为或成就。例如，职业兴趣和能力倾向测验预测受试者是否适合从事某一职业。

诊断与干预的规划：心理测验可供临床和学校心理学家达成对个案的诊断和干预（diagnosis and intervention）。例如，智力测验有助于诊断"智能不足"。

分类：分类（classification）包括多种程序，把当事人指派到适合的类别中，主要用于安置（placement）、筛选（screening），以及认证和甄试（certification and selection）。

方案评估：心理测验可被用来评估（evaluate）教育或社会方案执行的成效。例如，启智方案是否改善了贫困儿童的学业表现？

研究：测验也在行为研究（research）的应用和理论层面上扮演着重要角色，它是心理学研究的主要工具之一。

个体测验VS.团体测验

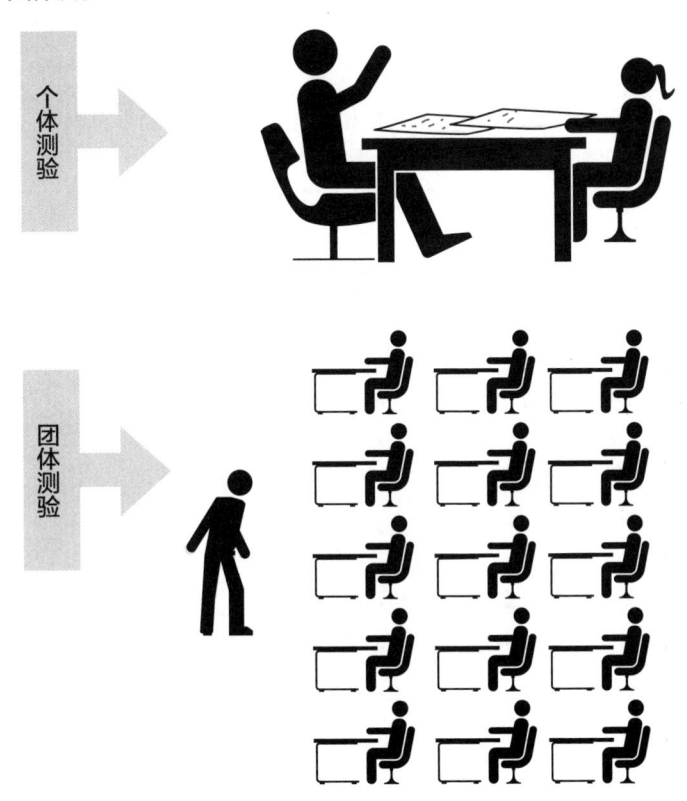

个体测验

团体测验

心理测验的功能

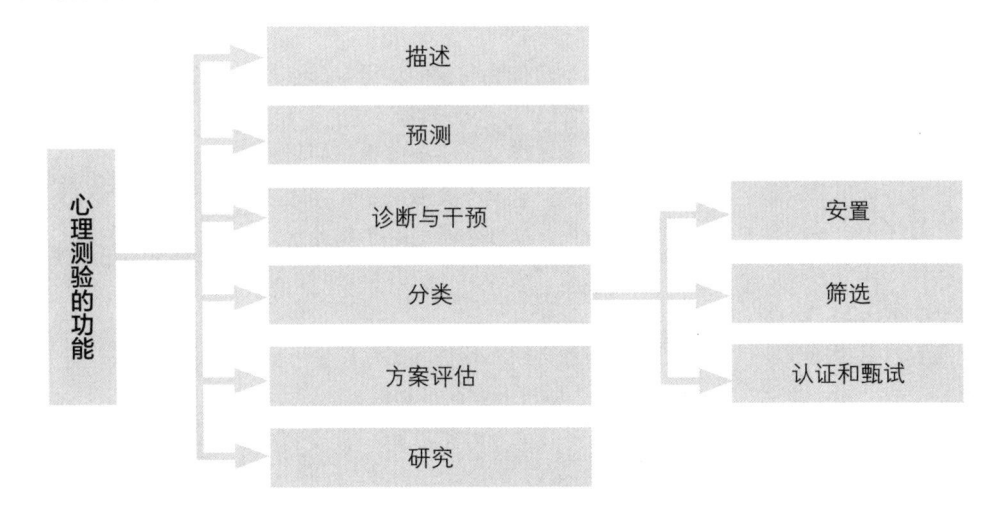

心理测验的功能 → 描述
→ 预测
→ 诊断与干预
→ 分类 → 安置
→ 筛选
→ 认证和甄试
→ 方案评估
→ 研究

5-2　心理测验概论（二）

测验的类型

智力测验（intelligence test）：测量个人在相对全面领域上的能力，例如言语理解、知觉组织或推理等，以便决定个人在学术工作或若干职业上的潜力。

能力倾向测验（aptitude test）：测量个人在特定作业或特定类型技巧上的能力。能力倾向测验可被看作一种狭窄形式的能力测验，例如文书技巧、机械能力或艺术能力的评估等。

成就测验（achievement test）：测量个人在某一学科或作业上的学习程度、成绩或成就。成就测验与能力倾向测验的划分是根据它们的用途，而不是内容；前者是用来评估过去学习，后者则是预测未来表现。

创造力测验（creativity test）：评估个人从事新奇、原创思考的能力，以及个人找出不寻常或意想不到的解决方法的能力（参考右图），特别是针对模糊界定的问题。创造力测验重视的是发散性思维（divergent thinking），而不是一般学业测验所需要的辐合（convergent）思维。

人格测验（personality test）：测量一些特质、特性或行为，以决定当事人的性格或个性。这类测验包括检核表、自陈量表（参考右图）及投射技术等。

兴趣量表（interest inventory）：测量个人对一些活动或主题的喜好，因此有助于进行职业选择。

神经心理测验（neuropsychological test）：测量个人的认知、感觉、知觉及运动表现，借以决定脑损伤的部位、范围及可能产生的行为后果。

心理测验使用的基本责任

长期以来，心理学界（如"美国心理学会"）已提出一系列透彻而深思熟虑的伦理与专业准则，以便为个别从业人员提供行动指南。

个案的最佳利益。从业人员受到一个最优先问题的指导：什么是基于个案的最佳利益？这样的考虑是为了避免不道德的测验实施。

测验资料的保密性。心理从业人员的首要义务是保障资料的机密性。他们在咨询过程中从个案身上取得的资料，包括测验结果，只有当个案或法定代理人授予明确的同意书后，这样的资料才可以被合乎伦理地呈现给他人。这项信条的一个例外是，如果个案在测验中透露出伤害他人或危害社会的企图时，或施测者被征召在法庭作证时，可能就无法对保密性条款做完全的承诺。

测验使用者的专业技术。测验使用者必须在评估和测量理论上受过良好训练和拥有专门知识，特别是关于测验的标准化、信度、效度及解读准确性。

知情同意书（informed consent）。在测验开始之前，施测者需要从受测者或法定监护人处取得知情同意书。这表示后者需要被告知施测的原因、所使用测验的类型、预计的用途、测验结果将如何被使用，以及哪些人将有权接触所得资料。最后，受测者应被告知他在施测中有对任何试题拒绝作答的权利。

创造力测验的一个样例：

问题：请以一笔画的方式，用最少的直线把9个点串连起来。

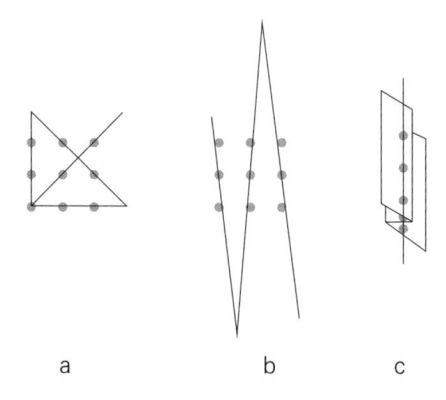

a　　　　　　b　　　　　　c

a是寻常的解答，b和c是有创意的解答。

形容词检核表

检核适合描述你的词语
(　) 竞争的　　　(　) 轻松的
(　) 拘束的　　　(　) 直率的
(　) 急躁的　　　(　) 多疑的
(　) 闷闷不乐的　(　) 好奇的
(　) 谦恭的　　　(　) 冲动的

人格测验的自陈量表

就每个陈述是否适用于你，圈选"是"或"否"
是　否　有时候，我没有任何原因就担忧起来。
是　否　我在睡眠方面很少发生困扰。
是　否　我喜欢翻阅运动杂志。
是　否　我经常会为错失一些机会而懊悔不已。
是　否　我喜欢大型舞会，因为又热闹又好玩。

5-3 心理测验的统计基本原理

为了理解所搜集的资料，然后从资料中导出有意义的结论，心理学家依赖两种统计：描述性统计和推断性统计。

（一）描述性统计（descriptive statistics）

1. 频数分布（frequency distribution）

这是把原始分数按照高低排列，经过分组划记，然后完成分数归类统计表，从而对整体资料显现的性质获得概括的理解。频数分布以直方图（histogram）作视觉呈现的话，将更易于理解。

2. 集中趋势度量（measure of central tendency）

这是指在频数分布表中有一个最典型的分数可以作为整组的指标，这个单一而具代表性的分数就称为集中趋势度量。最常被使用的集中趋势度量指标是平均数（mean）。

3. 变异度量（measure of variability）

变异度量是描述各个分数围绕一些集中趋势度量的分散情况的统计数值。它们表示频数分布的分散程度；对照之下，集中趋势度量是表示频数分布的集中趋势。标准差（standard deviation）是被广泛使用的一种变异度量，它指出各个分数与平均数之间的平均差距。标准差的计算公式是：

$$SD = \sqrt{\frac{\sum (X-M)^2}{N}}$$

，其中SD为标准差，X为个别分数，M为平均数，N为分数的总数。

4. 相关系数（correlation coefficient）

在解读心理学资料上，相关系数是经常被使用的一种工具。它是用以指出两个变量间相关的性质及强度的一个数值，以r来表示。r介于+1.00与–1.00之间，$r>0$表示正相关，$r<0$表示负相关。如果两个变量间不存在一致的关系，r将接近于0。

（二）推断性统计（inferential statistics）

推断性统计告诉我们，我们可以从自己的样本和所得资料合理地导出怎样的结论。它应用概率理论以决定一组资料的发生有多大可能性是纯粹巧合所致。

1. 正态曲线（normal curve）

在自然界中，许多生理特征（如身高或体重）的测量，所得频数分布经常呈现正态分布的现象。这样的曲线中央隆起而平均延伸到两端，逐渐下降而形成两侧对称，类似钟形的曲线，称为正态分布（参考右图）。至于偏态分布（skewed distribution）则是分数集中在左侧或右侧，而不是集中在中间部分。

在心理学方面，人们的心理特质和行为的测量结果也符合正态曲线的分布形态，特别是当常模样本很大而又深具代表性时。正态分布是心理计量学上一个重要的概念，大多数关于测验评分、解读和统计分析的方法都建立在这种频数分布的模式上。

2. 统计显著性（statistical significance）

当两个样本的平均数之间存在差异时，我们如何知道这是"真正"的差异，或只是概率（随机因素）所造成的。传统上，当这个差异是概率所致的可能性小于5/100时，才被接受为"真正"的差异，即达到显著差异（significant difference）水平。

各种类型的相关关系

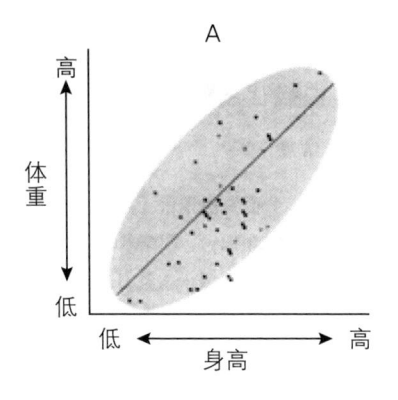

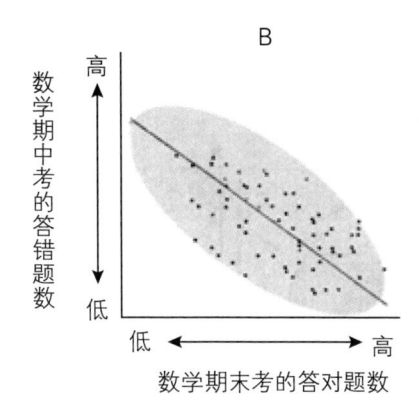

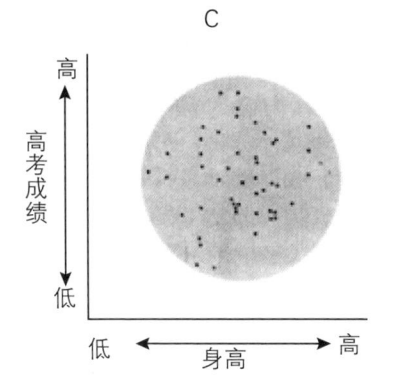

A为正相关
B为负相关
C为零相关

正态曲线与各个间距内个案的百分比

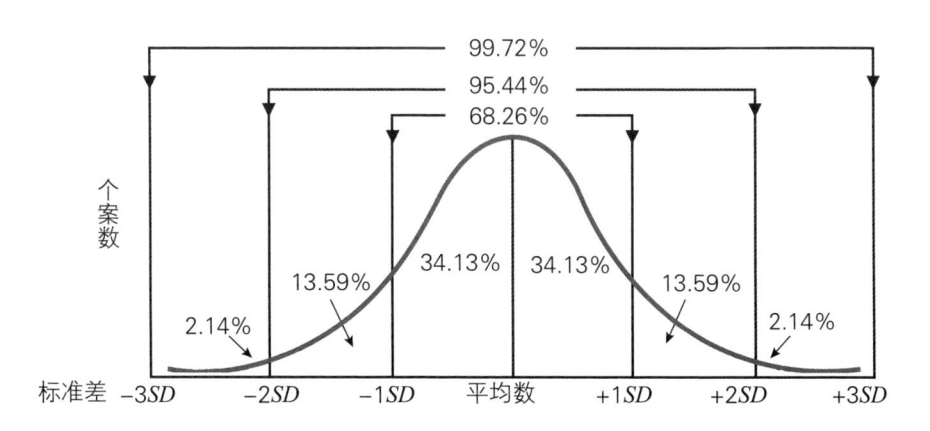

99.72%
95.44%
68.26%
2.14% 13.59% 34.13% 34.13% 13.59% 2.14%

标准差 −3SD −2SD −1SD 平均数 +1SD +2SD +3SD

5-4 测验的信度与效度（一）

为了测试的真实和有效，评估工具应该符合3个条件，即它们必须是：①可信赖的；②有效力的；③标准化的。

信度（reliability）

信度是指测量工具在产生一致的分数上的可靠程度，也就是测验所得分数的一致性或稳定性。如果你相隔半小时站上体重计两次，指针的读数却相差很大，这种测量工具就不具信度，你将不会信赖它。

各种测验的信度都是以两个变量分数之间的相关系数加以表示的。最常用来求取测验信度的方法有下列4种：

（1）重测信度（test-retest reliability）：同一测验在前后两次不同时间中对同一群受试者施测，然后求取两次测验分数间的相关系数，所得即为重测信度。

（2）复本信度（alternate form reliability）：在最初编制测验时，就同时编制具有类似性质和内容的两份测验，然后以这两个复本交替施测，再求取受试者在两个复本测验分数之间的相关系数，所得即为复本信度。复本测验可连续实施，也可相隔一段时间分两次实施。

（3）分半信度（split-half reliability）：这是把受试者的测验结果以特定的方法划分为相等的两半（如依据题号将之分为奇数和偶数两组）分别计算分数，然后根据个人在两半测验上的得分求取相关系数，所得即为分半信度。因为分半信度是测量测验题目的一致性，而不是测量分数的时间稳定性，所以又被称为内部一致性系数（coefficient of internal consistency）。

（4）评分者间信度（inter-scorer reliability）：这是先选定适宜的测验，施行于抽样选出的受试者，然后由两组（或以上）的评分者以独立作业的方式进行评分，最后计算两组分数间的相关系数，所得即为评分者间信度。在客观测验上，计分不受评分者的主观影响，自然没有评分者间信度的问题。但在投射技术、创造力测验、行为评定表及作文等测验上，评分涉及主观判断，特别应该注意评分者间信度是否合乎标准。

效度（validity）

效度是指一份测验能够测量其所要测量的特质的程度。一份测验的效度越高，就表示该测验越能达到它测量的目的。评定测验效度的方法，通常是以一群人在某一测验上的得分与另一个效度标准（validity criterion，简称效标）求取相关，所得系数即为该测验的效度。至于效标则是指能够代表该测验所想测量的特质的一些东西。传统上，我们把效度分为3种：

1. 内容效度（content validity）

这是指对测验内容执行系统化的审查，以确定该测验是否涵盖了所想测量的行为领域中的代表性样本。就理论而言，内容效度其实不过是取样（sampling）所具代表性程度的指标。内容效度主要用于成就测验上。

估计测验信度的方法的简明图表

方法	测验数目	施测次数	误差变异量的来源
重测法	1	2	随着时间发生变动
复本（立即）	2	1	题目取样
复本（延后）	2	2	题目取样，随着时间发生变动
分半法	1	1	题目取样，分半的性质
评分者间	1	1	评分者差异

如果你以成年时的身高来预测一个人的智力，这样的测量是可靠的，但却是无效的。

+ 知识补充站

相关不等于因果

当心理学家想要知道两个变量、特质或属性之间关联的程度时，他们会采用相关法。但是我们始终要记住：相关并不表示因果（causality）。无论两变量间的相关系数有多高（即使是完全正相关），这也不表示它们其中一者引起另一者的发生。因为它们的关系也可能是受到第三个变量的影响才产生的。

例如，我们不难设计实验而求得3~8岁儿童的身高与智力间存在正相关，但这并不表示身高增加导致智力上升，或智力上升导致身高增加。它们之间的正相关是它们共同受到"生理年龄"（另一个变量）的影响之故。最后再提醒一次：相关并不表示因果关系的存在。

5-5 测验的信度与效度（二）

2. 效标关联效度（criterion-related validity）

当一份测验显示能够有效评估受试者在一些结果测量（outcome measure，即效标）上的表现时，它便被证实具有效标关联效度。

（1）同时效度（concurrent validity）：这是指测验分数与现有效标之间相关的程度。例如，以一份数学成就测验施测于具有代表性的一群学生，然后所得分数被拿来与这群学生的在校数学成绩（现有的效标）求相关，所得相关系数即为该测验的同时效度，因为效标和测验分数是同时获得的。同时效度特别适用于成就测验、授予执照或认定资格的测验，以及诊断用途的临床测验。

（2）预测效度（predictive validity）：这是先对受试者实施一份测验，然后把所得分数拿来与他们日后在学业或职业等方面的表现进行比较，两者之间相关的程度便称为预测效度。例如，如果高考分数越高的学生，他们进入大学后的学业成绩（作为效标）也越高的话，就表示高考拥有良好的预测效度。

（3）建构效度（construct validity）：建构效度是指测验题目的选择具有理论上依据的程度。这种效度的验证就是在确定测验分数所代表的意义是否与所想要测量的构念相符合。因此，建构效度也是内容效度的形式之一，只是内容是以理论为依据。建构效度的检验是依循"假设—检验"的基本科学法则，即依靠实证资料的累积。

3. 标准化与常模（standardization and norm）

（1）测验想要成为可靠且有效的工具，就必须先经过"标准化"。所谓标准化是指测验的施测过程、施测情境、计分技术、评估方法及分数解读等方面都必须维持一致，才能获得真实的测验结果。在标准化的测验中，施测材料、程序及答题时间等都有一定的规格和限制。因此，主试者每次施测时应该维持完全一致的实施过程，避免无意中产生的暗示作用干扰了测验的准确性。

（2）在心理测验上，"常模"是标准化测验的必备条件之一。心理测验不像一般学校考试都以100分为满分。个人在心理测验上拿到的原始分数（raw score）本身不具任何实际意义，你只有把它拿来与其他受试者的分数互相比较，才能显现意义。

常模就是比较的基础。建立常模的第一个步骤是先选定一个总体（根据测验在未来所适用对象的一些特性，如年龄、性别、种族、社会经济地位或教育水平等），再从具有这些特性的总体中，依据随机抽样（random sampling）的原则，选出一群受试者作为样本（称为常模样本或标准化样本），接着让他们接受测验，所得分数的平均数和标准差就可作为该总体在这份测验上的常模。最后，你拿个别受试者的分数（先转换为标准分数）跟常模进行比较，就可以看出该受试者的分数所代表的意义。

在采集常模样本时，测验编制者应该注意4个要素，以确保所建立的常模能够适用于总体。这4个要素是：①常模样本的代表性；②常模样本的大小；③常模样本的适合度；④常模样本的新近性。

测验的信度

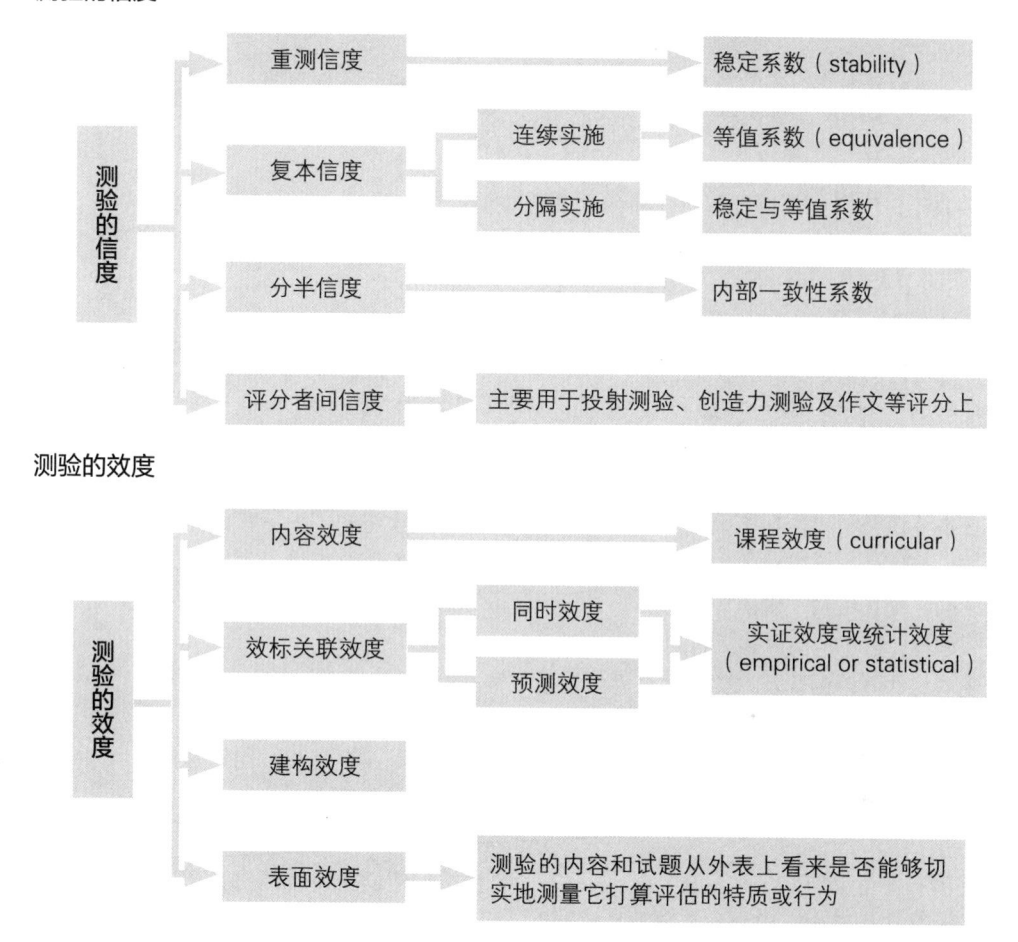

- 测验的信度
  - 重测信度 → 稳定系数（stability）
  - 复本信度
    - 连续实施 → 等值系数（equivalence）
    - 分隔实施 → 稳定与等值系数
  - 分半信度 → 内部一致性系数
  - 评分者间信度 → 主要用于投射测验、创造力测验及作文等评分上

测验的效度

- 测验的效度
  - 内容效度 → 课程效度（curricular）
  - 效标关联效度
    - 同时效度
    - 预测效度
    → 实证效度或统计效度（empirical or statistical）
  - 建构效度
  - 表面效度 → 测验的内容和试题从外表上看来是否能够切实地测量它打算评估的特质或行为

5-6 智力评估（一）

智力是内涵非常广泛的一种心理能力，包括推理、策划、解决问题、抽象思考、理解复杂观念、迅速学习，以及从经验中学习的能力。

智力测验的简史

1904年，法国公共教育部所任命的委员会决定，有些儿童显然不适合一般教学法，他们应该离开正规班级。为了区分这些需要特殊安置的儿童，在法国公共教育部的征召下，比奈（Alfred Binet，1857—1911）及其同事西蒙（T. Simon）在1905年编制了第一份现代智力测验，称为比奈—西蒙量表（Binet-Simon scales）。儿童在作答时需要运用判断和推理的能力，而不只是依赖机械式记忆（rote memory）。

在1908年的修订版中，比奈—西蒙量表引进心智水平（mental level）的概念。当一位儿童的分数相当于6岁组儿童的平均分数时，他就被认为拥有6岁的心智年龄（mental age，MA），而无论他真正的实足年龄（chronological age，CA）是多少。

比奈—西蒙量表传到美国后，带来了极大的冲击。20世纪初，大量移民涌入美国，显然需要有一套评估方法以对他们进行检验及分类。再者，随着第一次世界大战的爆发，"美国心理学会"受托编制一份团体智力测验，包括言语和非言语的测验，以便对涌向征兵站的大量新兵施测，再把他们分到适当的训练单位。

随着这些测验的普及，美国大众逐渐接受"智力测验可以鉴别人的一些重要特质"的观念。评估（assessment）被认为是在混乱世界中建立起秩序的一种民主方式，以之决定什么人能够进入高中及大学，或适合担任什么职务。智力测验的结果已不只被用来鉴别有学习障碍的儿童，也被用来作为组织整个社会的一把"量尺"。

智商测验

美国心理学家们发扬"量化"（quantify）的精神，他们很快就提出智商（intelligence quotient，IQ）的概念，以之作为智力的数量化、标准化的数值。以下介绍如今最为流行的两种IQ测验。

1. 斯坦福—比奈智力量表（the Stanford-Binet Intelligence Scale）

美国斯坦福大学心理学家推孟（Lewis Terman，1877—1956）在1916年发表比奈—西蒙量表的修订版，称为"斯坦福—比奈智力量表"。推孟在斯坦福—比奈智力量表中采用"智商"的概念，也就是以心智年龄除以实足年龄，所得商数再乘以100，即为个人的IQ（推孟是第一位采用IQ这一缩写的人）。其数学公式如下：

$$智商（IQ）=［心智年龄（MA）/ 实足年龄（CA）］\times 100$$

如果一位儿童的实足年龄是8岁，但他的测验分数等于10岁年龄儿童的表现水平，那么他的智商是125（10/8 × 100）。如果一位8岁儿童表现出6岁的智力水平，他的智商则是75（6/8 × 100）。智商100被认为是平均智商，表示心智年龄等于实足年龄。

随后几十年中，斯坦福—比奈智力量表（经过好几次的修订）是智力测验的标杆。现行的斯坦福—比奈智力量表（从SB4起）已舍弃原先年龄量表的传统，它测量个人在流动推理、知识、数量推理、视觉空间处理及工作记忆这五大因素上的能力，包括言语和非言语的领域。

斯坦福—比奈智力量表-第四版（SB4）的测验材料

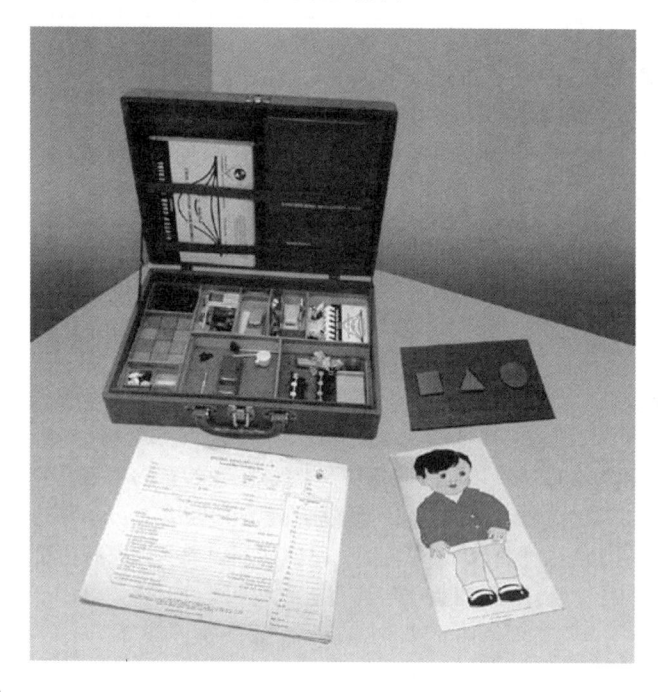

智力量表的演进

时间（年）	测验名称	重大变动
1905	比奈—西蒙量表	简单的30个题目的测验
1908	比奈—西蒙量表	引进心智年龄的概念
1911	比奈—西蒙量表	扩展到成年人的测试
1916	斯坦福—比奈智力量表	引进智商（IQ）的概念
1937	斯坦福—比奈智力量表-2	首次采用复本（L和M）
1960	斯坦福—比奈智力量表-3	现代化题目分析法的使用
1972	斯坦福—比奈智力量表-3	以2100人为对象重新标准化
1986	斯坦福—比奈智力量表-4	完成15个分测验的重新建构
2003	斯坦福—比奈智力量表-5	测量智力的五大因素

5-7　智力评估（二）

2. 韦氏智力量表（the Wechsler Intelligence Scales）

韦克斯勒（David Wechsler）界定智力为"个人有目的地行动、合理地思考，以及有效地应对所处环境的综合能力"。他认为斯坦福—比奈智力量表的主要用途是在教育和能力分类上。因此，为了临床和诊断方面的功能，他从1930年代起编制一系列智力测验，受到广泛使用，它们的声势至今不坠，毫不亚于比奈—西蒙量表的开拓性贡献。

1955年，韦克斯勒修订原先量表，以供成年人使用，称为"韦氏成人智力量表"（WAIS）。WAIS包含言语（verbal）和操作（performance）两个量表。言语量表：词汇、类比、算术、记忆广度、常识、理解。操作量表：图画完成、数符代换、积木造型、连环图系、物件装配。个人的测验结果对应3种分数：言语智商、操作智商及全量表智商。最新的WAIS-Ⅲ（1997）适用于满16岁的人群。除此之外，适用于6～16岁儿童的"韦氏儿童智力量表"（WISC-Ⅳ，2003），以及适用于2岁半到7岁半幼童的"韦氏学前儿童智力量表"（WPPSI-Ⅲ，2003）也被陆续推出，它们形成了3套测验组合，可供我们追踪一些特定智能的长期发展情况。韦氏智力测验在许多应用上已取代斯坦福—比奈智力量表的地位，新近的智力测验也经常以韦氏测验作为编制的模型。

异常的智力

我们提过以"心智年龄除以实足年龄"来求取智商，这称为比率智商（ratio IQ），它反映一个人智力发展的速率。但是随后的智力测验大多采用离差智商（deviation IQ）。离差智商不是一种商数，而是一种标准分数，它的建立有赖于测验的标准化和正态分布的观念。离差智商的平均数定为100，标准差为15或16（依个别测验而定），它指出同一年龄的人们各有50%高于或低于这个平均数。90~110分属于智力正常，130分以上算是天赋优异，低于70分则表示智能不足。

1. 智能不足（mental retardation）

较为早期，智能不足被划分为4种水平。①轻度（mild），IQ：50～69，需要不定期的帮助；②中度（moderate），IQ：35～49，需要适度的帮助；③重度（severe），IQ：20～34，需要广泛的帮助；④深度（profound），IQ：<20，需要全面的帮助。这是为了引导外界把注意力放在个案的复健需求（rehabilitation needs）上。然而，为了符合智能不足的诊断标准（美国智能不足学会，2002），个人还必须在与生活运作有关联的几种适应技巧（adaptive skills）上发生显著失能情况（参考右图）。

2. 天赋优异（giftedness）

一般认为，当智力超过同龄人的平均水平，而在智力分布曲线上居最高2%～3%时，就被称为天赋优异，通常是指IQ在130～135及以上。但是，有些学者认为不应以IQ作为界定天赋优异的唯一变量。例如，雷抒利（Renzulli，2005）提出天赋优异的"三环"概念：高于平均数的智商、创造力及工作投入（task commitment）。

韦氏儿童智力量表中的连环图题目示例

智能不足的定义

条件1 → 显著低于平均值的智力表现

条件2：在下列10项适应技巧领域中，至少有2项发生重大失能情况

沟通、自我照顾、居家生活、社交技能、社区使用、自我指导、卫生与安全、功能性知识、休闲、工作

条件3 → 初发于18岁之前

5-8 智力理论（一）

关于智力理论的研究，传统上主要以因素分析法为主。但许多心理学家扩展智力的概念，他们根据大脑—行为的关系，指出人类存在多种相对独立的智力。

智力的心理计量理论

1. 斯皮尔曼的G因素

根据个人在各种智力测验之间相关形态的广泛研究，斯皮尔曼（Charles Spearman）指出智力是由两种因素所组成的，一是单一的一般因素，称为G因素；二是许多的特殊因素，如S1、S2及S3等。他认为一般智力代表个人的一般能力，也是一切心智活动的主体，智力的高低取决于一般能力。特殊因素则与个别的特殊能力有关，如空间关系、运动协调及音乐能力等。每个人在智力测验上的表现是一般智力因素和特殊因素二者作用的结果——这被称为智力的二因素理论（two-factor theory）。

2. 瑟斯顿的基本心理能力

瑟斯顿（Louis Thurstone）的智力理论也建立在因素分析的研究上，通常被称为群因素理论（group factor theory）。他分析不同性质的智力测验的分数间相关的形态，推定有7个广泛的因素（而不是单一的普通因素）最能适当解释实证结果，他称其为基本心理能力（primary mental abilities），它们包括语词理解、语词流畅、数字运算、空间关系、联想记忆、知觉速度及归纳推理。

3. 卡特尔的智力分类法

采用更先进的因素分析技术，卡特尔（Raymond Cattell）发现所谓G因素可再被解析为两个相对上独立的成分。一是流体智力（fluid），这类智力主要表现在洞察复杂关系、迅速推理、思维及解决问题等心智活动中；二是晶体智力（crystallized），这是个人所获得文化知识和他存取该知识的能力，主要是由词汇、算术及常识等测验加以衡量。流体智力协助你处理新奇及抽象的问题，晶体智力则协助你应对生活中重复出现的实际要求。

4. 吉尔福特的智力结构模型

吉尔福特（J. P. Guilford）也认为智力是由多种因素所组成的。他对于智力结构采取动态的观点，进而提出一个三度空间的理论模型，提出智力测验的题目不仅"思维内容"（contents）不同，所要求的"思维操作"（operation）不同，而且所获得的"思维产物"（products）也不同，这三者可被视为思维活动的三大要素。

更具体而言，"内容"是指呈现给受试者的材料的性质，"操作"是指测验所要求的智能运算的性质，"产物"则是指信息被表征的形式。

吉尔福特（1985）总共分析出5种操作、5种内容及6种产物，合计为5×5×6=150种智力因素（参考右图）。每一种"内容—操作—产物"的组合（模型中的每一个小立方块）就代表一种不同的心智能力。例如，学习舞蹈的步伐需要你对"行为""系统"的"记忆"。吉尔福特的智力结构论扩宽了传统的智力概念。至今，研究学者根据这个模型已清楚确定了100种以上的智力。

吉尔福特的智力结构模型

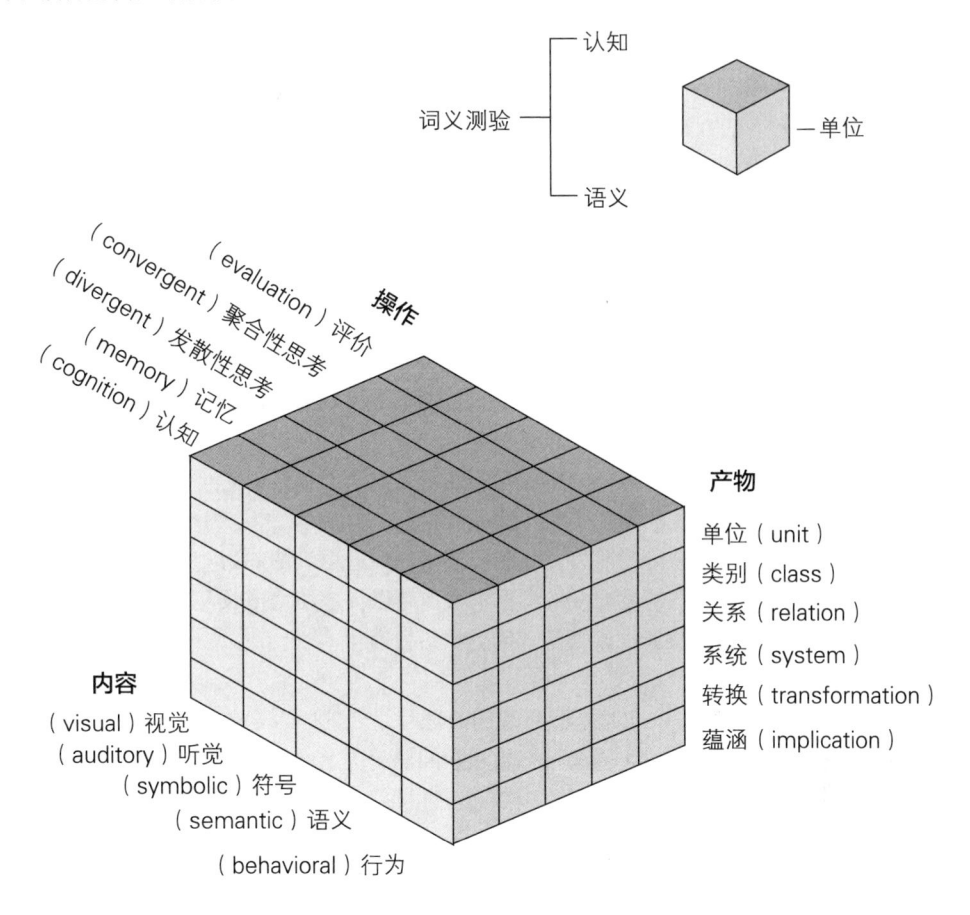

词义测验 ── 认知
         └─ 语义

── 单位

操作
（evaluation）评价
（convergent）聚合性思考
（divergent）发散性思考
（memory）记忆
（cognition）认知

产物
单位（unit）
类别（class）
关系（relation）
系统（system）
转换（transformation）
蕴涵（implication）

内容
（visual）视觉
（auditory）听觉
（symbolic）符号
（semantic）语义
（behavioral）行为

✚ 知识补充站

因素分析的简介

因素分析（factor analysis）是指从较大数目的一组自变量中，找出较小数目的维度、群集或因素的许多统计程序的统称。因素分析技术是从数据资料中（如得自人格问卷或智力测验的数据，数据的数目可能很大）所有初始变量之间的一组相关系数着手，抽出少数几个基本成分，这些成分被认为可以解释数据中所呈现的相关的根源变量。彼此高度相关的变量被认作代表一个单一的因素；彼此不相关的变量被认为代表正交（或独立）的因素。最理想的因素分析是鉴别出少数几个彼此都正交的因素。当然，统计程序旨在检验统计的规律性，至于对这些规律性做怎样的解读则是心理学家的工作。

5-9 智力理论（二）

加德纳的多元智力理论

加德纳（Howard Gardner）是美国的认知、发展及神经心理学家，他认为传统的智商观念以言语能力、数理能力和空间知觉能力三者为主要因素，但这不能代表人类的真正智力。他主张我们应从人类脑神经组织、儿童发展及杰出人士的实际表现中审视智力的组成。

加德纳的多元智力理论（theory of multiple intelligence）定义出8种智力，它们是：①言语智力；②数学逻辑智力；③空间智力；④音乐智力；⑤社交智力（或人际智力）；⑥身体动感智力；⑦自我认识智力；⑧自然界智力。

每种智力的价值，随不同人类社会而异，取决于哪种智力在既存社会中具有用途和受到奖励。在测试这些性质的智力上，所需要的不只是纸笔测验和简单的量化数值，也需要在一系列生活情境中对当事人进行观察及评估。

近年来，情绪智力（emotional intelligence）开始受到广泛探讨，它与加德纳的"人际智力"和"自我认识智力"的概念有关。情绪智力被界定为具有4种主要成分：①准确而适当地感受情绪、评估情绪及表达情绪的能力；②利用情绪以促进思维的能力；③理解及分析情绪的能力，有效地应用情绪知识的能力；④管理个人情绪以促进情绪成长和智能成长的能力。研究者已据此编制测验（MSCEIT）来测量人们的情绪智商。

斯腾伯格的智力三元论

斯腾伯格（Robert Sternberg）也扬弃传统的心理计量取向的因素分析法，他的智力三元论（triarchic theory of intelligence）强调认知历程在问题解决上的重要性。他认为人类智力应该包括3种能力：

1. 分析性智力（analytical）

这提供了基本的信息处理技能，以便人们应用于生活中的许多熟悉任务上。斯腾伯格定义出作为信息处理的核心的3种智力成分（或心智历程）：①知识获得的成分（例如，获得词汇的能力）；②执行的成分（例如，三段论法的推理）；③元认知（metacognitive）的成分（例如，挑选策略和监督进展情况）。

2. 创造性智力（creative）

这捕捉的是人们处理新奇问题的能力；另一个层面是使得重复遇到的作业自动化或"常规化"的能力（例如，阅读或演奏音乐）。富有创造性智力的人善于运用观察及建立起新观念，处理新事务能够很快进入状态，而且展现出高度的工作效率。

3. 实践性智力（practical）

这牵涉到你"适应"新的环境、"选择"适宜的环境及有效地"塑造"你的环境以符合需求的能力。实践性智力通常也包括所谓的街头智慧（street smarts）或生意头脑（business sense）。研究已显示，有些人可能拥有高度的IQ，却未必拥有高度的实践性智力。

加德纳的多元智力

智力形式	适合工作	核心成分
数学逻辑 (logical-mathematical)	科学 计算机程序设计	操作抽象符号的能力
言语 (linguistic)	法律 新闻报道	良好使用语言的能力
自然 (naturalist)	森林保育 环境维护	认识及适应自然环境的能力
音乐 (musical)	音响工程 音乐演奏	创作及理解音乐的能力
空间 (spatial)	建筑 外科手术	对空间关系的良好推理能力
身体动感 (bodily-kinesthetic)	舞蹈 运动	策划及理解动作次序的能力
社交 (interpersonal)	政治活动 教学	理解他人和社交互动的能力
自我认识 (intrapersonal)	圣职 心灵净化	理解自己的能力

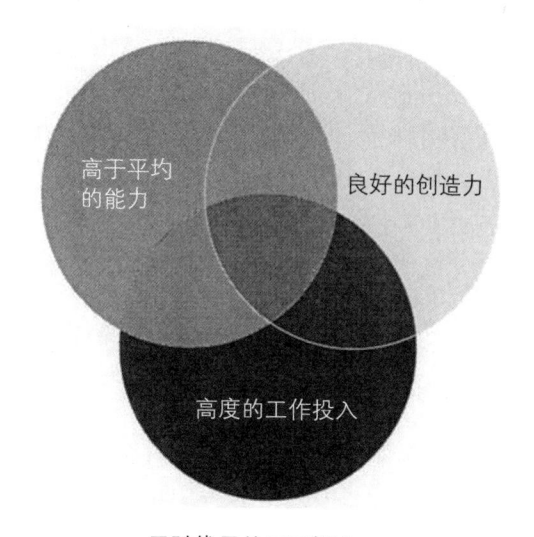

天赋优异的三环概念

爱因斯坦（Albert Einstein）是被公认的天才。他无疑是聪明的，但他也富有好奇心、幽默感、创造力及愿意专注于研究工作。

5-10　IQ的先天与后天因素

IQ受到遗传和环境二者的影响，但它们是以怎样的程度和方式产生影响呢？

（一）IQ的遗传因素

几十年来的领养研究、家族研究及双胞胎研究早已证实，智力会受到遗传因素的影响。如你从右页表中可看到，遗传关联性越高的话，IQ的相似性也越高。从领养的兄弟（姐妹）到亲兄弟、异卵双胞胎，再到同卵双胞胎，随着共同的基因越多，IQ的相关性也跟着升高。再者，父母与亲生子女间的IQ相关性也要高于养父母与养子女间的相关性。但是，你也应该从资料中看到，被共同养大的亲兄弟之间有较高的IQ相似性，这也体现了环境的影响力。

在一项经典研究中，当被领养儿童以斯坦福—比奈智力量表重复测试时，他们的智力与他们生身父母的教育成就有渐进的密切相关；到了8岁后，相关系数稳定在大约0.35的数值上。在另一项研究中，发现被领养儿童的智力近似于生身父母的智力（尽管生身父母在儿童成长过程中缺席），却显示跟养父母智力的相关性很低（尽管养父母一直陪伴在身旁）。我们知道生身父母为他们子女的智力提供基因蓝图，至于养父母则提供环境。这说明了遗传在智力上具有坚定的（但不是排外的）贡献。

无疑地，就像其他许多的特质和能力，遗传在影响个人的IQ分数上也扮演重大角色。但我们可以说，遗传在IQ的表现上是必要的角色，却不是充分的角色。

（二）IQ的环境效应

在一项大规模的纵向研究中，超过26000名儿童接受调查。研究结果显示，儿童4岁时IQ的最佳预测指标是家庭的社会经济地位（socioeconomic status）和母亲的受教育水平——对黑人和白人儿童都是如此。

为什么社会经济地位会影响智商？财富和贫穷会以许多方式影响智力发展，健康状况和教育资源就是最明显的两项。怀孕期间健康状况不佳和偏低的出生体重是儿童较低智力的稳定预测指标。首先，贫穷家庭儿童经常有营养不良问题，许多人饿着肚子上学，当然无法专注于课业。其次，贫穷家庭也较常缺乏书籍、文字媒体、计算机，以及其他启智性的学习材料。贫穷父母（特别是在单亲家庭中）忙于维持生计，他们往往没有时间或精力陪伴子女，也较少在知性上启发他们的子女。最后，对那些生活在贫乏条件下的人而言，他们可能蒙受不良的社会烙印（stigmatized），这可能损害儿童的自我效能感，进而不利影响他们在测验和学业上的表现。

幸好，当这些处境不良的黑人儿童被经济和教育上占优势的白人家庭收养之后，他们在斯坦福—比奈智力量表或WISC的全量表IQ上平均拿到106分（高于全国平均值的100分）。黑人儿童在生活更早期（早于1岁之前）就被领养的话，他们的IQ发展就会更好——达到110分的平均IQ。因此，当被提供机会接触丰富的知性刺激时，这些先前来自贫穷家庭的黑人儿童在IQ测验上的表现毫不逊色。这似乎说明IQ差距（好几十年前，黑人儿童的平均IQ低于白人儿童大约15分，但长期下来双方的IQ分数逐渐趋同，近期的研究指出这项差距是6~9分）的起源不是"种族"本身，而是跟种族相关的经济、健康及教育资源等因素。

IQ与遗传的关系

关系	共同基因的比例（%）	相关系数
同卵双胞胎，共同养大	100	0.86
同卵双胞胎，分开养大	100	0.76
异卵双胞胎，共同养大	50	0.60
亲兄弟或亲姐妹，共同养大	50	0.47
亲兄弟或亲姐妹，分开养大	50	0.23

IQ分数在大型样本中的分布情况

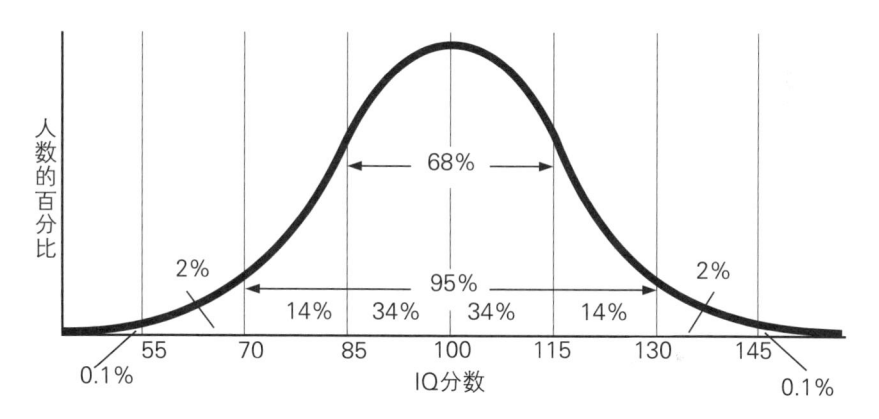

> **+ 知识补充站**
>
> **智力的年龄变动**
>
> "随着我们年老，我们会逐渐失去心智能力"——这是关于老化（aging）最普遍的刻板观念之一。但智力是否随着年龄增长而减退呢？我们提供实证研究获得的几个结论：
>
> （1）早期横断研究以WAIS为工具，发现智力在儿童期和青年期以较高的速率成长，在20～30岁达到顶点，然后缓慢地减退，60岁后则迅速地加速衰退。
>
> （2）后来更精巧的研究采用多维度的工具（如"基本心理能力测验"），而且采用序列设计法（sequential design），它们为智力发展提出较为乐观的轨迹：直到至少60岁前，大部分能力只有很轻微的变动。
>
> （3）另一些研究断定晶体智力直到生命后期都还逐渐上升；对照之下，流体智力较早就衰退下来。
>
> （4）还有些心理学家提议，成人智力在性质方面有所不同。他们因此在皮亚杰学说中添加了一个阶段，称为后形式思维（postformal thinking）。

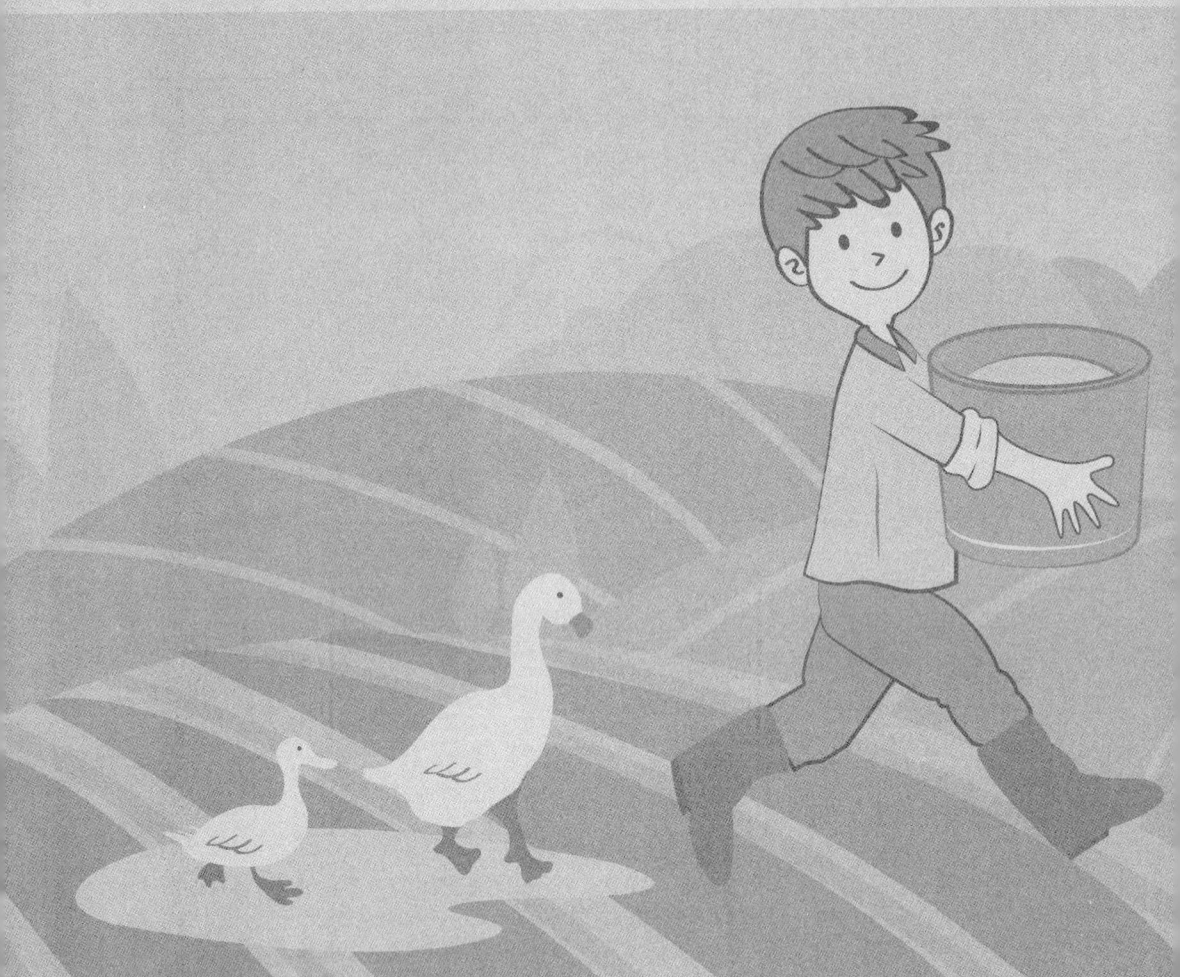

第6章
发展心理学

6-1 基本概念

6-2 认知发展理论（一）

6-3 认知发展理论（二）

6-4 社会发展（一）

6-5 社会发展（二）

6-6 性别认同和性别角色

6-7 道德发展

6-1 基本概念

发展心理学（developmental psychology）主要是探讨个人在成长的各个过程和阶段中，所发生的身体功能和心理功能上的变化，从受精卵到死亡。发展是持续一生的历程，也就是个人特征随着年龄在"量"与"质"两方面所产生的变化。

（一）发展心理学的研究方法

1. 纵向设计（longitudinal design）

这是指同一组人的表现在不同时间中重复地接受观察及评估，通常长达许多年。纵向设计提供的是关于年龄变化（age changes），而非年龄差异的信息。一般而言，纵向设计的优点是可以分析个别受试者的发展，也可以确认成熟与经验之间的关系。但是，它的缺点是研究结论只能适用于同一世代的人。它的另一些缺点包括研究时间拉得太长、花费庞大，以及研究对象容易流失等。

2. 横断设计（cross-sectional design）

这是指在同一时间点，对不同年龄组人的表现进行观察及比较。横断设计所获得的是关于年龄差异（age differences）的信息。一般而言，横断设计的优点是迅速而简易。但是，它的缺点是不容易确定行为发展的前后因果关系，不能用来分析同一年龄组受试者之间的个别差异。

3. 序列设计（sequential design）

这是指在单一研究中结合了横断设计和纵向设计二者，也就是同时找来几群不同年龄的受试者，然后每隔一段时期就追踪他们的发展情况。这种设计兼具上述两种方法的一些优点，不仅可以比较不同组受试者在相同年龄时的发展状况，还可以追踪每一组在不同时期的发展状况。

（二）性本善或性本恶

人类天性本善、本恶，抑或不善也不恶呢？

霍布斯（Thomas Hobbes，1588—1679）：早在17世纪，哲学家们已对人类本性表明了立场。霍布斯描述儿童是天生自我中心而卑鄙的，社会的任务就是控制他们自私和攻击的冲动，教导他们善良的举止。

卢梭（Jean-Jacques Rousseau，1712—1778）：卢梭相信儿童生来是善良的，他们先天拥有关于"对与错"的直觉式理解。儿童善良的本性是在与社会接触的过程中被宠坏和腐化了。

洛克（John Locke，1632—1704）：洛克的立场是中立的，他主张婴儿像是一块无字的画板（tabula rasa，或白板），有待他们的经验加以涂写。儿童的本性无关善与恶，私人的经验决定了他们是谁、成为什么及相信什么。

（三）先天遗传与后天教养的争议（nature/nurture issue）

我们现在已经清楚，人们的特质（如智力和性格）是生物影响力与环境影响力二者复杂交互作用的产物。遗传设定了潜能的反应范围（reaction range），经验则决定个人在这个范围内可以达到的上限。

动物行为学家劳伦兹以实例说明,如果他是幼鹅在印刻的关键期所遇到的第一个移动对象的话,幼鹅将会对他,而非对它们的母亲产生印刻作用。

+ **知识补充站**

印刻与关键期(imprinting and critical period)

劳伦兹(Konrad Lorenz,1937)最先提出"印刻"一词,它是指个体出生后不久的一种本能性的特殊学习形式,通常在出生后很短的时间完成,习得后持久保存,不易消失。劳伦兹在研究中发现,刚孵化的幼鹅(或灰雁)将会追随它所看到第一个活动对象,如母鸡、人类、红色气球及自动玩具等,就像幼鹅跟随母鹅一样。但是如果孵化后,超过一定时间才接触到外界活动对象,幼鹅就不会出现印刻现象。这一时期就是动物印刻行为形成的"关键期"。对幼鹅而言,关键期是从孵化后24~48小时。

蝌蚪出生后就会游泳,如果它们一出生时就被放在麻醉液中,8天之内取出放到水中,仍会游泳,但超过10天的话,蝌蚪将永久丧失游泳能力。8天就是蝌蚪习得游泳行为的关键期。同样地,小狗自出生后与人类隔离10星期以上,随后就很难与人类建立亲密关系。

研究证据指出,人类关于第二种语言的学习(特别是发音方面),似乎存在所谓的关键期,这个时期是从出生直到5岁。

印刻是本能与学习之间的交界地带。虽然关键期的设定主要是受到遗传因素的影响,但是缺乏适当环境的配合,依然无法促成行为的适当发展。

6-2 认知发展理论（一）

关于人类认知系统的本质，心理学家采取两种主要的观点。第一种是信息处理（information-processing）的模式，它以计算机为模型，探讨人类如何思考和处理信息。第二种是瑞士心理学家皮亚杰（Jean Piaget，1896—1980）的认知发展阶段论。

皮亚杰的认知发展理论

认知是指认识事物的活动，以及通过活动而获得知识和解决问题的过程。为了描述认知发展的历程，皮亚杰提出促成人类智力发展的3个主要因素：

1. 图式（schema）

图式是认知框架，也就是我们建构来整合或解释自己经验的有组织的动作模式或思维模式。例如，婴儿的抓握动作和吸吮反应是早期的图式，因为它们二者都是用来"适应"或处理不同物体的动作模式。随着年纪增长，儿童发展出符号图式，即概念。儿童使用内在的心理符号来表征各个层面的经验。随着个人的发展，图式更加复杂化，而且逐渐从外显的动作朝向内在化。

2. 平衡（equilibrium）

如果个人的图式与环境条件互相吻合，或是图式有助于适应环境要求，个人这时就处于平衡状态。然而，当实际发生的状况与个人依据图式所预期的结果产生冲突时，个人就处于失衡状态，他必须进行顺应。

3. 顺应（adaptation）

顺应是调整自己以适应环境的过程，它是通过两种互补的过程而发生的，即同化和调适。同化（assimilation）是指我们根据现存的图式来解释新经验的过程。通过同化作用，我们以自己的方式处理环境，有时候扭曲了世界，使之硬被塞进我们现存的范畴中。在整个生命过程中，我们依赖自己现存的认知框架来理解新的事件。调适（accommodation）是指修正现存的图式，使之更为适合新的经验的过程。当原有的认知框架不能同化新经验时，个人就会改变现存图式，以便符合新情境的要求，进而获得平衡。这便是认知成长，它促进了更适当理解的形成。认知发展的过程并不会随着成年而结束，它会在个人有生之年持续地进行。

认知发展的阶段

皮亚杰认为儿童通过4个不同的认知发展阶段而成熟，这些阶段代表"质"方面不同的思维方式，而且以固定的顺序发生。再者，视儿童的经验而定，他们可能在这些阶段的进展上快一些或慢一些。

1. 感觉运动期（sensorimotor stage）

从出生到大约2岁，婴儿多半依靠身体动作和从动作获得的感觉以认识周围的世界。初生婴儿主要依赖反射图式，像是抓握、吸吮、转向声响或新奇刺激等。再大一些，婴儿会重复执行一些带来愉悦的动作。到了12～18个月大，婴儿已会主动寻找操控物体的新方式，而且积极促使有趣事物的出现。

皮亚杰观察到，6个月大婴儿一般会注意有趣的玩具（左图），但是用隔板挡住其对玩具的视线后，婴儿很快就失去兴趣（右图）。婴儿这时候尚未发展出"客体永久性"的概念。

+ **知识补充站**

心理学家简介：皮亚杰

皮亚杰（Jean Piaget，1896—1980）是发生认识论的创始人，也是认知发展阶段论的建构者。皮亚杰自幼聪慧过人，10岁时就发表了他的第一篇科学论文。他并非心理学科班出身，但他曾在巴黎的比奈（Alfred Binet）实验室任职，着手于建立第一份标准化的智力测验。他在这里确立了他的学术追求，随后长达六十多年的研究中，他致力于探讨人类如何获得知识，以及如何应用知识来适应所处环境。

皮亚杰的思想极大地影响了欧洲心理学界，但因为当时是行为主义的鼎盛时期，他的理论并未获得美国心理学界普遍重视。直到1960年代认知心理学兴起后，他的论述才在全世界广为流传。

皮亚杰强调儿童自身吸收知识及建构知识的观点，他的观念对后来学校教育思潮产生很大影响，即所谓的建构主义教学（constructivist instruction）。

皮亚杰的研究工作无疑已在关于人类发展的探讨上留下深刻而永久的印记。尽管他的学术贡献早已得到肯定，但难免也受到一些挑战。

他的理论受到的批评主要是：①过于低估了幼童的认知能力，但是过于高估青少年的能力；②他只是详述认知发展的内容，却未适当解释促成认知发展的原因；③认知发展的过程也具有连续的性质，不全然是阶段式的；④实验材料的内容可能影响儿童的表现，这表示练习或训练也有一定效果；⑤皮亚杰指出，大部分的认知发展是儿童内在成熟历程的产物，不会因为社会文化因素而有所改变。但是在许多非西方文化中，他们的成员从不曾达到形式运算阶段。这表示形式运算似乎依赖特定的学校教育，而不是生理上预先决定的。

6-3 认知发展理论（二）

根据皮亚杰的观点，婴儿生来并不具备客体永久性（object permanence）的概念。客体永存性是一种知觉心理现象，也就是当物体不再被看到时，个体认为该物体依然存在。婴儿在8个月大之前还不具备这种概念。但是9个月大后，你在婴儿面前把玩具遮盖起来，他们会推开遮盖物寻找玩具，这表示他们已知道物体仍然存在，他们已开始使用"心理表征"进行思考。到了这个时期结束后，他们已能在心理上使用符号以解决问题。

2. 前运算阶段（preoperational stage）

从2岁到大约7岁，幼童的符号思考能力（表征思维）逐渐稳固，他们现在能够使用字词来指称不存在于眼前的物体、人物及事件。幼童也不再拘泥于当前，他们能够谈论过去和未来。

在这个时期，幼童倾向于完全从自己的角度来看待世界，他们还没有能力认识及采取其他的观点。这种倾向被称为自我中心（egocentrism，自我本位），幼童假定所有人看待世界的方式都跟自己一样；如果他们知道某件事情，别人应该也知道才对。

幼童在这个阶段的另一项特征是集中化（centration）的思考。他们过度依赖知觉，因此容易被事物的外观所愚弄。幼童还无法同时考虑两个以上的物理维度，等量的两杯水，一杯被倒进另一个较高、较细的杯子时，他们认为后者水量较多。这表示幼童只考虑到以高度（知觉上较为突显的维度）作为判断多或少的标准，他们未能同时考虑杯子的宽度。

3. 具体运算期（concrete operational stage）

7～11岁时，儿童已有能力进行心理运算以产生逻辑思考。例如，儿童看到杰克比约翰高，稍后又看到约翰比保罗高，他们能够推理出杰克在3人之中最高，不用诉诸物理上的实际操作，也就是以心理动作取代物理动作。

这个阶段重要的认知进展就是守恒（conservation，或保留）概念的形成。儿童了解尽管物体的外观（形式上或量度上）有所改变，但只要没有被增添或取走什么，物体的物理特性保持不变。前述水杯的例子显示的是容积守恒，儿童在这个时期还会发展出另一些守恒概念，如面积、数量、质量及形状等（参考右图）。

学龄儿童克服了前运算阶段大部分的自我中心倾向，他们现在已能采取他人的观点；他们的思考也更具逻辑。尽管如此，这种模式的思考只适用于真实或容易想象的物体、情境和事件（因此称为具体运算），但是对于抽象的观念和假设性的命题还是窒碍难行——因为它们不具有现实的基础。

4. 形式运算期（formal operational stage）

从11岁或12岁开始，青少年的逻辑思考不再局限于具体问题，他们现在已能处理一些抽象的观念，也开始沉思真理、正义及存在等问题。在这个认知成长的最后阶段中，青少年不仅可以思考世界的实际状况，还能想象可能发生的状况。当遇到问题时，他们能够自己提出假设，也能够从事假设的检验，也就是以更为系统化和科学化的方式进行问题解决。

液体容量守恒

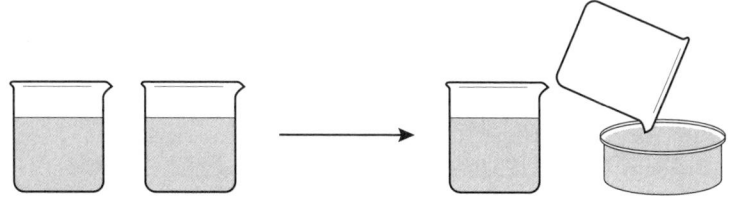

两个相同的烧杯被注入等量的水。　　其中一个烧杯中的水被注入另一个不同形状的烧杯中。　　"现在，水的容量是否相同？"

固体质量守恒

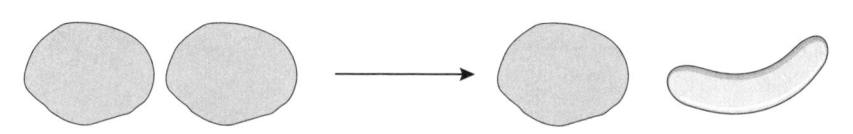

呈现两个相同大小的球状面团　　其中一个被搓成香肠的形状　　"现在，面团的体积是否相同？"

数量守恒

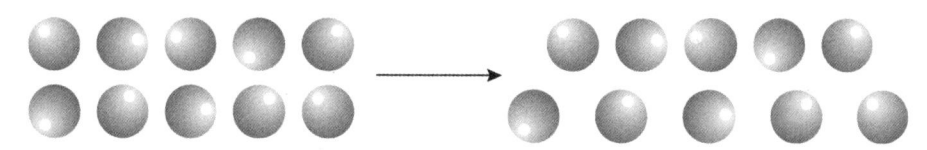

呈现两排相同数量的玻璃球　　把其中一排玻璃球排得较长些　　"现在，哪排的玻璃球较多？"

➕ 知识补充站

个人神话（personal fable）

　　进入形式运算阶段后，青少年容易陷入另一种形式的自我本位中，即个人倾向于认为他和他的思想及情感是独一无二的，称为个人神话。因此，对于第一次跌入爱河的青少年来说，他可能认为人类历史上再也没有人曾经感受过这般极致的情感。当然，当关系破裂时，也没有人（尤其父母）可能领会这般肝肠寸断的苦楚。个人神话也可能导致青少年认为，适用于别人的规则并不适用于自己。因此，飙车（或酒醉驾车）发生事故是别人的事情，自己不会发生这样的事情——也被称为青少年"不死的神话"。再者，青少年也不认为怀孕的事情会发生在自己身上，故他们经常不愿意采取避孕措施。

6-4 社会发展（一）

许多研究者认为，发展是持续一生的历程，从受精卵开始到生命终结。在生命的不同时期，我们会面对新的课题和新的挑战。

埃里克森的心理社会阶段（psychosocial stages）

埃里克森（Erik Erikson，1902—1994）根据临床观察（而不是实验室的研究）描述了8个心理社会发展阶段，从婴儿期一直延伸到老年期。在生命过程中，个人必然会跟社会不断接触，而且经历一系列冲突——"社会心理危机"（crisis）。各个阶段会有一种最主要的冲突，所谓成长就是克服冲突的过程。

从出生到1岁——信任对不信任（trust vs. mistrust）：婴儿必须学习信赖他们的照顾者，以满足自身的需求。父母有感应地养育是关键所在。

1～3岁——自律对羞愧怀疑（autonomy vs. shame and doubt）：儿童必须学习自律和自治，否则他们将会怀疑自己的能力。

3～6岁——创新对内疚（initiative vs. guilt）：学前儿童通过主动设想和执行一些计划，以开发创新、进取的精神。但他们必须学会不能侵犯他人的权利。

6～12岁——勤勉对自卑（industry vs. inferiority）：儿童必须掌握重要的社交技巧和学业技能，不落后于同伴，否则他们将会感到自卑。

12～20岁——自我认同对角色混淆（identity vs. role confusion）：青少年必须解决"我是谁？"的问题，他们通过探索自己的可能性而建立起社会和职业的认同，否则他们将会对自己身为成年人应该扮演的角色感到混淆。

20～40岁——亲密对孤独（intimacy vs. isolation）：年轻人寻求与另一个人形成亲密关系，如果发展不顺利的话，他们可能感到孤单和疏离。

40～45岁——生产对停滞（generativity vs. stagnation）：中年人必须感到他们已留存一些有价值的东西，无论是在养育子女还是贡献社会方面。

65岁之后——自我整合对绝望（integrity vs. despair）：老年人必须在回顾中看到自己生命的意义，以便坦然面对死亡，不用忧惧，也没有遗憾。

依恋关系（attachment）

社会发展起源于幼儿与照顾者间建立起一种亲密的关系，这种强烈而持久的感情联结称为依恋。正因为婴儿没有能力喂养和保护自己，依恋的最初功能是确保生存。鲍尔比（John Bowlby，1907—1990）是人类依恋研究上一位颇具影响力的理论家。他（1973）指出，婴儿与成年人在生物上预先倾向于形成依恋，这样的依恋关系对日后发展有广泛影响。

为了评估依恋的质量，研究学者编制了"陌生情境测验"（strange situation test）。根据幼儿在所安排的一些情境中的反应，依恋质量可被归为三个范畴之一：

安全型依恋（secure attachment）：安全型依恋的婴儿当单独与母亲一起时，可以主动地探索房间，因为有他母亲作为安全基地。婴儿可能会对分离感到不安，但是当母亲返回时，他热情地迎接她，也喜欢与她的身体接触。当母亲在场时，婴儿对陌生人显得友善而好交际。在美国样本中，安全型依恋大约占70%。

"陌生情境测验"示意图。M代表母亲，S代表陌生人。

幼童对父母发展出安全的依恋关系，这对于他的成长相当重要。

+ 知识补充站

爱情的风格

如果你目前拥有亲密伴侣，你会怎样描述你们间的关系？

陈述A：我发觉自己相当容易亲近别人，也能舒适地依赖他们。我通常并不担心是否会被背弃，也不担心别人太亲近我。

陈述B：我发现别人不愿意跟我太亲近。我经常担心我的伴侣不是真正爱我，或不想跟我长相厮守。我希望跟我的伴侣非常亲密，而这点有时把对方吓跑了。

陈述C：我对于跟别人亲近感到有点不自在，我发现自己很难完全信任别人。当任何人太接近我时，我就开始紧张。许多时候，我的伴侣希望我再亲密些，但似乎已引起我的不舒适。

A是安全型依恋（成年人中占56%），B是矛盾型（19%），C是回避型（25%）。研究已显示，依恋风格是双方关系质量的准确指标。当成年人拥有安全的依恋风格时，他们在当前的爱情关系中体验较多信任和正面情绪，也倾向于持续较为长久。至于矛盾型和回避型的成年人，他们报告自己关系中有许多嫉妒和爱恨方面的偏激情绪，他们怀疑是否存在永久不变的爱情。

6-5 社会发展（二）

矛盾型依恋（resistant attachment）：矛盾型婴儿显现对母亲爱恨交织的矛盾态度。即使母亲在场时，他们也无法安心地探索。当母亲离开时，他们相当不安和焦虑。当母亲重返时，他们无法被安抚下来，显现对母亲的怒意和抗拒；矛盾型婴儿也对陌生人相当警戒。在美国样本中，这一型婴儿大约占10%。

回避型依恋（avoidant attachment）：这类婴儿似乎对探索不感兴趣，当与母亲分离时，他们不太显得苦恼。当母亲返回时，他们避免与之接触，显得疏远。他们对陌生人也不特别警戒。在美国样本中，回避型婴儿大约占20%。

依恋关系的影响

这些分类已被证实对于幼儿日后的认知和社会发展具有很高的预测力。纵向研究显示，如果幼儿在15个月大时建立了安全型依恋的话，他们在幼儿园和小学中，通常与同伴有较为良好的关系，同伴也认为他们是较好的玩伴。他们经常担任领导者，主动发起游戏活动，对于同伴的需求和情感保持敏感，也受到同伴的欢迎。

相对之下，对于矛盾型和回避型的幼儿而言，他们在学校中经常被评定为在社交和情绪上较为退缩，较少参加团体活动，较不具好奇心，以及学习动机较低。

依恋关系的基础

形成依恋关系的原因是什么？幼儿从依恋关系中获得什么？以弗洛伊德为首的一些心理学家表示，婴儿之所以依恋父母乃是因为父母提供食物，这满足婴儿最基本的生理需求。鲍尔比称这种观点为依恋的面包理论（the cupboard theory），它表示归根结底，婴儿爱的是乳头或奶瓶。

1. 剥夺实验

心理学家哈洛（Harry Harlow，1965）不相信面包理论足以解释依恋关系，他认为婴儿也倾向于依恋那些提供"接触舒适"（contact comfort，或安慰）的对象。他在幼猴出生不久就将之隔离，然后在幼猴的独居房中提供两个代理母亲，其中之一由铁丝制成，另一则是在铁丝外覆盖柔软的绒布（参考右图）。

哈洛发现，幼猴大部分时间都依偎在绒布母亲身边，很少碰触铁丝母亲。即使只有铁丝母亲才会供应乳汁时，情况依然如此。当幼猴受惊吓、害怕及不安时，都是奔向绒布母亲。这样的结果间接地反驳了面包理论。就猴子而言，接触舒适显然要比喂食（或饥饿减除）更能促进依恋关系形成。

2. 人类剥夺

当婴儿没有机会形成任何感情联结时，他们会变得怎样呢？研究已发现，当儿童在看护人员不足的孤儿院中度过他们生命的前3年后，他们的智能、语言技巧及社交能力严重受损。到了青少年期，许多人成为独来独往的少年，不容易跟他们家人或同伴建立起良好关系。鲍尔比相信，人类形成依恋关系的关键期是1~3岁。在这期间，婴儿或幼儿最适合跟有良好感应的照顾者形成强烈的依恋关系。一旦错过关键期，他们就不容易跟任何人建立持久的感情联结。

下面是在哈洛的研究中所使用的"铁丝母亲"和"绒布母亲"的示意。幼猴对于提供"接触舒适"的绒布母亲形成了依恋，即使它必须伸长身子到铁丝母亲那里取得食物。

➕ 知识补充站

日间托育的影响

鉴于早期依恋的重要性，那么在现代社会中，母亲经常外出工作，她们在白天把婴儿交付托育中心，这是否会影响母亲与婴儿间的依恋关系，进而造成婴儿的发育迟缓呢？

研究已指出，婴儿不一定会受累于托育经验。当在高素质的日托中心接受照顾时，婴儿能够跟自己母亲保持安全依恋，并且在认知、语言和社交发展上毫不逊于在家中被抚养的婴儿。

显然，关键在于什么是高素质的托育环境。研究学者列出了几项条件：①合理的幼儿—看护人员的人数比例；②看护人员必须温暖、善于情感表达及注意幼儿的需求；③看护人员的流动率较低；④策划适合儿童年龄的各种活动；⑤安全、整洁和充满刺激的环境。

最后，许多专家指出，当婴儿在生命的第一年已跟他们父母形成良好依恋关系后，他们较不会受到随后不利环境的冲击。

6-6 性别认同和性别角色

当初为父母者高兴地宣布喜讯时，许多人提出的第一问题是，"男孩还是女孩？"在整个生命过程中，身为男性或女性是"自我概念"很重要的层面。

（一）性别认同（gender identity）

"性别认同"是指个人对自己身为女性或男性的意识，包括了对自己生理性别的察觉及接纳。儿童如何认定自己的性别？

（1）生物学理论：它强调基因的不同使得男女的生殖器官和性激素有所差别，这接着导致生理和心理的性别差异。

（2）心理动力论：弗洛伊德表示，"解剖构造即命运"。为了解决性器期的性心理发展危机，儿童发展出对同性父母的认同（identification），因此学会符合性别的行为。

（3）社会学习论：儿童以两种方式习得男性化或女性化的身份、嗜好及行为。首先是通过差别强化（differential reinforcement），儿童因为展现符合性别的行为而受到鼓励和奖赏，至于不符合性别期待的行为则可能受到惩罚。其次是通过"观察学习"，儿童采取同性榜样的态度和行为；他们也从大众媒体中习得关于性别的刻板观念。

（4）认知发展理论：科尔伯格（Kohlberg, 1966）认为儿童也主动促成自己的性别社会化历程，他们不仅是社会影响力的被动客体。随着儿童进入认知发展的具体运算期，开始掌握液体守恒等概念，他们终至了解，尽管外观变动，但性别是恒定的。

（5）性别图式理论（gender schema）：这是从信息处理的观点来解释性别认同，它整合了社会学习论和认知发展理论。换句话说，儿童通过操作条件学习和观察学习形成性别图式，然后通过性别图式主动搜寻符合图式的信息。

一旦儿童获得基本的性别认同（在两三岁时），这种性别的社会化历程就开始了。性别图式是关于男性和女性的成套有组织的信念和期待，它影响儿童将会注意和记忆哪些类别的信息。例如，最基本的是内团体／外团体的图式，它使儿童把各式物件、行为及角色分类为专属于男性或女性。

（二）性别角色（gender roles）

性别角色是指在特定文化中被认为适合男性或女性的行为模式，性别角色的社会化历程从出生就已开始。在一项研究中，父母被要求描述他们初生子女的模样，父母通常视男孩为强壮、骨架粗大而动作协调，而视女孩为娇弱、优雅及手脚不灵巧——尽管这些婴儿在身高、体重及健康情况上没有明显差别。

这样的描述反映了父母关于性别角色的刻板印象，他们随后将会为男孩和女孩做不同的打扮，提供不同性质的玩具，而且以不同方式进行沟通。通过这样性别定型（gender typing）的过程，儿童不仅知道自己在生理上是男性或女性，也获得了所处文化认为对不同生理性别的成员而言适当的动机、价值观及行为模式。

性别图式理论的图解

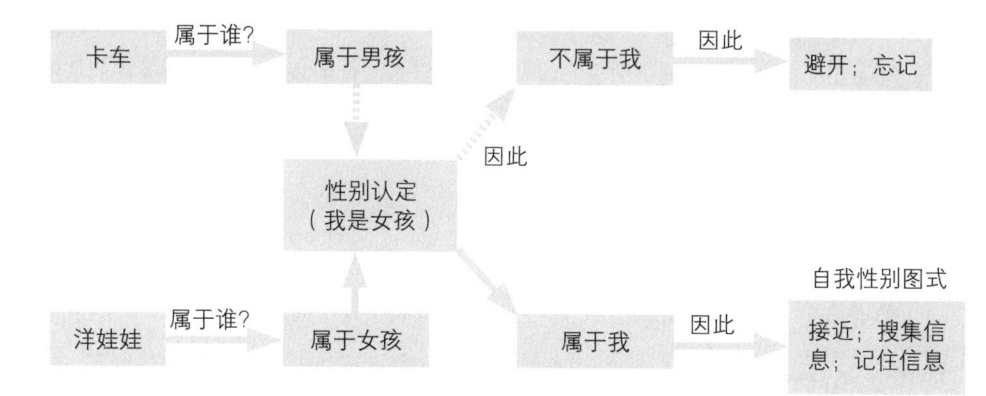

```
卡车 ──属于谁?──→ 属于男孩 ──→ 不属于我 ──因此──→ 避开；忘记
                      │          ↑
                      │因此      │因此
                      ↓          │
                  性别认定
                  （我是女孩）
                      ↑          │
                      │因此      │因此
                      │          ↓                          自我性别图式
洋娃娃 ──属于谁?──→ 属于女孩 ──→ 属于我 ──因此──→ 接近；搜集信
                                                           息；记住信息
```

关于性别角色的获得，幼童受到父母和同伴的强烈影响。

> **✚ 知识补充站**
>
> **两性之间实际的心理差异**
>
> 　　有什么证据指出女性较善于交际、较容易受到暗示，或是她们拥有较低的自尊，较缺乏成就动机，或较没有能力从事逻辑思考？事实上没有。我们关于男性和女性的大部分刻板观念也是如此——不被事实所支持的过度概判。
>
> 　　为什么这样的刻板观念会被坚持下去？部分是因为我们的知觉发生了偏差。我们较可能注意及记住符合我们信念的行为，较不会注意例外的事项，例如女性的独立行为，或男性的情绪化反应。这方面的实例之一是：许多人总坚持女性开车较慢或较拙劣，然后他们也偏颇地一再证实自己的信念。
>
> 　　无论如何，在审视超过1500项比较男女两性的研究之后，Maccoby和Jacklin的结论是，只有4个流传的性别刻板观念是适度正确的：①女性要比男性拥有较好的言语能力（verbal abilities）；②男性在视觉／空间能力（visual/spatial ability）测验上的表现优于女性；③男性从青少年期开始在数学能力测验上的表现优于女性；④男性要比女性较具身体和言语的攻击性，早从2岁开始就是如此。
>
> 　　然而，随着两性平权运动的推展和教育的普及，这些性别差异在如今已是微不足道了。

6-7 道德发展

道德（morality）是关于人类举动是非善恶的一套信念、价值观和基本判断。我们从懵懂无知的状态，直到学会判断对错的标准，这个过程就是道德发展。

（一）皮亚杰的理论

就跟认知发展一样，皮亚杰认为道德发展也经历不同阶段的变化。他要求儿童思考道德两难（moral dilemmas）问题："John不小心打破15个玻璃杯，Henry为了偷吃东西而打破一个杯子。他们犯了同等过错吗？哪个男孩较为顽皮？"

（1）前道德期（premoral stage）：5岁之前的儿童属于这个阶段，他们不太关心或不了解规则的意义。

（2）他律期（heteronomous stage）：在6~10岁，儿童相信规则是来自父母和其他权威人士，而且是神圣不可更改的。他们只重视行为的后果，不问行为的动机，所以打破15个杯子的John被认为较为顽皮。

（3）自律期（autonomous stage）：大约在10岁后，儿童视规则为人们之间的协议，而且大多数道德规则都有例外情形。在判断行动上，除了行为后果外，他们也会考虑当事人的行为动机，所以Henry因为不当意图被认为较为顽皮。根据皮亚杰的说法，个人在这些阶段上的进展有赖于认知成熟和社会经验。

（二）科尔伯格的道德推理阶段

哈佛大学的心理学家科尔伯格（Lawrence Kohlberg，1927—1987）是道德发展研究上最著名的人物之一，他指出道德推理是通过普遍、固定顺序的三个广泛的道德层次而进展的，每个层次再由两个有所差别的阶段所组成，每个阶段代表了对道德问题一种更复杂的思考方式。右页列出科尔伯格的道德推理阶段和他提出的道德两难问题。

科尔伯格评分的重点不是受试者做怎样的"决定"，而是他们所持的"理由"。因此，有些人赞成偷药，有些人反对，但所持的理由使得他们被归为道德发展的同一阶段。

个人在这些道德推理阶段上的进展，部分地有赖于"观点采择"（perspective-taking）能力的发展。在前习俗水平，个人相当自我中心，只注重自己的利益。到了习俗水平，个人已较能考虑及关注他人的观点。最后在后习俗水平，个人衡量所有人的观点来看待对与错。

科尔伯格为他的道德阶段模式提出几个原则：①每个人循序渐进地通过这些阶段，很少有跳阶或倒退的现象；②每个阶段都比前一个阶段更为复杂，也更具包容力和理解力；③所有文化都呈现同样的这些阶段。

（三）关于科尔伯格理论的批评

许多研究显示，从阶段1到阶段4的进展似乎符合正常认知发展的过程，大部分儿童在13岁之前进展到阶段3。但是，从阶段4到阶段5或阶段6的进展就不是那么受到支持。对世界各地的大部分人而言（特别是低度开发国家），阶段3或阶段4已是发展旅程的终点。科尔伯格自己的研究最终也证实，较高阶段不是在所有文化中都可发现的。

科尔伯格的道德推理层次及阶段

层次和阶段	为什么展现道德行为
一、前习俗（preconventional）水平（7~10岁）	
阶段1：惩罚与服从取向	为了避免惩罚而服从权威
阶段2：个人主义与交换取向	为了得到奖赏和回报而遵守规范
二、习俗（conventional）水平（10~16岁）	
阶段3：好孩子取向	为了获得接纳，避免他人的不赞同
阶段4：法律与秩序取向	为了尊重法律和维持社会秩序
三、后习俗（postconventional）水平（大约16岁之后）	
阶段5：社会契约取向	为了促进最大的社会福祉
阶段6：普遍伦理原则取向	为了追求正义，尊重所有人的权益

科尔伯格的道德两难问题

科尔伯格设计了许多道德两难问题（如安乐死的问题），以使不同的道德原则互相矛盾。其中一个问题如下：

> "汉斯是一位中年男士，他急需一种特效药以拯救他濒临死亡的妻子。但发明这种特效药的医师索价很高。汉斯东挪西借也只筹到一半的钱，而且医师不肯让他赊欠。汉斯最后在半夜闯入医师的药房，偷走了特效药。你认为他应该这样做吗？为什么？"

➕ 知识补充站

女性较不道德吗？

关于科尔伯格理论的批评，最激烈的莫过于指控他的阶段排序对女性怀有偏见。早期的研究发现，大部分男性可以达到阶段4（法律与秩序取向），大部分女性却停留在阶段3（为了获得接纳，顺从他人的期待）。这表示女性较不道德吗？

吉利根（Carol Gilligan，1982，1993）提出重大怀疑，她指出科尔伯格最初的阶段设定是建立在与男孩的会谈上，这造成对男性的偏袒。

再者，父母传统上希望培养男孩拥有独立、果断及追求成就的特质，这使得男孩视道德困境为双方角逐权益上不可避免的冲突，而且视法律和社会规定为解决冲突的必要手段（阶段4）。但是，父母通常希望女孩长大后能抚育子女、有同情心及关心他人的需求。女孩因此从"关怀"的角度来界定自己的"美德"（阶段3）。所以，吉利根认为女性是在发展路线上有所不同，而不是在道德水平上较低。

事实上，在西方文化中，也有许多成年人从不曾达到阶段5，也只有极少数人还能更往前迈进。有些人指控科尔伯格的理论反映了一种文化偏袒、一种自由主义的偏袒，及／或一种性别的偏袒。他的阶段理论不太公平，它使得来自非西方文化的人、持有保守价值观的人，或身为女性的半数人类显得似乎道德上较不成熟。

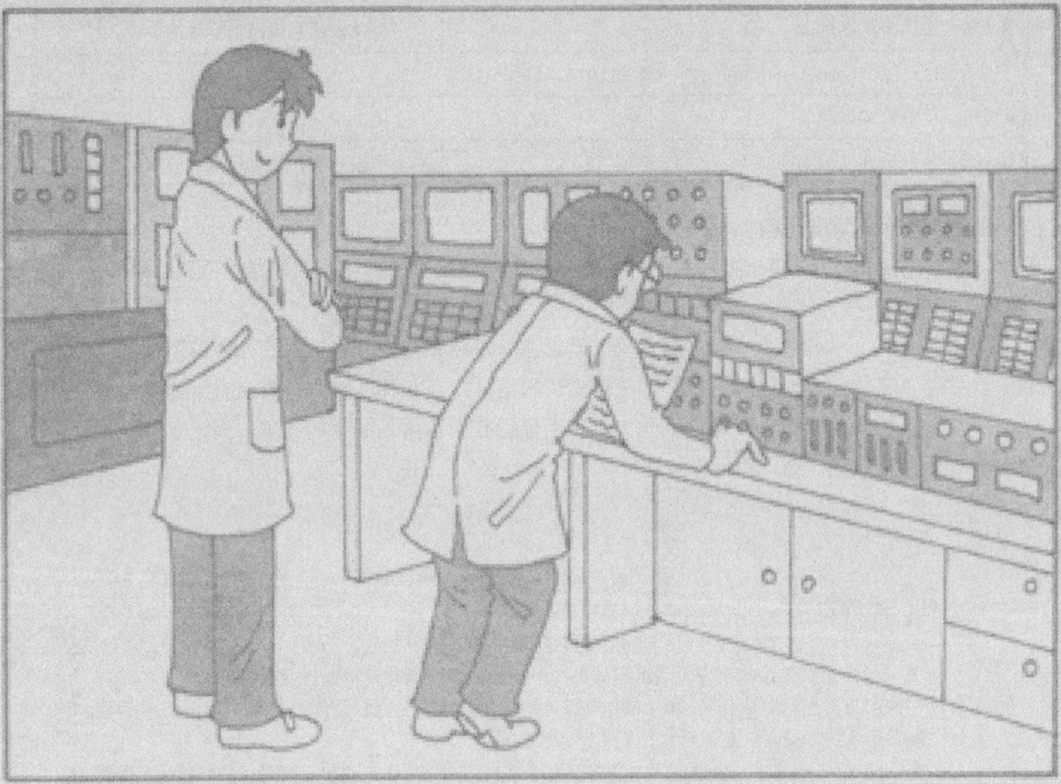

第7章
动机与成就

7-1　基本概念

7-2　摄食行为

7-3　性行为（一）

7-4　性行为（二）

7-5　同性恋

7-6　成就动机

7-1 基本概念

这一章中，我们将讨论人类行为如何受到各种需求（needs）驱使，从基本的生理需求（如饥饿和渴）到较高级的心理需求（如安全或成就），但它们二者往往不易区分。动机有哪些来源呢？

（一）驱力与诱因

根据赫尔（Clark Hull，1952）的观点，驱力（drives）是反映动物的生理需求而产生的内在状态。有机体致力于在生理状况上维持均衡状态，当剥夺造成不均衡或紧张时，驱力就被唤起，促使有机体采取行动以达成消除紧张（tension reduction）的目的。这种观点甚至认为所谓的"快乐"，其实不过是痛苦或不适的减轻罢了。有机体追求的是所有刺激和激发的最低水平，即生物心理学上的涅槃（Nirvana）。

另有些学者认为，行为也受到诱因（incentives）的促发。诱因是指跟生理需求没有直接关联的外在刺激或奖赏。人类的行为就受到各式各样的诱因的控制，如奖品、金钱或他人的赞许等。

（二）本能行为与学习

在世界各地，各种动物都会从事一些有规律的周期活动，如鲑鱼的回流、田绿龟的迁移、候鸟随季节迁徙、鸟的筑巢、熊的冬眠及蜘蛛的织网等。为什么它们会以固定方式展现行为？有些学者诉求于本能（instincts），本能是指有机体预先编定的一些行为倾向，使得某一物种的成员以特定方式作出反应。

人类有多少行为是出于本能？早期理论高估了本能对人类的重要性。除了跟动物一样具有生物性本能外，人类还拥有一大堆社会性本能，如社交、同情及谦虚等，它们被认为有助于个体适应所处环境。

在本能论的全盛时期，本能几乎被用来解释人类的每一项举动。到了1920年代，人类本能的清单已超过10000种。这不仅泛滥，也无益于对行为科学的研究，因为这只是在为行为"命名"而已，不是在"解释"行为。换句话说，"同情本能"被用来解释人类为什么会有同情行为，然后同情行为又被视为人类有"同情本能"的证据，这完全是一种循环论证，空洞的推理。

在质疑本能论的声浪中，除了跨文化人类学家反驳"先天本能是人类普遍一致的现象"的论点，行为论学者更是实证上举证，许多重要的行为和情绪是习得的，而不是天生的。如果你想要解释为什么不同个体会展现不一样的行为，你只需要知道他们的"强化史"即可，不必诉诸"动机"（motivation）的概念。

（三）期望和认知的角色

有些学者采取认知的研究途径，他们认为人类动机不仅来自外界的客观现实，还取决于现实的主观解读。这表示你当前的举动通常受支配于：①你认为什么因素造成了你过去的成败；②你认为自己能够采取怎样的行动；③你预期所采取的行动将会导致怎样的结果。这种探讨途径指出，人类行动由这些较高水平的心理过程所掌管，也就是受到对未来事件的期望的驱使。

马斯洛的需求层次论

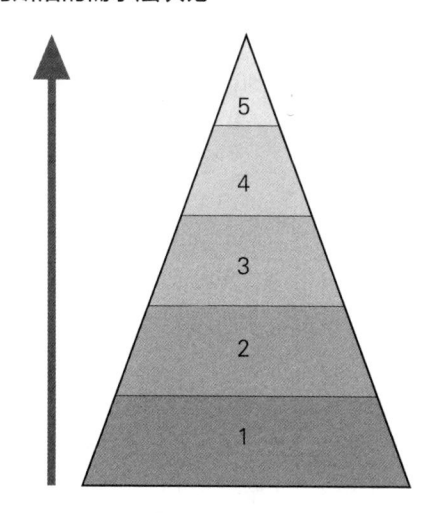

5. **自我实现需求（Self-Actualization Needs）**
   发挥潜能和拥有有意义目标的需求

4. **尊重需求（Esteem Needs）**
   对价值感、胜任感、成就及名誉的需求

3. **归属需求（Attachment Needs）**
   对依恋、亲近、爱人与被爱的需求

2. **安全需求（Safety Needs）**
   对舒适、安宁、不受威胁及免于恐惧的需求

1. **生理需求（Biological Needs）**
   对食物、空气、水、阳光及性表达的需求

+ 知识补充站

需求层次理论（need hierarchy theory）

人本心理学家马斯洛在1970年代提出"需求层次理论"，他视人类的动机为由多种需求形成的阶层系统。每个人都拥有朝向自我实现的先天倾向，但为了使这样的潜能得以发展和实现，我们必须先满足较低层次的基本需求。每一个层次的需求得到满足后，下一层次的需求才会使我们产生动机。

马斯洛后来扩展他的理论，他称前4个层次为基本需求（basic needs），在层次4与5之间，他增添"认知需求"（cognitive）和"审美需求"（esthetic），前者是指对知识、理解及新奇的需求，后者是指对秩序、大自然及艺术的需求。这二者再加上自我实现被称为成长需求（growth need）。事实上，在"自我实现"之上，马斯洛还列有一个层次，称为"超然存在"（transcendence）的需求。这是一种更高的意识状态，它是个体对自己在万有万物中的角色的一种宇宙视野，即一种"天人合一"的状态。但很少人能达到这种超越"自我"的境界。

然而，马斯洛的层次划分不是那般经得起考验。我们有时候会为了追求较高层次的需求而忍受身体的煎熬（如勾践的卧薪尝胆）。此外，有些人会故意埋没自己的才能，因为他们害怕这将会加重责任，或使自己的未来添加变量，这种矛盾心理称为约拿情结（Jonah complex）。

7-2 摄食行为

动物的生活离不开摄食。对人类而言，为了维持身体健康，必须适时摄取至少22种不同的氨基酸，12种维生素，一些矿物质及足够的热量，这样才能获得身体活动所需的能量。

（一）摄食的生理机制

你的身体如何告诉你应该进食或停止进食？换句话说，什么是饥饿？什么是饱足？早期的研究指出，胃部的强烈收缩是饥饿的起因。但后来的研究显示，病人被切除胃部后仍会有饥饿感。再者，在血液中注射葡萄糖，这将会中止胃壁收缩，但依然产生饥饿感。因此，空胃的收缩（饥肠辘辘）不是饥饿感的必要条件，也不能充分解释身体如何通过胃的反应来确定是否需要进食。

但是胃部膨胀（饱满的胃）确实会导致个人停止进食，高热量和高蛋白质的食物产生较大的饱足感。此外，停止进食的身体信号还包括：①胃壁有一种感受细胞，它对于溶解在胃液中的营养成分保持敏感，进而把信息送到大脑；②当食物进入小肠时，十二指肠的肠壁开始分泌一种激素（CCK），也把"停止进食"的信息输送到大脑；③肝细胞把葡萄糖—肝糖的平衡状况传送到大脑。

（二）摄食的心理层面

1. 遗传影响

为什么有些人变得过胖，广泛的证据已显示，人生来就拥有体重较轻或较重的先天倾向。例如，同卵双胞胎研究显示，他们在身体质量指数（BMI）和体型的另一些指标上显现较高的相关性——相较于异卵双胞胎。为什么？有些人在一般的日常活动中就能燃烧大量热量，另有些人则不能，这种"基础代谢率"似乎有很高的可遗传性。

2. 家庭影响力

在许多家庭中，高脂肪、高热量的饮食（以及对食物的过度重视）可能造成家庭成员的肥胖，包括家庭宠物。肥胖的人通常拥有较多脂肪细胞（adipose cells），当他们减重时，脂肪细胞将会缩小，但是数量维持不变（从儿童期开始就保持固定）。因此，对婴儿和幼儿的过度喂食造成他们发育较多脂肪细胞，这使他们容易在成年期发生体重困扰。

3. 食物的安慰作用

当你感到有压力或心情低落时，你会想吃胡萝卜还是巧克力？当心情恶劣时，高脂肪或高碳水化合物的食物被认为具有安慰的作用，它们有助于降低压力反应系统的活性化。

从纯粹的学习原理来看，我们都受到条件学习而对广泛的环境刺激（在舞会中，在电影院里，或观看电视时）产生进食反应。肥胖的人似乎受制约于更多线索（内在和外在两种线索）。这表示像焦虑、愤怒、无聊及沮丧等都可能引起过度饮食。因为美好食物的味道令人愉悦，也因为情绪张力因此下降，进食反应因此受到强化。

"保持苗条的社会压力"是造成肥胖的途径之一

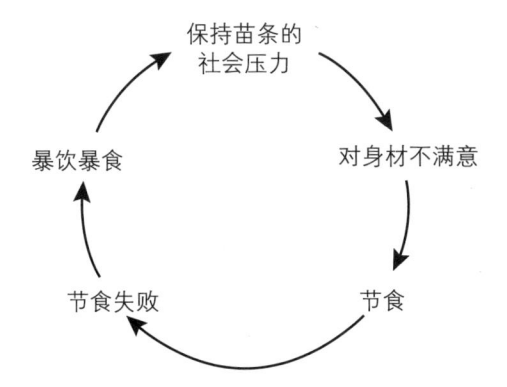

```
       保持苗条的
       社会压力
   ↗            ↘
暴饮暴食          对身材不满意
   ↑              ↓
  节食失败   ←   节食
```

"低落的心情及自尊"是造成肥胖的途径之一

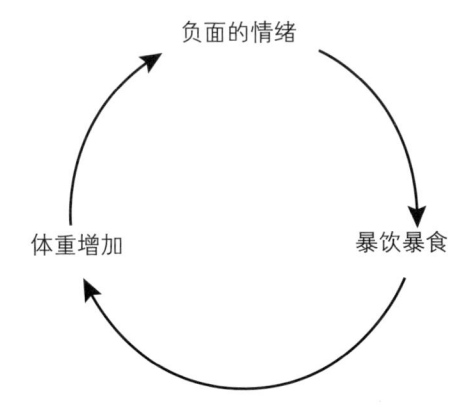

```
     负面的情绪
   ↗         ↘
体重增加      暴饮暴食
   ↖         ↙
```

✚ 知识补充站

1990年代初期，Anne Becker（2002）在斐济进行研究，他发现颇高比例的斐济人体重过重（就西方的标准而言），特别是女性。在斐济的文化中，肥胖身体令人联想到强壮、有工作能力、亲切及宽宏大量。对照之下，瘦削身材被视为体弱多病、不能承担工作或受到苛刻待遇。换句话说，肥胖远比消瘦受到欢迎，而节食被视为违背习俗。他们文化完全没有所谓"进食障碍"的东西。

但是，自从电视在1990年代后期被引进后，情况完全改变了。斐济人开始观看像是《飞越比佛利》等所谓俊男美女的电视剧，这导致许多女性开始表达对自己体重的担忧，不满意自己的身材。斐济女性首次认真地节食及瘦身，她们想要媲美电视上的那些人物角色。

你可以看到，西方关于苗条的价值观，如何通过媒体而渗透到不同的文化中。

7-3 性行为（一）

当缺乏食物或水时，个体势必无法生存，但"性"则不然。有些动物和人类一生保持独身状态，这似乎不会损害他们的生活功能。性动机牵涉到物种的生存，而不是个体的生存。

只有对繁殖而言，性行为才是必要的。为了确保个体将会致力于繁殖，大自然的设计是使得性刺激带来强烈的愉悦感。性高潮（orgasm）就充当在交配过程中所付出精力的最终强化物。

性行为的科学研究

人类性行为的研究是由金赛（Alfred Kinsey）及其同事们（1948，1953）在1950年代首先发起的。但集其大成者应该是William，Masters和Virginia Johnson（1966，1970，1979），他们真正打破传统禁忌，在实验室中直接观察及记录人类进行中的性行为，以探讨人们从事各种性活动的生理模式，包括自慰和性交。自此之后，对人类性行为的探究成为一个正当的领域。

根据观察，Masters和Johnson描述了人类性反应的4个阶段，统称为性反应周期（sexual response cycle）：

（1）兴奋期（excitement phase）：它的特色是主观的愉悦感和一些生理变化，包括男性的阴茎勃起，在女性方面则是阴道润滑和阴蒂膨胀。持续时间可从几分钟到超过1小时。

（2）高原期（plateau phase）：个人达到极高的激发水平；心跳、呼吸和血压快速升高；腺体增加分泌；全身的随意肌和不随意肌的张力增强。

（3）高潮期（orgasm phase）：男女两性感受一种非常强烈的快感，这是因为从性紧张状态突然解放出来。这一时期的特点是性器官发生一种有节律的收缩，在男性身上，这称为射精，即精液的"爆发"状态。男女在此期间的呼吸和血压达到最高水平，心跳约为平常的2倍快。

（4）消退期（resolution phase）：身体逐渐回复正常的状态，血压和心跳缓和下来。

在一次性高潮后，大多数男性进入一种不反应期（refractory period），在这期间不可能发生另一次高潮，时间可能从几分钟到几个小时。但只要持续地激发，有些女性能够在很短期间内连续发生几次性高潮。

性反应的心理层面

虽然集中于探讨性反应的生理层面，但Masters和Johnson的最重要发现在于"心理过程"对性激发和性满足二者的重大影响。他们证实性反应的困扰源于心理因素，而不是生理因素。

个人之所以无法完成性反应周期以获得满足，主要有以下几方面来源：①太专注于自己的困扰；②害怕性活动的后果；③担忧对方将会评估自己的性表现；④潜意识的罪恶感作祟。此外，营养不良、疲倦、压力，以及过量服用酒精或药物也可能减损性冲动和性表现。

人类性反应的阶段

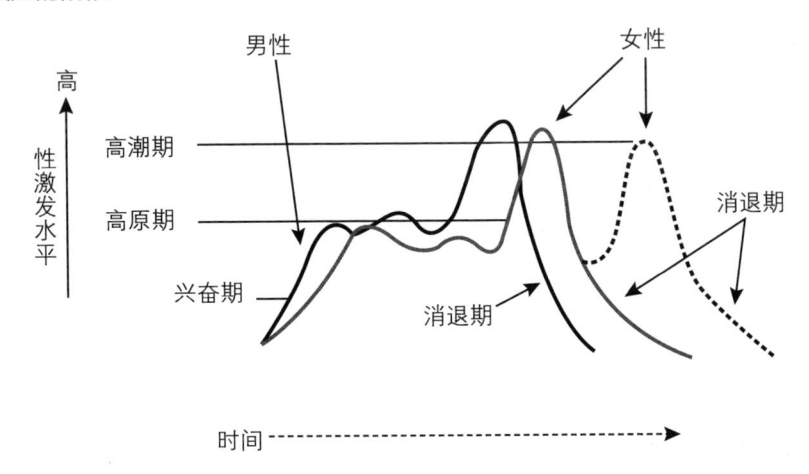

图中标注：男性、女性、高、性激发水平、高潮期、高原期、兴奋期、消退期、消退期、时间

个人无法获得性满足的原因

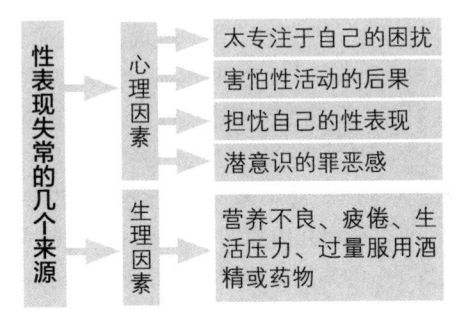

性表现失常的几个来源：
- 心理因素
  - 太专注于自己的困扰
  - 害怕性活动的后果
  - 担忧自己的性表现
  - 潜意识的罪恶感
- 生理因素
  - 营养不良、疲倦、生活压力、过量服用酒精或药物

＋知识补充站

约会强奸（date rape）

性剧本（sexual scripts）是指个人从社会所习得的性方面应对进退的脚本，它也包括你对性伴侣的期待。但是当这些剧本未被认可，不经讨论，或失去同步化时，经常在男女之间制造纷争。

关于约会强奸的研究显示，男女的性剧本在关于象征性抵抗（token resistance）的发生率上存在重大落差。象征性抵抗是指女性基于矜持心理会适度抗拒进一步的性要求，尽管她们原先就打算同意。极少女性（大约5%）报告自己会采取象征性抵抗，但大约60%男性表示他们遇过（至少一次）象征性抵抗。这可能是许多约会强奸的起因。有些男性相信象征性抵抗是性游戏的一部分；女性这么做是避免自己被看作随便而滥交，因此不必理会她们的抗议。男性绝对有必要认识到，女性事实上报告自己很少玩这样的游戏，她们的抵抗是真实的，"不要"就是"不要"。

7-4 性行为（二）

性行为的进化

动物性行为的模式大致上是演化所决定的，主要目标是种族的延续，而且已经高度仪式化和定型化。那么人类性行为呢？

当以繁殖为目标时，女性的卵子是有限的资源，男性互相竞争机会以使之受精。这表示男性面对的基本问题是设法跟最多的女性进行交配，以尽量扩大他子女的数量。但是女性面对的基本问题是找到高素质的男性，以确保她能够产下最优良、最健康的子女。再者，人类子女花费很长时间才能成熟，成长过程无依无助，需要父母在生活上实质的照顾。因此，女性不仅要挑选最高大、最强壮、最聪明、最高地位及最帅的伴侣，她们也要挑选最忠诚的伴侣倾力以赴以协助她们抚养子女。

身体成熟和性成熟的时间表

身体成熟和性成熟的过程是由基因所启动的，然后由激素继续执行。但环境也在成熟的时间表上扮演一定角色。这种情形特别在"世俗趋势"（secular trend）中有戏剧化的示范。世俗趋势是指身体发育和性发展在工业化社会中，呈现朝着更早成熟和更大体型进展的历史趋势。例如，在1880年，一般女孩在大约16岁时达到月经初潮。到了1900年，其平均年龄降到14～15岁；到了1980年代时，它又降到12岁半。此外，过去一个世纪以来，人们已长得更高，也更强壮。许多青少年远高于他们的祖父母。

虽然这种趋势在今日的美国已平稳下来，但现今在一些文化中，人们达到性成熟的时间远晚于工业化国家。例如，在新几内亚的一些地区，一般女孩直到18岁时才发生初潮（Tanner，1990）。许多较为繁荣的第三世界国家，目前正经历这一长期趋势。

如何解释世俗趋势？最主要原因似乎是营养的改善和医疗保健的进步。因为有较良好的营养，也是因为较少罹患将会妨碍成长的疾病，如今的儿童要比他们的父母或祖父母更可能发挥他们的遗传潜能。因此，身体成熟和性成熟是遗传与环境之间交互作用的产物。

停经（menopause）

女性月经在中年时的终止被称为停经。一般女性在51岁时停经，寻常的年龄范围是从42～58岁。这个过程大约持续4年，在这期间，经期变得较不规律。

虽然前面提到，月经初潮的年龄在历史中逐渐降低，但停经的年龄似乎没有太大变化，而且在不同文化中大致相似。

你对"停经妇女"的印象是怎样？一般认为她们容易暴躁，无缘无故就发脾气；要不然就是抑郁沮丧而情绪不稳定。但这样的刻板印象没有太多真实性。

只有两个停经状态是直接与女性激素水平的下降有关，但它们是属于身体方面的。一个症状是热潮（hot flash），它包括突然感到温热而出汗，通常集中于脸部及身体上半部，持续几秒钟或几分钟，继之以冷颤。另一个症状是阴道干燥（vaginal dryness）。阴道壁变得较薄及较为干燥，导致有些妇女在性交时感到疼痛。

大部分强奸案不是由陌生人所犯下的。

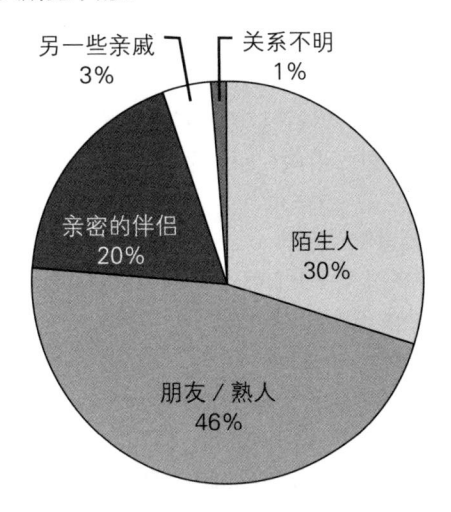

- 另一些亲戚 3%
- 关系不明 1%
- 亲密的伴侣 20%
- 陌生人 30%
- 朋友/熟人 46%

➕ 知识补充站

动物的交配系统

在动物世界中，许多雄性和雌性成员在交配后便各奔前程，有些一直留到繁殖季节过去才分手，还有些则形成长久的配偶关系。我们勉为其难称之为一夫多妻制（polygyny）、一妻多夫制（polyandry）及一夫一妻制（monogamy）——因为有很多种变化形式。

我们已知道，90%的鸟类是一夫一妻制（留到繁殖季节结束才分开），90%的哺乳类则是一夫多妻制。为什么会有这么多交配形态？

社会生物学家认为，这样的交配形态是基于演化的经济学，为了使个体的繁殖成功达到最大化。鸟类需要一只孵蛋，另一只外出觅食。哺乳类的雄性则没有孵蛋和喂食的问题，它们为了使自己繁殖成功，就必须尽量跟更多的雌性交配。

动物的身体结构也跟交配形态有关。凡是一夫多妻制的雄性都有性别体型差异（sexual dimorphism），即同一物种的动物，雄性和雌性在身体大小和结构上显现很大差异，普遍是雄性体型壮大而美观，例如公孔雀和公鹿。反之，一夫一妻制的长臂猿就没有显著的外形反差。

那么在人类身上呢？因为人类也有一些性别上的体型差异，一般而言，男性的体型比起女性大上10%，有些人就将其援引为人类也有一夫多妻的倾向。社会生物学家指出，男女繁殖策略的不同是基于他们生理的差异，进而导致他们寻求性交对象数量上的差别。尽管避孕技术进步，但是过去的演化还是在人类身上留下痕迹，不因生育的控制而有所不同。在所调查的185个不同文化中，人类学家发现大多数是容许多妻制的，只有16%的文化是一夫一妻制。

然而，这个观点受到重大批评。从文化角色上考量，有些人认为性态度的差异是社会的产物，而不是生理的产物；它反映文化的影响，而不是先天的双重标准。他们认为一夫多妻制只是男性社会的衍生物，它是视女性为财产的文化观念下的结果。至于性交对象数量的差异，他们认为是早期社会教育的结果。男孩被教导要征服女性，女孩则从小被教导要从一而终、关怀家庭及抚育子女。

这方面的证据，至今莫衷一是。当然，演化可能塑造了我们的许多冲动和欲望，但我们无从知道，这些冲动和欲望又如何转而塑造我们的文化。因此，男人是否先天就有拈花惹草的倾向？我们只能说："毕竟，人类是有文化的。"

7-5 同性恋

个人建立起性别认同（sexual identity）的任务之一是察觉自己的性取向（sexual orientation），即个人对同性或异性的性伴侣的偏好。性取向存在于一个连续频谱上，但我们的社会通常把人描述为主要是异性恋取向、同性恋取向或双性恋取向。

（一）同性恋的发生率

根据从美国、法国或英国谨慎挑选的大型样本所进行的调查，成年人同性恋行为的发生率为2%～6%，纯粹男同性恋的发生率是2.4%，纯粹女同性恋则不到1%。这些数值正确吗？只要我们社会对同性恋行为仍存有敌意，我们就不可能取得完全准确的估计值。

（二）同性恋的遗传因素

有些研究显示，尽管承受了被要求采取传统性别角色的普遍压力，许多男女同性恋者在他们还年幼时就表达了强烈的跨性别兴趣。例如，研究已追踪一组高度女性化的男孩，发现他们不只是偶尔从事跨性别的游戏，而是强烈而一贯地偏好女性的角色、玩具及朋友。这些男孩中有75%在15年后成为真正的同性恋者——对照之下，控制组男孩（一般的男孩）只有2%是如此。因此，许多同性恋的成年人实际上很早就知道传统的性别角色期待不适合他们。

尽管如此，许多同性恋者在童年时，仍然有典型的跨性别行为。

（三）同性恋者的心理特质

相当不同于社会刻板印象把男同性恋者（gay）视为女性化的人，而把女同性恋者（lesbian）视为男性化的人，男女同性恋者就跟异性恋者一样，他们拥有同样广泛的各种心理特质和社交属性。即使是专业的心理学家，也无法辨别同性恋受试者与异性恋受试者在心理测验结果上有什么差别。

（四）环境因素

怎样的环境因素将会促成个人的同性恋倾向实际上表现出来？我们迄今仍不清楚。传统的精神分析论指出，男同性恋是源于拥有一位跋扈的母亲和一位软弱的父亲，但这并未得到太多证据的支持。还有些人主张，同性恋者是受到较年长者的引诱而采取同性恋的生活方式，这同样未获得证据的支持。

另一种颇有前景的假设是，产前的激素作用具有重要影响。例如，男性化的女性比起一般女性较可能采取同性恋或双性恋的取向，这说明了产前高浓度的雄性激素可能至少使得某些女性倾向于成为同性恋。

在一项大规模的调查中，同性恋者被问及他们是在什么年龄开始察觉自己的性取向的。男性同性恋者报告的平均年龄是9.6岁，女性同性恋者是10.9岁。男性报告在14.9岁时发生同一性别的性接触，女性则是16.7岁。这说明许多人早在青春期之前就认定了自己的性取向。

一般人会问，什么造成同性恋？但他们其实也可以这样问，什么造成异性恋？当我们知道如何解释异性恋时，我们大概也就清楚同性恋是如何发生的了。

儿童期符合性别和不符合性别的行为

问题	比例
1. 当还是儿童时，你喜欢男孩的活动（像是棒球或足球）吗？	
男同性恋者——32%	女同性恋者——85%
男异性恋者——89%	女异性恋者——57%
2. 当还是儿童时，你喜欢女孩的活动（像是跳房子或扮家家酒）吗？	
男同性恋者——46%	女同性恋者——33%
男异性恋者——12%	女异性恋者——82%
3. 当还是儿童时，你是否穿异性的服饰装扮成异性？	
男同性恋者——32%	女同性恋者——49%
男异性恋者——10%	女异性恋者——7%

同性恋的双胞胎研究

研究问题	同卵双胞胎（%）	异卵双胞胎（%）
如果男性双胞胎中有一位是同性恋者或双性恋者，那么另一位也是如此的百分比：	52	22
如果女性双胞胎中有一位是同性恋者或双性恋者，那么另一位也是如此的百分比：	48	16

➕ 知识补充站

一封写给美国母亲的信

弗洛伊德对待同性恋人士的态度很明显地领先于他的时代，如这一封动人心弦的信所表达的：

亲爱的女士：

……我从你的来信推断，你的儿子是一位同性恋者。我最感到印象深刻的是，你在信中不曾以"同性恋"这个字眼提及你的儿子。我想问你的是，为什么你要回避这个字眼？同性恋无疑不是有利的，但是也不必要感到羞耻，它不是罪行，也不是堕落，它不能被归类为一种疾病……古往今来，许多值得尊敬的人是同性恋人士，有几位还是世界的伟人（柏拉图、米开朗琪罗、达·芬奇等）。因此，视同性恋为罪行而加以迫害，不但不公平，也是残酷的……

你问我是否能够提供协助，我推想你的意思是问我，我能否消除同性恋，然后以正常的异性恋加以取代。我的回答是，一般来说，我们无法承诺可以达成这样的要求……

诚挚地祝福你
弗洛伊德　敬上

7-6 成就动机

怎样的动机力量会导致不同的人寻求不同水平的个人成就？成就动机（achievement motivation）是指个人努力追求进步以达成所渴望目标的内在动力。

（一）成就需求（need for achievement，nAch）

麦克利兰（David McClelland）及其同事们（1953，1985）界定成就需求为"个人从事竞争并努力争取成功的一种习得的动机"。为了测量成就需求的强度，研究人员给予儿童或成年人一些图片（参考右图），然后要求他们针对图片编个故事。研究人员假定，受试者将会把他们自身的动机投射在图片中的情境，而所描述故事中与成就有关的主题数量就代表这个人成就需求的高低。

当儿童在像这样成就需求的测量上拿到高分时，他们确实倾向于在学校中拿到较好成绩。另一项研究指出，高nAch的人比起低nAch的人较可能在社会阶层上向上流动。在31岁时施测，发现这时候nAch得分较高的人（不论男女）到了41岁时倾向于有较高的薪水收入——相较于他们nAch得分较低的同事。

（二）对成败的归因

我们现在已经清楚，成就动机是一个综合的概念，除了成就需求外，我们也应该考虑个人对于达成特定目标的价值观，个人自觉的胜任能力和对成功的预期，以及个人关于成败原因的信念。

1. 控制点（locus of control）

研究人员发现，儿童的成就行为与他们如何解释自己的成功和失败有关，也与他们认为自己是否能够控制这些结果有关。当儿童认为考试成败是出于个人内在因素或特性时（如能力和努力），称为内控信念；当认为是出于外在或环境因素时（如作业难度和运气），称为外控信念。对于抱着内控信念的儿童而言，他们通常在学业成就测验上的表现优于外控信念的儿童。

2. 稳定对不稳定（stability vs. instability）

控制点不是你从事归因时唯一参考的维度，你也会推定这样的原因是稳定或不稳定的。能力和作业难度是属于稳定的。相对之下，努力和运气是不稳定的。关于控制点和稳定性二者如何交互作用，右图提供了一个实例。研究已显示，高成就者倾向于把他们的成功归于内在而稳定的原因，如个人能力。然而，他们把失败归于他们所不能控制的外在因素（"这次考试太难了"或"教师的评分有所偏差"），或归于他们能够克服的内在原因（特别是自己不够努力）。这被称为乐观（积极）的归因风格，个人能从挑战中茁壮成长，当面对失败时坚持下去。

有些儿童是低成就者，他们经常把成功归于个人努力的内在原因，或归于像是运气或作业简单等外在原因。因此，他们感受不到自信和自尊。相反，他们经常把失败归于内在而稳定的原因，也就是缺乏能力。这是悲观（消极）的归因风格，也就是"习得性无助"取向，个人避免挑战，很轻易就放弃努力。

"主题统觉测验"（TAT）图片的两种解读

展现高nAch的故事梗概

这两个男人为了一项新的科学突破已工作了好几个月，而这项突破将会为医学界带来革命性的进展。

展现低nAch的故事梗概

这两个家伙很高兴这一天就要过去了，他们因此可以回家，看看电视。

对行为结果的归因

稳定性	控制点	
	内控	外控
稳定	能力 "我对数学是完全不行。"	作业难度 "这次考试太困难了，试题也太多了。"
不稳定	努力 "我早该用功些，不要贪玩。"	运气 "我运气太差了，我复习过的部分都没有出题。"

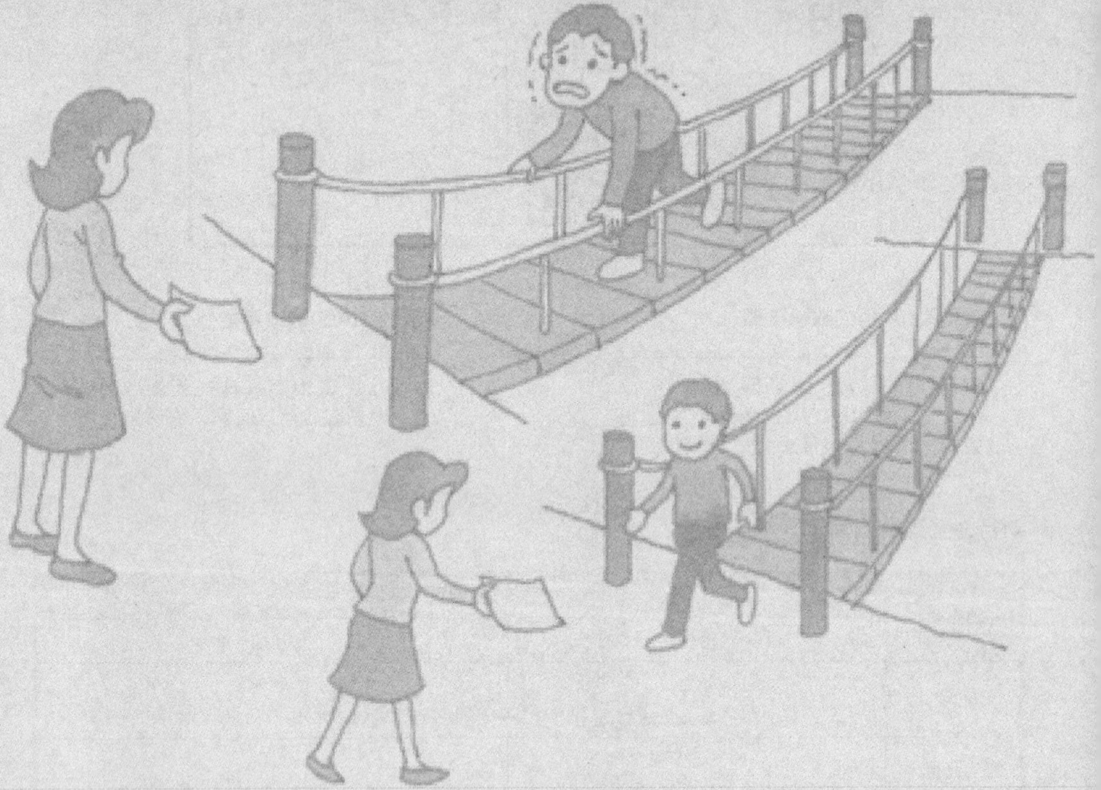

第8章
情绪与压力

- 8-1 基本概念
- 8-2 情绪理论(一)
- 8-3 情绪理论(二)
- 8-4 生活压力
- 8-5 创伤后应激障碍
- 8-6 健康心理学

8-1 基本概念

现代心理学界定情绪（emotion）为一组形态复杂的身体心理变化，它是针对当事人认为具有个人意义的情境而产生的，包括了生理唤起、感受、认知过程、外显表情（包含面孔和姿势），以及特定的行为反应。情绪不同于心情（mood），情绪针对特定事件而产生，它通常持续不久，但较为强烈。

（一）是否有些情绪反应是天生的

达尔文在他的著作《人类与动物的情绪表达》❶（1872）中指出，情绪是一些特定的心理状态，它们是与生俱来的反应，也会因学习与成熟而改变。他主张情绪在演化过程中具有适应环境的功能，它们可以启动反应的预备性，也具有传达信息的作用。研究已发现，在出生时，婴儿显现了好奇、苦恼、厌恶及满意的表情。这些"原始"情绪似乎是生物上设定好的，因为它们在所有正常婴儿身上在大约相同年龄出现，而且在所有文化中以类似的方式被展现及解读。

虽然最早的情绪表达似乎是生物上设定好的，但社会文化的环境很快就开始发挥它的影响力。例如，在一项研究中，相较于日本和美国的11个月大的幼儿，中国的同一年龄的幼儿一致地表现出较少的情绪表情。这说明了社会文化在生活非常早期，就对先天的情绪反应产生影响。

（二）情绪的表情是否普遍一致

大量的证据显示，人类拥有快乐、惊奇、愤怒、厌恶、恐惧、哀伤及轻视这7种基本情绪，它们是世界各地人们普遍表达及认识的表情。跨文化研究指出，世界各地的人（无论他们的文化、种族、性别或教育程度的差异）以大致相同的方式表达基本情绪，他们也能够从观察脸部表情中辨认他人的情绪感受。

但是，只有这7种基本情绪接近于"四海皆准"，研究者并未发现所有脸部表情都是普遍一致的，也不是各种文化都以相同方式表达所有情绪。

（三）情绪的功能

动机的作用：你第一次穿上新T恤，发现肩膀处的缝线绽开了。为什么你可能会气冲冲地赶回商店，要求对方退钱？你可以看出，情绪经常为行动提供了推动力。情绪"引起"你针对一些实际或想象的事件采取行动；因此，它具有动机的功能。情绪接着引导及维持你的行为朝向特定目标。

社交的功能：在社会层面上，情绪具有调节社交互动的广泛功能。灵长类动物使用脸部表情以维持和建立尊卑主从的阶级关系，而脸部表情更是人类传达个人感受及社会信息的重要渠道。情绪使你与一些人联结起来，也使你与他人保持距离。当失去察觉情绪的能力（如有些病人丧失杏仁核的功能），个人也失去了在社交世界充分运作的能力。

认知的功能：研究已证实，情绪状态可能影响你的学习、记忆、社会判断及创造力。这表示情绪具有认知的功能，你的情绪反应在组织和分类你的生活经验上扮演着重要的角色。

---

❶ 简体中文版多译作《人和动物的感情表达》或《人类和动物的表情》。——编者注

这些脸孔分别在表达何种情绪？从左上角起，它们分别是快乐、惊奇、愤怒、厌恶、恐惧、哀伤及轻视。

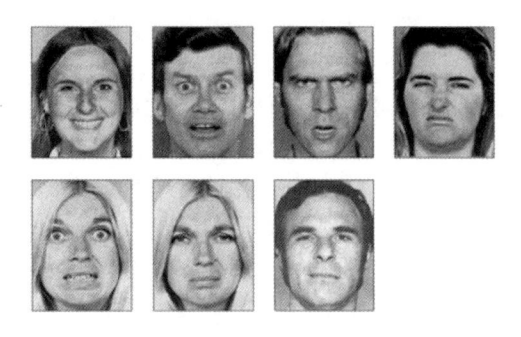

面部量表："哪一个面孔的表情最接近你对自己整体生活的感受？"这个简易量表可以取得人们对自己幸福程度的评定。

+ 知识补充站

积极心理学（positive psychology）

你能教导人们变得快乐吗？金钱能够换得快乐吗？为什么有些人就是更快乐些？这些是关于人类处境的共同而基本的问题，却长期地被心理学家们所忽略。

积极心理学探讨导致积极情绪、善良行为及最佳表现的各种因素和过程，包括在个体和团体两方面。这个研究领域的目标是为人们提供知识和技能，以使他们能够体验充实的生活。

什么是快乐？它被界定为主观的幸福（subjective well-being），也就是个人自觉身心安宁舒适而具有活力的状态，它是个人对生活满足和愉悦的总体评价。

积极心理学现在已成为一股风潮，它正引起许多领域的研究者的兴趣，以便对所有人类处境的这个最基本特质进行科学的检验。我们可以学习让自己快乐。

8-2 情绪理论（一）

各种情绪理论已被提出，试图说明你的生理反应如何引起你心理上的情绪感受。

情绪的生理历程

当你感受到强烈情绪时（如恐惧或愤怒），你可以察觉到自己心跳加速、呼吸增快、嘴巴干燥及肌肉紧张等。这些生理反应是设计来动员你身体的力量，使你采取行动以应对情绪来源。

自主神经系统（ANS）：它使身体预备好产生情绪反应。

中枢神经系统（CNS）：下丘脑（hypothalamus）和边缘系统（limbic system）是情绪的控制系统，它们负责了生理唤起的激素层面和神经层面二者的整合。

大脑皮层（cortex）：大脑皮质通过神经网络而整合生理反应和心理经验，它提供联想、记忆及意义，使你产生丰富的情感世界，这是人类不同于动物之处。

詹姆斯—兰格情绪理论（James-Lange theory of emotion）

在情绪产生的过程中，究竟主观、认知的感受先行，抑或身体、生理的反应居先？这导致了不同的情绪理论。

"你深夜走在暗巷中，听到一些不寻常的声响，你感到害怕，你接着就跑了起来。"你认为这一段陈述有任何问题吗？

心理学家詹姆斯（W. James, 1884）和生理学家兰格（C. G. Lange, 1885）在同一年提出类似的情绪观念，被称为詹姆斯—兰格情绪理论。它主张情绪经验起源于连续发生的3个过程：①首先有诱发性的刺激情境；②该刺激引起生理或身体的反应；③因生理变化而导致情绪体验。

这表示先前的陈述弄错了顺序，你应该是在生理反应后才感受到情绪——"你是因为逃跑才感到害怕，因为哭泣才感到哀伤，因为捶桌子才感到自己愤怒。"根据这个理论，当个人知觉到刺激时，这将引起自主神经系统的激发和另一些身体作用，接着就导致特定的情绪体验。

坎农—巴德情绪理论（Cannon-Bard theory of emotion）

生理学家坎农（Walter Cannon, 1929）强调中枢神经系统的作用，他对詹姆斯—兰格情绪理论提出一些质疑：①以手术切断内脏反应（visceral reactions）与CNS的联系，动物依然有情绪反应，所以情绪不一定先要有生理唤起才能发生；②自主神经的反应通常过于缓慢，不足以作为一些瞬间引发的情绪的来源；③许多情绪的内脏反应极为相似，那么如何区分不同的情绪？因此，詹姆斯—兰格情绪理论不能解释情绪的所有现象。

另一位生理学家巴德（P. Bard, 1938）指出，诱发性的刺激具有两个同时的效应，一是经由交感神经系统引起生理唤起；二是经由大脑皮质引起主观的情绪体验。他们的观点被合称为坎农—巴德情绪理论。

这个理论认为情绪刺激产生两个同时的效应，即情绪的生理唤起和主观体验，但它们互相不具因果关系。如果你在野外遇到一条蛇，就在你想起"好害怕啊！"的同时，你的心脏也加速跳动，但你的身体和你的心理都没有指定对方如何反应。

詹姆斯—兰格情绪理论

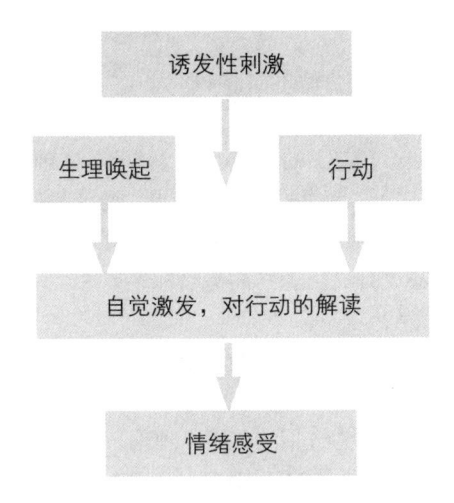

诱发性刺激 → 生理唤起 / 行动 → 自觉激发，对行动的解读 → 情绪感受

坎农—巴德情绪理论

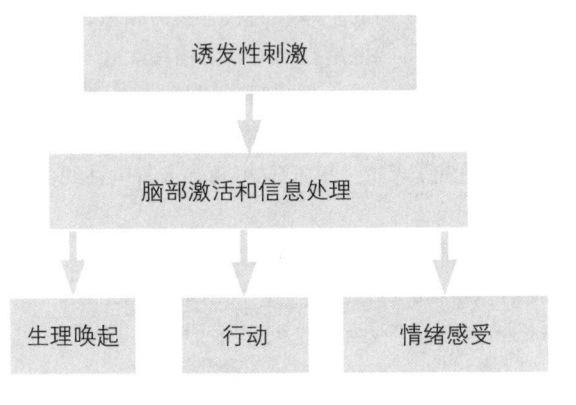

诱发性刺激 → 脑部激活和信息处理 → 生理唤起 / 行动 / 情绪感受

认知评价理论

诱发性刺激 → 生理唤起 → 对唤起和刺激的评价，根据情境线索／背景因素 → 情绪感受

8-3 情绪理论（二）

情绪的认知评价理论（cognitive appraisal theory）

1. 理论观点

根据沙赫特（S. Schachter, 1971）的观点，情绪体验是生理唤起（physiological arousal）和认知评价（cognitive appraisal）二者共同作用的结果，两者都是情绪发生的必要成分。所有的生理唤起都被认为是一种概括而未分化的状态，这是情绪生成的第一步。然后，你评价你的生理唤起，试图发现你正感受什么、怎样的情绪标签最适合该状态，以及你的反应在所处环境中意味什么。

拉扎勒斯（R. Lazarus, 1995）是认知评价观点的另一位拥护者，他表示认知发生在情绪体验之前，至于评价的发生通常不需要意识上的思考，你的过去经验早已教会你如何把情绪与情境联结起来。这种立场也被称为"情绪二因素理论"，"生理唤起"决定情绪的强度，"认知评价"则决定当事人对情绪性质的认识。

2. 经典实验

对许多不同情绪来说，因为它们的生理唤起状态极为相似，当我们在一些暧昧或新奇的情境中经历这样的状态时，我们可能混淆自己的真正情绪。在一项经典的实验中，男性受试者走过两座吊桥之一，随即接受同一位女性助理的访谈。A吊桥安全而稳固，悬挂高度只有10英尺。B吊桥摇晃不定，悬挂高度230英尺。实验发现，相较于走过A桥的受试者，刚走过B吊桥的受试者评定该女性助理更具姿色，他们也有较多人打电话约会该助理。

3. 研究结论

这项研究说明了，当人们处于情绪激活状态，但缺乏很明显的原因或线索时，他们将试着从身边环境中寻找线索，以之解释及标定他们的情绪状态。因此，受试者被危桥引起生理唤起，却错误归因（misattribute）于受到女性助理所吸引时，就产生了上述的实验结果。

4. 评论

认知评价理论也受到一些质疑。例如，研究已显示，不同情绪所伴随的唤起状态（即自主神经系统的活动性）不完全相同。因此，至少对于一些情绪体验的解读可能不需要评价。

此外，当感受到强烈的生理唤起，但没有任何明显的原因时，并不会导致中性、未分化的状态。人们通常把这样的生理唤起解读为"负面"，即一种不祥之兆。

从这些评论来看，最安全的说法似乎是，认知评价是情绪体验的重要历程，但不是唯一的历程。在某些情况下，你将会从环境中寻找原因（至少是无意识地）以试图解读自己为什么会有那样的感受。然而，在另一些情况下，你的情绪体验可能是受到进化所提供的先天环节的支配，这时候的生理反应将不需要任何解读。

基于上述原因，Averill（1993）提出"多层次情绪观点"，他认为情绪可被归于生物层次、社会层次或心理层次。每种层次的情绪各有不同的生成途径。

从环境中寻找唤起状态的解释

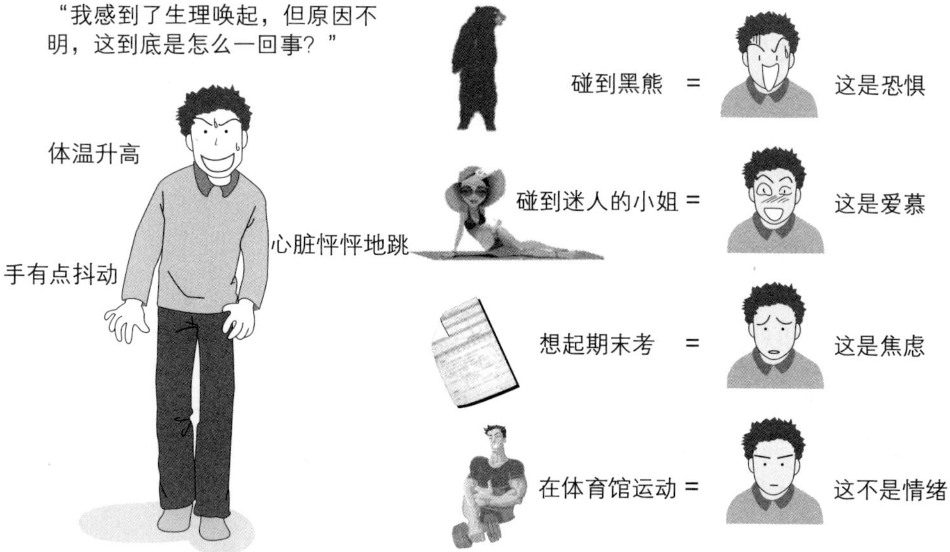

"我感到了生理唤起，但原因不明，这到底是怎么一回事？"

体温升高
心脏怦怦地跳
手有点抖动

碰到黑熊 = 这是恐惧

碰到迷人的小姐 = 这是爱慕

想起期末考 = 这是焦虑

在体育馆运动 = 这不是情绪

吊桥实验的示意图

✚ 知识补充站

约会的地点

如果你是一位青年，你心仪的对象答应与你约会，你会选择怎样的地点呢？根据情绪的认知评价理论，你不要再去餐厅吃饭或看电影了（除非是恐怖电影）。你不妨带对方去坐过山车或高空缆车，从事攀岩、溜冰等各类运动。如果对方感到心脏怦怦地跳、呼吸急促而手心冒汗（生理唤起状态），却"错误归因"于受到你的吸引（因此才会脸红心跳，心头小鹿乱撞），你的策略就成功了。

8-4　生活压力

（一）应激的定义

应激（stress）是指个体对威胁到自己身体或心理安全的刺激所采取的反应模式，这样的事件必须是逾越了个体的应对能力或造成过度负荷。刺激事件包括各种内在状况（如疼痛或疾病）和外在状况（如拥挤或噪声），也称应激源（stressor）。应激反应则包括几个不同层面的反应，像是生理、行为、情绪及认知。

（二）生理的应激反应

1. 急性应激（acute stress）

当面对紧急情况时，你的神经系统和内分泌系统将发生一系列活动，以使身体为所采取的行动做好准备，这种应激反应被称为"战斗或逃跑"的反应（fight-or-flight response）。当应对的是外在危险或威胁时，这样的应激反应具有重要的生存价值。但是在现代化生活中，你面对的是许多"心理应激源"，你也找不到对象以供你战斗或逃跑，这种动员自主反应系统的应对方式只会为身体带来不利后果。

2. 慢性应激（chronic stress）

长期的重大压力会对身体造成什么影响呢？生理心理学家汉斯·塞里（Hans Selye）提出一个身体自行动员以处理压力的模式，称为一般适应综合征（general adaptation syndrome，GAS）。它包括3个阶段：①警觉反应（alarm reaction）阶段，通过自主神经系统的激活，肾上腺素被释放、心跳速率和血压上升、呼吸急促及血液集中在骨骼肌，身体准备好从事需要充沛精力的活动；②如果应激源持续不退，身体进入抗拒（resistance）阶段，适应期间取决于应激源的强度，到了后期，神经和激素开始恶化，免疫能力减退；③衰竭（exhaustion）阶段，身体的适应功能衰退或瓦解，资源耗尽，产生疾病或死亡。

（三）心理的应激反应

在说明个体对压力的适应上，GAS是一个吸引人的解释，虽然它似乎过度强调生理因素，而疏忽了心理因素。特别是，塞里被批评没有充分认识到情绪和认知（即解读）因素在应激上的角色。

重大生活事件（major life events）：许多生活变动是重大压力的来源。Holmes和Rahe在1960年代最先编制了"社会再适应量表"（SRRS），以计算个人所经历的"生活变动单位"，作为个人所承受压力程度的数值（参考右图）。研究显示，身体疾病的发展与早先所累积的生活压力之间存在显著相关。

创伤事件（traumatic events）：像是强奸案、重大车祸、恐怖袭击、地震或龙卷风等事件可能为个人带来重大的冲击，产生难以磨灭的创伤。

长期应激源（chronic stressors）：对许多人来说，社会和环境中的一些状况经常是长期应激的来源，这可能包括过度拥挤、政治对抗、犯罪率偏高、经济不景气、环境污染、AIDS及恐怖主义的威胁等产生的累积效应。

一般适应综合征

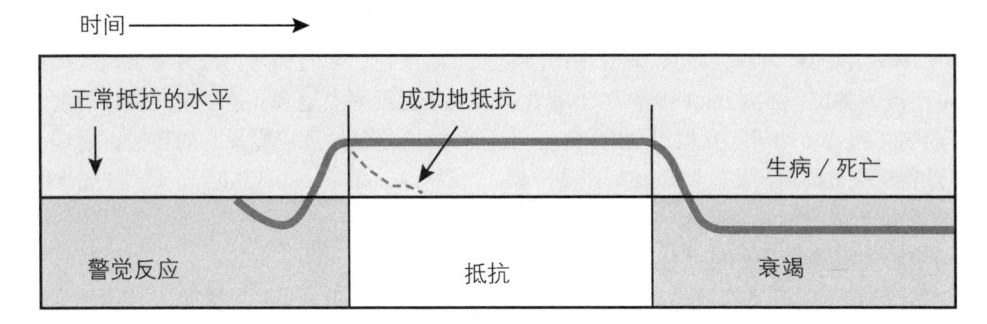

```
时间 →
```

正常抵抗的水平 ↓	成功地抵抗		生病/死亡
警觉反应	抵抗		衰竭

社会再适应评定量表

排序	事件	生活变动单位
1	配偶去世	100
2	离婚	73
3	分居	65
4	牢狱之灾	63
5	亲近家人的死亡	63
6	个人身体伤害或疾病	53
7	结婚	50
8	被解雇	47
9	婚姻的调解	45
10	退休	45
11	家人健康出问题	44
12	怀孕	40
……	……	……

✚ 知识补充站

应对压力的方式（coping with stress）

问题导向的应对方式（problem-directed coping）：这是设法改变应激源，或改变个人与应激源的关系——经由直接行动及/或问题解决的活动。例如，你可以设法：①对抗（消除或减轻威胁）；②逃离（脱离威胁）；③折中途径（磋商、交涉、妥协）；④预防未来压力（采取行动以增进个人抵抗力或降低预期压力的强度）。

情绪取向的应对方式（emotion-focused coping）：这是设法改变自己——采取一些活动使自己觉得舒适些，但没有改变应激源。例如，你可以采取：①以身体为主的活动（服用抗焦虑药物、放松法、生理反馈法）；②以认知为主的活动（分散注意力、幻想、沉思、静坐）；③寻求心理咨询。

8-5 创伤后应激障碍

在1980年之前，研究者间歇地对创伤性应激产生兴趣，当时称之为战斗疲劳症（combat fatigue）或炮弹震惊症（shell shock）。随着越南战争退役军人返乡，这个研究领域再度成为热门话题。随着1970年代女权运动的兴起，女性开始谈论强奸和家庭暴力的经历，再加上儿童虐待和乱伦被揭露出来，"创伤后应激障碍"（post-traumatic stress disorder，PTSD）终于在1980年被美国心理学会列入DSM-Ⅲ。

（一）创伤后应激障碍的症状描述

PTSD是指个人经历、目睹或被迫面对涉及死亡或严重伤害的事件，像是天然灾难（如地震、海啸）、恐怖行动、意外事故、飞机失事、强奸或凌迟等。PTSD是一种焦虑性障碍，它的特征是个人强烈地惊恐而无助，经由回忆、做梦、幻觉或往事闪现（flash back）等方式，持续不断地再度经历创伤事件。当事人对于日常事件显得情绪麻木，对于他人产生一种疏离感，对于前途感到悲观。此外，当事人经常有睡眠困扰，难以保持专注，以及有夸大的惊吓反应等。

（二）PTSD的一些特征

根据美国地区的调查，大约80%的成年人经历过至少一件可被界定为创伤的事件，主要是重大事故、身体虐待或性虐待。但是只有10%的女性和5%的男性发展出PTSD。PTSD的患病率女性约为男性的2倍，大致上是因为攻击暴力（如家暴及性侵害）较常针对女性而发生。

（三）急性应激障碍（acute stress disorder）

DSM-Ⅳ-TR定义了另一类的应激障碍，称为"急性应激障碍"，它在应激源和症状方面类似于PTSD，它们的不同在于症状的持续时间。急性应激障碍发生在创伤事件的4个星期内，而且持续至少3天，至多1个月。当症状持续超过1个月时，就要被诊断为PTSD。

当发生重大灾难事件后，许多受害人经常出现灾难综合征（disaster syndrome），主要包括3个心理反应阶段：①震撼阶段（the shock stage），受害人受到惊吓，显得恍惚及淡漠；②易受暗示阶段（the suggestible stage），受害人倾向于被动，易受影响，愿意接受援救人员的指令；③恢复阶段（the recovery stage），受害人忧心忡忡，显现广泛的焦虑，但逐渐重获心理平衡，通常需要反复叙述灾难事件。就是在第三阶段，PTSD可能成形。当事人反复叙述关于该灾难的具体情节（包括重复的噩梦）似乎具有降低焦虑的作用，使自己对该创伤经验脱敏（desensitize）。

（四）应激障碍的治疗

在缓解PTSD的症状上，一般采取这5种途径：①短期危机干预，主要是协助澄清问题、建议行动方案及提供安抚；②听取简报的疗程，通常在创伤平息下来后召开，容许受害人讨论自己的经历，分享彼此的感受；③直接暴露治疗，一种行为取向的治疗；④电话热线，以协助正承受重大压力的受害人；⑤精神药物治疗，几种药物有助于缓解强烈的PTSD症状。

在"9·11"恐怖攻击事件发生后,那些接近现场的人,以及那些观看更多电视报道的人,报告较高程度的PTSD症状。PTSD患者也可能同时受扰于另一些心理障碍,例如重度抑郁、物质滥用及性功能失调。

创伤后应激障碍的诊断标准

PTSD的诊断标准
- 当事人曾经暴露于创伤性事件 → 涉及死亡或严重伤害的事件
- 创伤事件以若干方式被再经历 → 反复发生和侵入性的苦恼回忆或梦境
- 持续地回避与该创伤有关的刺激 → 致力于回避相关的思想、感受、交谈或活动
- 持续发生的提高警觉的症状 → 难以安眠、过度警戒、焦躁或突然发怒
- 症状持续1个月以上

> **✚ 知识补充站**
>
> **强奸后遗症**
>
> 　　强奸案受害人经常出现许多创伤后应激的症状。在受到性侵害的2个星期后进行评估,94%的受害人被诊断有PTSD;在受到性侵害的12个星期后,51%的受害人仍然符合诊断标准。这些资料说明,创伤后应激的情绪反应可能在创伤后以急性的形式立即发生,也可能潜伏好几个月才发作。
>
> 　　许多受害人对于自己在被施暴期间的反应方式感到内疚,她们认为自己应该更快速反应或更激烈抵抗才对,这样的自责与她们长期的不良适应有关。但事实上,受害人在被施暴初期的反应通常是对自己丧失生命的强烈害怕,远为强烈于她对性举动本身的害怕。这种过度强烈的恐惧产生一种麻痹效应,经常导致受害人的运动功能发生各种程度的瓦解,甚至进入一种不能动弹的状态。因此,关于受害人感到的内疚,她需要被安抚及保证她的举止是正常的。

8-6 健康心理学

考虑到心理因素和社会因素在健康上的重要性，它促成了健康心理学（health psychology）这一领域的兴起。美国心理学会（APA）在1978年设立健康心理学为"第三十八分会"，它致力于探讨健康的促进和维持、疾病的预防和处置、健康风险因素的鉴定、健康照护系统的改进，以及关于健康的公共意见的塑造。

（一）健康的生物心理社会模式（biopsychosocial model）

现代的西方科学思想几乎完全依赖生物医学的模式（biomedical model），也就是疾病被认为是源于病菌、基因和化学物质，治疗途径通常也是采取治疗身体的方式（如药物、手术等）。这是对身体和心理抱着二元的观念。但是，长期以来，研究学者已发现许多"身心之间互动"的证据，这使得生物医学模式似乎捉襟见肘。例如，正面或负面的生活事件可能影响免疫功能；有些人拥有一种人格特质，使得他们更能抵抗应激的不良效应；适当的社会支持有助于降低死亡率。因此，Engel（1977）提出健康的生物心理社会模式，他认为个人健康是生物因素（如病毒、细菌及伤害）、心理因素（如态度、信念及行为）和社会因素（如阶级、职业及种族）交互作用的结果。

（二）健康的促进（health promotion）

健康的促进是指研发综合的策略和特定的技巧，以便消除或降低人们罹患疾病的风险。为了预防疾病和增进生活质量，研究人员当前所面对的挑战是降低与生活风格（lifestyle）因素有关的死亡率。许多资料已指出，在像是心脏病、癌症、脑溢血、肝硬化、车祸或自杀等事件中，个人的不良生活习惯都扮演部分的角色，特别是吸烟、肥胖、摄取高脂肪和高胆固醇食物、过量饮酒、开车不系安全带及过着紧张生活等。这些身体状况被称为文明病（diseases of civilization），只要改变生活风格，我们可以防范大量的疾病和死亡风险。

（三）性格与健康

关于人格特质/行为模式与疾病之间的关联，最受到广泛探讨的是A型性格与冠心病之间的关系。A型性格的人富有竞争心、敌意、匆忙而急迫。B型人的特征是放松、安稳而闲适，不匆匆忙忙。A型人在冠心病上的罹患率远高于一般人群。进一步研究已发现该性格中的"敌意"（hostility）似乎是最大风险因素。

敌意可能以两种途径影响健康，一种是生理途径，即导致身体应激反应的长期过度刺激；另一种是心理途径，即有敌意的人有不良的健康习惯（如吸烟、过量饮酒），而且拒绝社会支持。一项研究以高度敌意而已被诊断有冠心病的男性为对象，治疗师教导他们运用问题导向的应对方式以减轻愤怒，也教导他们运用认知重建（cognitive restructuring）以减少愤世嫉俗的态度。经过8个星期后，这些男性一致地报告较低的敌意，他们的平均血压也降低了。

生物心理社会的模式

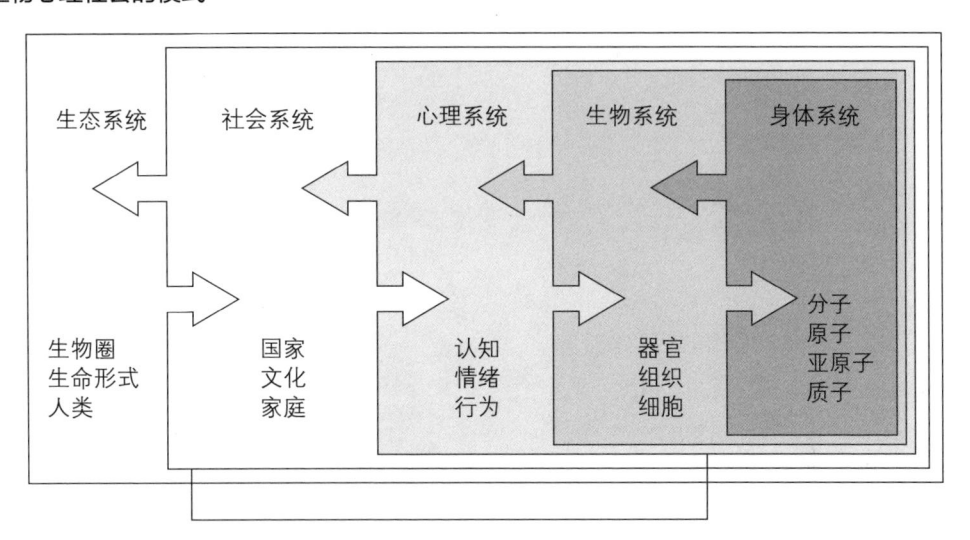

生态系统	社会系统	心理系统	生物系统	身体系统
生物圈 生命形式 人类	国家 文化 家庭	认知 情绪 行为	器官 组织 细胞	分子 原子 亚原子 质子

生理反馈法能够协助人们学习放松自己。

A型行为问卷

你的工作是否承受重大责任？
当你生气或烦恼时，你身边的人是否知道？你如何表现出来？
你正在开车，而你车道前方的汽车像是在蜗牛踱步，你会做些什么？
如果你跟某个人约好下午2点见面，你会准时抵达吗？如果对方姗姗来迟，你会感到愤怒吗？
你吃饭会很快吗？你走路会很快吗？当吃饱后，你是否会坐在餐桌旁闲聊一下？还是会立即起身着手一些事情？
你对于排队等候有什么感受，如在银行或超市中？

第9章
人格心理学

- 9-1　人格的基本概念
- 9-2　人格的类型论
- 9-3　人格的特质论
- 9-4　人格特质的五因素模型
- 9-5　心理动力学的人格理论（一）
- 9-6　心理动力学的人格理论（二）
- 9-7　心理动力学的人格理论（三）
- 9-8　人本主义的人格理论
- 9-9　行为主义与社会学习论的人格理论
- 9-10　社会学习与认知主义的人格理论
- 9-11　人格测试（一）
- 9-12　人格测试（二）

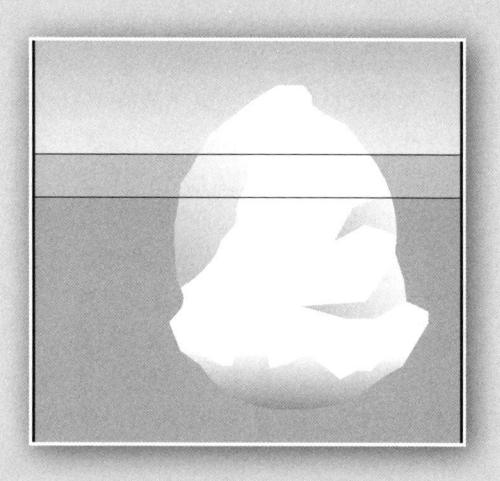

9-1 人格的基本概念

（一）人格一词的由来

什么是人格（personality）？大多数人在研究心理学之前，对于人格或个性是什么，都持有自己的看法。但是进一步探求，你会发现人们对于人格的理解有很大不同。人格有多种含义，但没有一种是被普遍接受的。

人格一词来自拉丁文"面具"（persona），即演员在戏台上所戴的面具，代表他所扮演的角色人物。中国京剧的脸谱（如大花脸）也代表人物性格和角色特点。关于人格心理现象的解释和分类，中国先秦就有荀况性恶和孟轲性善的争论。孔子多次论述人的个体差异，提出"性相近也，习相远也"，他相信差异来自环境与教养，但也承认素质的基础。在中国古代医书中，早已经根据体质把人分为"阴阳二十五人"（《内经·灵枢》）及另一些类型。

（二）与人格有关的一些术语

"人格"在英文中是一个很抽象的名词，它的内涵非常广泛而外指的意义又极少。人格是一个多歧义的词语。

人格不同于气质：气质（temperament）通常被看作与人的脾气或性情有关的心理现象，它是一种身体内部天生的素质，或是与身体特点有关联的心理特征。因此，气质较像是人格赖以形成的素材之一，不能等同于人格。

人格不同于性格：性格（character）经常被用作人格的同义词，但性格较为偏向伦理学的领域，乃是对于人格的评价（根据社会的道德标准），人格属于心理学的用语，乃是对于性格的再评价。

人格不同于个别性：个别性（individuality）实际上相当于个性，它表示一个人的独特性和他与其他人的差别性。但是，人格比个别性有更多的内涵和外延。人格是对人的总括性描述、本质的描述，它包括人的思想、态度、兴趣、气质、潜能、人生哲学以及体格和生理特点等。这种心理及物理个别性的多面综合称为人格。

（三）人格的定义

首先，人格有多种定义。再者，人格的定义随人格心理学家的理论观点而异，有多少理论就可能有多少定义。

奥尔波特的定义：奥尔波特（Allport）曾回顾历史上关于人格的多种概念，他提出的五十个人格定义是人格心理学上重要的历史性总览。最后，他认为"从心理学方面来考虑，人格就是一个人真正是什么。"他进一步加以补充："人格是在个体内在心理物理系统中的动力组织，它决定个人对于环境适应的独特性。"

现代的定义：台湾大学心理学教授杨国枢对人格所下的定义更为现代化而具有综合性。他表示"人格是个体与其环境交互作用的过程中所形成的一种独特的身心组织，而这一变动缓慢的组织使个体适应环境时，在需要、动机、兴趣、态度、价值体系、气质、倾向、外形及生理等诸方面，各有其不同于其他个体之处"。这一定义说明了个体与环境的关系，强调人格的组织与系统，也兼顾人格的独特性、多样性及可变性。

特质可以作为中介变量，借以建立起可能乍见之下似乎无关的各组刺激与反应之间的关联。

视攻击性为一种特质

刺激情境	特质（中介变量）	反　应
跟别人一起工作 运动比赛 对待弱小者 学校课业 未能达成目标	高攻击性	盛气凌人，专横霸道 竞争性强，要求获胜 专权、压迫 不惜代价获得成功 挫折导致愤怒及敌对的举动

为什么"人心不同，各如其面"？

✚ 知识补充站

心理学家简介：奥尔波特

　　奥尔波特（Gordon Allport，1897—1967）是20世纪中期的美国心理学家，长年任教于哈佛大学，他是人本心理学的先驱，也是人格特质论的创立者。不同于弗洛伊德探讨有神经官能症的人，奥尔波特坚信，研究人格的唯一方法是探讨正常的人。他也不同意弗洛伊德认为童年经验对成人生活冲突产生的冲击，他坚持我们受到现在经验和未来计划的影响远多于受到过去的影响。

9-2 人格的类型论

在日常生活中，我们似乎有一种自然倾向，就是把人划分到不同的范畴中。这具有把人类行为的多样性化繁为简的作用。从古至今，最常被使用的描述人格的方法有两种，一种是把人分类到有限数量的个别类型（types）中，另一种是假定所有人都拥有各种特质（traits），只是每个人在任一特质上的表现程度不同而已。

就像个人的血型、性别及种族等，人格类型（personality types）是一种"全或无"（all-or-none）的物质，你属于A型血液，便不会是B型，这不是程度的问题。人格类型有生理类型和心理类型两大类。

（一）希波克拉底的体液说

希波克拉底（Hippocrates，460B.C.—377B.C.）被誉为现代医学之父，他在公元前5世纪就提出了最早期的类型论。他认为人类身体内含有4种基本体液（humors），每一种与特定的气质和性质有关联。这种"体液说"早期为人们所深信不疑。当然，它早已通不过现代科学的检验，不再为人所相信。

（二）薛尔敦的体型论

美国心理学家薛尔敦（W. Sheldon，1898—1970）根据胚胎学的观点对人的体型进行分类，他在1942年提出体型（体质）与性格之间关系的理论。他指出：①肥胖型——内胚层体型（endomorphy）的人性情随和、喜好饮食、社交性强；②健壮型——中胚层体型（mesomorphy）的人精力充沛、喜好冒险、不太谨慎；③瘦长型——外胚层体型（ectomorphy）的人思考周全、喜好孤独、多愁善感。薛尔敦的体型论在20世纪五六十年代激起了一阵研究的风潮，美国一些知名学府的新生被要求拍摄裸照以验证该理论的真伪。但因为它在预测个人行为上没有多大价值，而且更新的人格理论侧重社会文化的因素，体型论的影响力已趋式微。

（三）颅相学

颅相学（phrenology）的起源可以追溯到古希腊时期，许多开业医生曾是基本的观相家（physiognomists）。近代的体系则是由德国解剖学家高尔（Franz Gall）在19世纪初期所发展的。到了随后的维多利亚时代，人们相信良好颅相（头骨的外形）能显示特殊的才能。颅相学家据以对当事人的动机、能力及气质从事诊断及预测。

根据颅相学，圆形的头骨代表当事人个性坚强、自信、勇敢及好动。方形头骨显示稳健、可信赖及体谅的天性。较宽的头骨显示精力充沛、外向的性格。较窄的头骨显示退缩、内省的性格。卵形的头骨属于理智型。

尽管颅相学受到一般大众的欢迎，但是主流科学始终对其不加理睬，视之为江湖郎中及伪科学。再者，新科技（如MRI及PET扫描技术）已使我们能够绘制正在进行新陈代谢的头脑的地图，进而确认什么"部位"主要负责了什么功能。这样的"电子颅相学"才是以实证为基础而值得信任的。

在日常生活中，许多人喜欢使用人格类型（如血型、星座等），因为它们有助于简化理解他人的过程。但是，类型论的缺点是它无法捕捉人格较微妙的层面。

人格的类型论

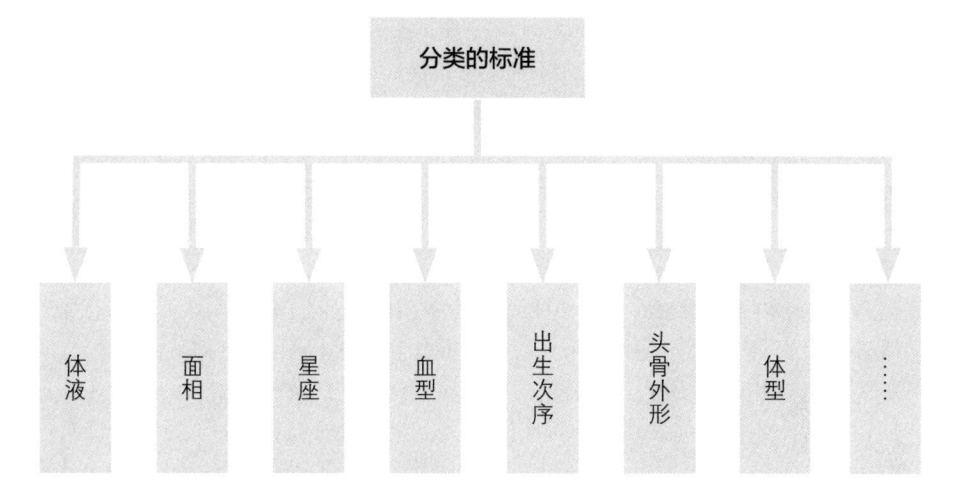

```
                        分类的标准
       ┌────┬────┬────┬───┬────┬────┬────┬────┐
       ↓    ↓    ↓    ↓   ↓    ↓    ↓    ↓    ↓
      体液  面相  星座  血型 出生  头骨  体型  ……
                              次序  外形
```

薛尔敦的体型论的示意图

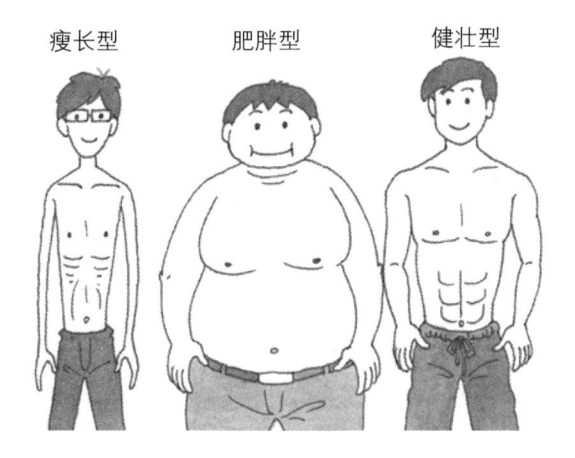

瘦长型　　肥胖型　　健壮型

+ 知识补充站

A型性格与冠心病

　　Friedman和Rosenman（1974）探讨怎样的心理变量会置个人于冠心病（coronary heart disease）的风险之下。他们最先发现了A型行为模式（type A behavior pattern，或称A型性格）。它的特征是过度竞争心、极度倾注于工作、缺乏耐性或有时间急迫感，以及带有敌意。

　　在对立一端的是B型性格，也就是A型之外的行为模式。这种人个性温和、随遇而安，生活较为悠闲。根据Friedman的追踪研究，A型性格的人患冠心病的概率是B型性格人的2.5倍，而且有8倍的较高风险出现重复发作的心肌梗死。

9-3 人格的特质论

人格的类型论认为存在一些独立而不连续的范畴，人们可被划分到这些范畴中。对照之下，特质论（trait theory）主张存在许多连续的维度，例如好社交或攻击性，但每个人在每项维度上的程度不同。

（一）奥尔波特的特质论

奥尔波特是最为著名的特质理论家。他表示"特质"是指人以不同程度拥有的一些持久的特性或属性，使得人们的行为在不同时间和不同情境中具有一致性。他认为特质组成了一个人完整的人格结构。特质被看作一种神经心理的结构，它除了应对刺激而产生行为外，也能主动地引导行为。它虽然不是具体可见的，但可由个人的外显行为推知其存在。

奥尔波特检测出3种特质。首要特质（cardinal traits）代替了一个人的身份（几近于情操），使得他的一切行动都受到这种特质的影响，如关羽的"忠义"或特蕾莎修女的"大爱"。但不是所有人都会发展出这般强力的首要特质。而中心特质（central traits）才是代表一个人的主要特色，例如拘谨或乐观等。次要特质（secondary traits）是个人暂时的性格表现，接近于态度，往往只在特殊场合出现，例如食物或服饰的偏好。个人以特质来迎接外在世界，个人也以特质来组织生活经验。从来没有两个人会有完全相同的特质，所以每个人对待环境的反应也就不同。

（二）卡特尔的因素分析特质论

卡特尔（Raymond Cattell，1979）是运用因素分析法（factor analysis）来探讨人格特质的重要人物。他对奥尔波特从英语字典中搜集的超过18000个形容词（被用来描述个别差异）进行统计分析，最初合并为35个特质群，称为表面特质（surface trait），随后再进一步分析得出16个根源特质（source traits），它们是一些重要行为的对立层面，如"保守vs.外向""信任vs.怀疑"及"世故vs.天真"等。卡特尔认为这16个根源特质是构成人格的基本要素，也是反映行为属性和功能的决定因素。

（三）艾森克的特质—维度理论

艾森克（Hans Eysenck，1916—1997）从人格测验的资料中导出两个广泛的维度，一为内外向维度（introversion-extroversion），另一为神经质维度（neuroticism）。艾森克还依据这两大维度为希波克拉底的体液说披上了现代化的风貌（见右图）。根据体液说，个人的性格取决于何种体液在他体内占有优势地位，人们因此被分类为多血质（乐观气质）、黏液质（冷淡气质）、胆汁质及抑郁质。然而，艾森克容许个人的特质在每个维度上作不同程度的变动。因此，从外向—内向和情绪稳定—情绪不稳定这两个维度的各种组合中，人格的主要特质就呈现出来。举例而言，如果一个人非常外向而有点不稳定，他将倾向于是冲动的。如果一个人内向而稳定，他将是镇静的。

艾森克依据两个维度所描绘的人格结构示意图

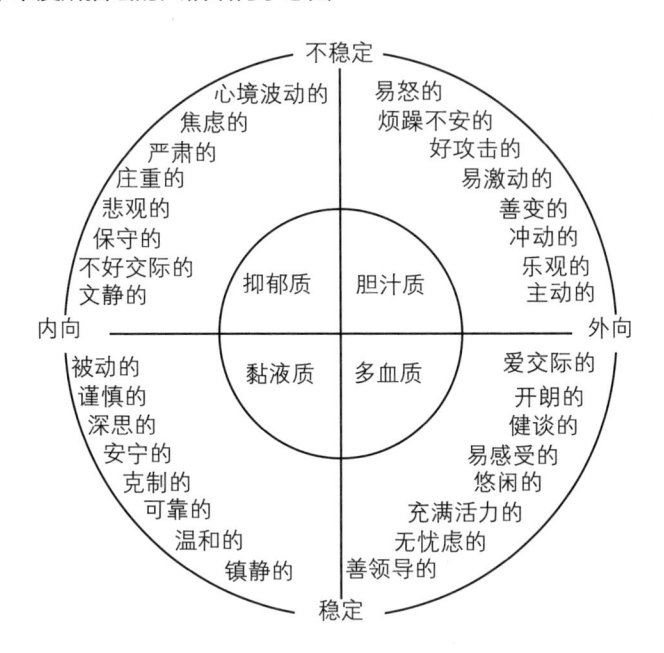

```
                    不稳定
         心境波动的      易怒的
          焦虑的        烦躁不安的
           严肃的        好攻击的
           庄重的         易激动的
           悲观的         善变的
           保守的          冲动的
          不好交际的       乐观的
           文静的         主动的
  内向        抑郁质 | 胆汁质        外向
           黏液质 | 多血质
            被动的       爱交际的
            谨慎的        开朗的
            深思的        健谈的
            安宁的        易感受的
            克制的        悠闲的
            可靠的      充满活力的
             温和的       无忧虑的
              镇静的    善领导的
                    稳定
```

人格的类型论只侧重质的不同，未考虑量的差异。

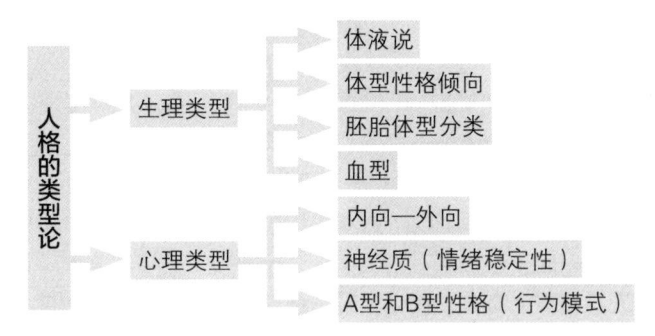

```
                    ┌─► 体液说
              ┌─生理类型─┼─► 体型性格倾向
              │         ├─► 胚胎体型分类
  人格的类型论─┤         └─► 血型
              │         ┌─► 内向—外向
              └─心理类型─┼─► 神经质（情绪稳定性）
                        └─► A型和B型性格（行为模式）
```

＋ 知识补充站

心理学家简介：卡特尔

卡特尔（Raymond Cattell，1905—1998）是人格心理学中特质论的领导者之一，他率先采用多变量设计，通过因素分析法以处理心理测验所得的资料，从而建立起人格理论。

卡特尔也曾依据因素分析而提出一项智力理论，他把智力分为流体智力（fluid intelligence，主要与运用推理有关）和晶体智力（crystallized intelligence，主要与知识获得有关），对于智力概念的发展有一定的影响力。

9-4 人格特质的五因素模型

（一）五因素模型

自1960年代以来，无论是在人格问卷、访谈报告还是其他资料中，几个独立的研究小组采用统计分析都获得了相同的结论，也就是只有5个基本维度作为人们用来描述自己及他人的特质的基础。Goldberg（1981b）对因素分析的特质研究进行分析后，将其称为"大五"（Big Five）维度。最常使用的因素名称列在右页的图表中。

重新排列这些因素的话，就可组成简单的词语：OCEAN。五因素模型是基于人格研究上的语义传统和因素分析。它提供了一套分类系统的框架，容许你具体描述所有你认识的人——以能够捕捉他们在几个重要维度上的差异性的方式。

（二）特质vs.情境

特质能否预测行为？一个人被认为拥有"亲切"的特质，那么他在所有情境中都将会表现亲切行为。一般认为人格特质（如支配性、社交性及情绪稳定性）在时间上是一致的，纵向设计的研究也显示个人在生命过程中的行为颇为一致。

如果人格特质有跨时间的一致性，那么在跨情境上呢？一项经典研究是关于儿童的"诚实"特质。小学生被安排在各种情境中，像是运动场上、教室中、家里、单独一个人或与同伴一起，他们在所处情境中有机会欺骗、说谎、作弊及偷钱。但是研究发现，尽管儿童在考试中作弊，这并不能预测他是否将会说谎或偷钱，虽然我们通常认为这些都属于"不诚实"的行为。研究人员也检验了另一些特质，如依赖性、攻击性、对权威的反应、内向及守时等，也未能发现跨情境的一致性。

这种现象引起大量的研究（Mischel，2004）。长期下来，共识出现了，也就是乍看之下的行为不一致性，大部分是因为情境以错误的方式被归类。一旦我们能为情境的"心理特征"（psychological features）找到适宜的解释，行为的不一致性就消失了。例如，同样是参加社团活动，有些社团要求你在大众面前透露私人信息，你可能感到困窘不安而显得不亲切，而你在其他社团活动中一向很亲切。只以"参加社团活动"的层次来看，你的行为显现不一致。但是，当考虑进"心理上有关的特征"时（例如，你在应聘工作而被要求透露资料时也会显现一些负面行为），不一致性就消失了。因此，我们从情境的特征如何引发人们的差别反应上找到一致性。

（三）特质vs.遗传性

行为遗传学（behavioral genetics）是一门探讨遗传与行为之间关系的学科。一般认为，个人行为是遗传与环境两大因素交互作用的结果。那么，人格特质和行为模式在多大程度上是继承而来的呢？

根据双胞胎和领养研究的结果，几乎所有人格特质都受到遗传因素的影响，无论所测量的是广泛的特质（如外向、神经质），还是具体的特质（如谨慎性、攻击性）。至于学习和环境的因素呢？研究已显示，性格也受到每个儿童独特经验的影响，像是父母—子女关系、个人与手足间的关系，以及个人在家庭外的生活经验。

五大因素模式

因素	每一维度的两端
外向性（extraversion）	爱交谈、充满活力、果断←→安静、保守、羞怯
神经质（neuroticism）	稳定、沉着、满足←→焦虑、不稳定、心情易变
开放性（openness to experience）	有创造力、理智、心胸开放←→纯真、浅薄、无知
亲和力（agreeableness）	同情心、亲切、友爱←→冷淡、好争吵、残忍
审慎度（conscientiousness）	自律、负责、谨慎←→漫不经心、轻率、不负责

人格特质的五大因素反映人们在互动中最普遍关心的一些问题：

对方会采取主动还是被动？ → 外向性

对方的心理状况是否健全？ → 神经质

对方聪明还是愚笨？ → 开放性 → 在物竞天择的过程中人类具有适应环境的功能

对方是否友善？ → 亲和力

对方是否值得信赖？ → 审慎度

➕ 知识补充站

双胞胎研究与收养研究

为了确定遗传对人格的影响，研究人员需要采用收养研究与双胞胎研究。收养研究（adoption study）是首先分析儿童的特质（如好社交或羞怯）与其生身父母的特质之间的相关程度，再跟儿童与其养父母之间的相关程度进行比较。另外，为了使遗传效应与环境效应被区分开来，我们可以找来许多对双胞胎，有些双胞胎是在同一家庭中共同长大的，另一些则是分开长大的。这就组成了4组受试者：同卵双胞胎（他们共有100%的相同基因）共同养大、同卵双胞胎分开养大、异卵双胞胎（平均而言，他们共有50%的相同基因）共同养大，以及异卵双胞胎分开养大。首先针对每种人格特质求各组的相关，再比较4组之间的相关。我们依据数学公式就能够确定每种特质各有多少百分比是得自遗传，或是出于环境影响力。

9-5 心理动力学的人格理论（一）

类型论和特质论使我们能够简单地描述人们的不同性格，但是它们毕竟只是一套关于人格结构的静态观点，不能普遍解释行为如何产生或人格如何发展。对照之下，心理动力学的人格理论强调个人内在的冲突力量，这种力量导致了人格的变迁和发展。

弗洛伊德的精神分析

根据精神分析论，人格的核心是个人心灵内的事件，它具有促动行为的力量。所有行为都是动机引发的，每个人的行动都有它的起因和目的。

（1）生本能与死本能：弗洛伊德认为每个人都拥有先天的本能或驱力，这是身体器官所制造出来的张力系统。人格结构的本我之内存在两种本能，即生本能与死本能，两者都受到个人的潜意识所驱使。生本能（life instinct）也称原欲（libido），对个体的生存具有积极作用。人类寻求性爱和享乐的满足，这所有活动的原动力都来自生本能。死本能（death instinct）是一种负面、破坏的力量，试图回复到一种无机状态。人类的攻击、虐待、残暴、杀伐以至自杀等行为的原动力是死本能。

（2）性心理发展与人格的发展：精神分析论主张人格养成有两个前提，一是强调发展，它认为成人的性格是由婴幼儿期经验塑造而成的。二是认定性原欲是与生俱来的，婴儿出生后就依循各个性心理阶段而发展（参考右页图表）。

在性心理发展阶段中，儿童得到太多的满足或遇到太多的挫折都将会造成固着（fixation）或退化（regression），使儿童不能正常推进到下一个阶段的发展。不同阶段的固着可能导致成年期的各种性格特征。例如，性器期的儿童必须克服恋母情结（Oedipus complex），根据希腊神话，俄狄浦斯王子无意中弑其父，妻其母。弗洛伊德以之表征母子间的情结。至于女童依恋父亲的心理压抑就称为恋父情结——伊拉克特拉情结（Electra complex）。男童有一种先天冲动，视他的父亲为争取他母亲关爱的性对手，但因为父亲比他强大，他害怕可能会被割去生殖器，这种潜意识的情结就称为阉割焦虑（castration anxiety）。直到男童最终认同他父亲的权力时，恋母情结通常就可以消失。

（3）意识和潜意识的机制：意识（conscious）是指人们能够认识自己和认识环境的心理部分，也就是一种觉醒的心理或精神状态。意识实际上只是心理能量活动的一种表面的水平。前意识（preconscious）是指介于意识与潜意识之间的意识状态。但弗洛伊德的探讨重心放在潜意识（unconscious）上，它是心理能量活动的深沉部分，包括了原始冲动、本能以及出生之后的多种欲望，但由于不见容于社会规范和道德标准，未能获得满足，就被压抑（repression）到潜意识之中。这些冲动、本能及欲望虽然不被个人自己意识到，但并没有消失，而是在潜意识中积极活动，不断寻求突破以获得满足。弗洛伊德视潜意识过程为人们思考、情感和行动的决定因素，所以像是神经官能症的症状、梦境、笔误及失语等都不是偶发或任意出现的，而是以有意义的方式跟当事人的重要生活事件产生关联，代表潜意识的愿望或冲突试图浮上意识层面。弗洛伊德的潜意识动机的概念为人格增添了一个新的维度，而不只是一个理性的模式。这也使得他被誉为"心灵界的达尔文"。

性心理发展（psychosexual development）的各个阶段

阶段	年龄	快乐来源	主要发展任务	发生固着时的性格特征
口唇期（oral）	0~1	嘴巴、舌头吸吮、咬牙	断奶	口腔行为（如咬指甲、吸烟、酗酒、贪吃）、依赖、退缩、猜忌、苛求
肛门期（anal）	2~3	忍便和排便的控制	大小便训练	刚愎、吝啬、迂腐、寡情、冷酷、生活呆板
性器期（phallic）	4~5	生殖部位的刺激和幻想	恋亲情结	好浮夸、爱虚荣、自负、鲁莽
潜伏期（latency）	6~12	性兴趣受到压抑，快乐来自对外界及知识的好奇心获得满足	防御机制的发展	未发生固着作用
生殖期（genital）	13~18	以异性为对象，从自爱转为爱人	成熟的性亲密行为	发展顺利的话，成年人将显现对他人的真诚关心和成熟的性欲

弗洛伊德认为心灵就像是一座冰山，只有一小部分（自我）是外显的，绝大部分的潜意识潜伏在表面之下。

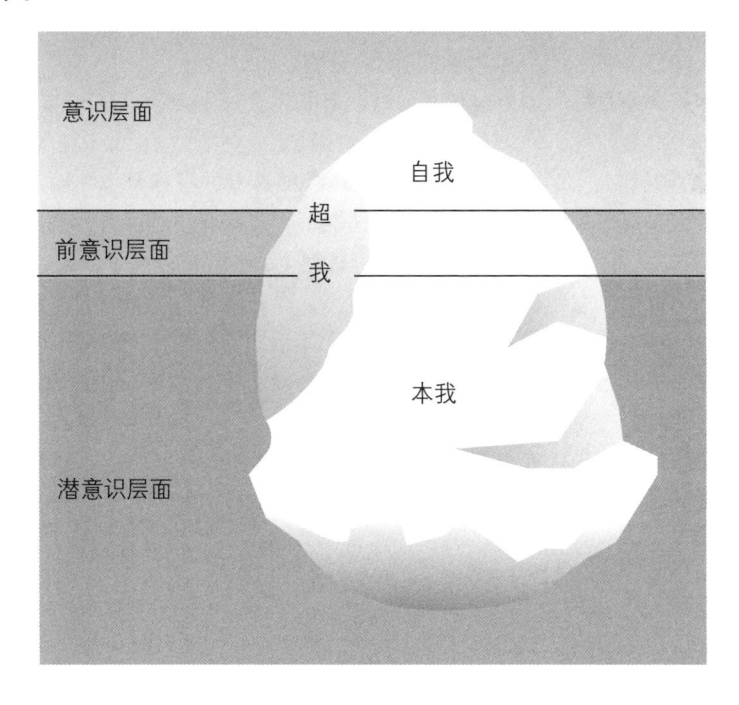

9-6　心理动力学的人格理论（二）

（4）人格结构：弗洛伊德认为人格结构有三个组成部分：本我（id）、超我（superego）、自我（ego）。每个部分有各自的功能，但彼此之间也会相互影响甚至发生冲突，通常是本我与超我不断进行交战，自我则加以调停。

本我：本我是一种原始的力量来源，它要求基本需求（特别是性、肉体及情绪的愉悦）立即满足，毫不加掩饰及约束，也从不考虑自己的冲动是否现实上可能，或是否道德上可被接受。本我的活动完全受到"快乐原则"（pleasure principle）支配，不管后果也不顾代价。

超我：超我大致上就是个人的良知与理想，它是幼儿发展过程中，父母管教和社会约束的结果。父母（社会化代理人）通常会灌输给子女一套价值观念和道德态度，而且对子女"对"或"错"的行为施以奖惩，这在子女心里内化为一种"应该"或"不应该"的声音。超我依循的是"道德原则"（moral principle），当本我只知追求享乐时，超我却坚持采取正当的方式，这势必会产生冲突。

自我：自我是人格中跟现实打交道的层面，它调停本我的冲动与超我的命令之间的冲突。自我遵循的是"现实原则"（reality principle），它的主要功能是获得基本需求的满足，以维持个体的生存；调节本我的原始冲动，以符合真实世界的要求；当本我与超我发生冲突时，选择折中的方案，以使双方至少能够得到部分满足。

然而，当本我和超我的压迫力过于强大时，自我将会束手无策，这时候只好诉诸一些较不务实的方法——防御机制。

（5）自我防御机制：弗洛伊德指出，当被压抑的冲突即将挣开束缚而浮到意识层面上时，个体将会被促发焦虑（anxiety）。在正常情况下，自我会以理性方式消除焦虑，但未能得逞时，就必须改用不合理的途径，即自我防御机制（ego defense mechanism）。所有的防御机制有两个共同特征：①它们在潜意识层次中进行，个人通常不能察觉自己在运用该机制；②它们需要否定、伪装或扭曲现实，从而减轻对个体造成的焦虑或罪疚感。每个人在成长过程中将会不断发展各种防御机制（参考右页图表），以之应对生活上碰到的威胁、冲突及挫折，这些应对的行为模式就成为个人的人格特色。

尽管防御机制可以保护个人对抗焦虑，但是它们毕竟是一些自欺（self-deceptive）的手段，当被过度或不当使用时，仍然可能为个人带来不利后果，甚至导致心理障碍。

常见的一些自我防御机制

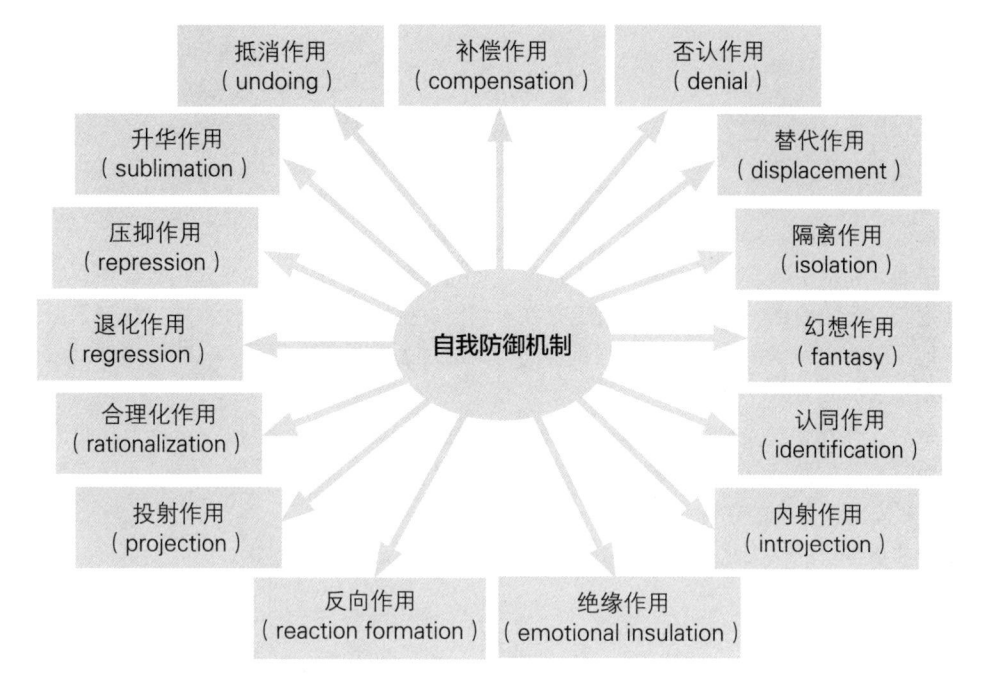

```
                抵消作用        补偿作用         否认作用
              (undoing)    (compensation)    (denial)

    升华作用                                              替代作用
  (sublimation)                                       (displacement)

    压抑作用                                              隔离作用
   (repression)                                         (isolation)
                              自我防御机制
    退化作用                                              幻想作用
   (regression)                                         (fantasy)

   合理化作用                                             认同作用
 (rationalization)                                   (identification)

    投射作用                                              内射作用
   (projection)                                       (introjection)

                   反向作用              绝缘作用
              (reaction formation)  (emotional insulation)
```

➕ 知识补充站

几种防御机制的简介

1. 投射作用：个人把自己的错误或过失归咎于他人，或是把自己不被允许的冲动、欲望或态度转移到别人身上。这在行为上可能展现为"借题发挥""以小人之心度君子之腹"或"以五十步笑百步"，也可能是鲁迅所描写的阿Q式精神胜利。

2. 反向作用：为了防御不被允许的欲望被表达出来，个人有意地赞同或表现相反方向的举动。像是"矫枉过正""欲盖弥彰""此地无银三百两"都可被视为反向作用的实例。

3. 合理化作用：也称为文饰作用，也就是采用错误的推理使不合理的行为合理化，从而保护个人的自尊。像是"吃不到葡萄说葡萄酸"和"甜柠檬心理"即为实例。

4. 升华作用：这是指把受挫的欲望或冲动改头换面，然后以可被社会接受的方式表达出来。弗洛伊德列举达·芬奇的艺术巨作《圣母像》为画家对其母亲的情感升华的创作。

9-7　心理动力学的人格理论（三）

对弗洛伊德理论的评价

弗洛伊德以潜意识为探讨对象，开拓了心理学研究的新纪元。他的潜意识理论在医疗、文艺及运动等领域都产生重大冲击。另外，弗洛伊德重视当事人的内心冲突和动机，使得变态心理学从静态描述转变为心理动力的研究，这也是一大突破。他打破了纯粹依靠药物、手术和物理方法的传统医学模式，为现代的生物—心理—社会医学模式开了先河。

然而，弗洛伊德的学说也遭到许多非议。首先，精神分析的一些概念相当模糊，缺乏操作性定义，无法验证。其次，他的理论是在事情已发生之后，才追溯性地提出解释，但无法可靠地预测将会发生什么。它过度强调当前行为的过去（童年）起源，忽略了当前刺激也可能引发及维持行为。

最后，弗洛伊德受到的最多质疑可能来自他的"泛性论"，他把一切行为都归因为性的问题，总是把性欲视作人们行为的真正动机。他的理论也具有男性中心的偏见（如阳具钦羡），没有考虑女性的立场。

但弗洛伊德的伟大之处，或许不在于他提出颠扑不破的真理，而是他启发更多追随者，继续探索人类本性之谜。

阿德勒的个体心理学（individual psychology）

阿德勒（Alfred Adler，1870—1937）是奥地利精神病学家，他认为人们最早的自卑感（feelings of inferiority）起源于幼年时的无能。幼儿完全依赖成年人才能存活下去，所以生命之初就有自卑感。儿童对自卑感的对抗就称为补偿（compensation）。换句话说，阿德勒认为个人终其一生都在为克服自己的自卑感而奋斗，无论是通过获得胜任感（feelings of adequacy）以寻求补偿，还是常见的企图追求优越感（feelings of superiority）以过度补偿。因为每个人使用的追求方式和追求的后果不同，就逐渐形成了每个人各具特色的生活格调（style of life）。

荣格的分析心理学（analytical psychology）

荣格（Carl Jung，1875—1961）是瑞士精神病学家，他采用接近于牛顿作用与反作用定律的对立原则来建立他的人格概念，他视人格结构为由很多两极相对的内在动力所形成，如意识对立于潜意识、理性对非理性、内向对外向、思考对情感等。对立的双方构成一个人格单元，一方强大，另一方就相对减弱。荣格认为，生活的目标就是按照熵（entropy）原则，寻求这两极之间的平衡。人格发展则是连续化、统合化及个别化的成长过程。

荣格扩展潜意识的概念，他认为潜意识不只限于个人特有的生活经验，另有一种潜意识包含了人类在种族演化中长期传承下来的一些普遍存在的意象，称为原型（archetype），如出生、死亡、太阳神、上帝或大地母亲等。集体潜意识是自远古以来祖先经验的累积及储存，不为个人所自知，但留存在同一种族人的潜意识中，成为每个人人格结构的基础。

精神分析治疗的情景：传统上，精神分析师坐在当事人背后，当事人则斜躺在一张长椅上，这样的位置使分析师不至于出现在当事人的视野中，以免妨碍自由联想的流畅性。

一个人热衷于拳击活动，她可能是在使用"替代作用"（displacement）作为自我防御机制。

+ 知识补充站

魔鬼寓于神中

荣格对于东方文化一直深感兴趣，多次将其借用到他的理论之中。他的涉猎很广泛，对于道家和易经、佛教、瑜珈及禅学等，都有过深入的思考。他特别欣赏中国的阴阳学说，他的理论中有很多类似于阴阳对生的概念。

荣格原先也认为情结是起源于童年的创伤性经验，但他后来觉得情结必定起源于人性中更为深邃的东西，这导致他发现了精神中的另一层次，即"集体潜意识"，它们是人类祖先世世代代的活动方式和生活经验储存在脑袋中的遗传痕迹，所有积累的沉淀物。潜意识的化身具有双重性，它包含人性的所有对立面：黑暗与光明、邪恶与善良、兽性与人性、魔性与神性——魔鬼寓于神中。

9-8 人本主义的人格理论

（一）人本主义的学说

"人本主义"（humanism）顾名思义就是尊重"人"自身的独特性，特别是人的价值和尊严。因此，人本主义在人格的研究上关心的是个体的个人经验、意识经验及成长潜能的整合。根据人本主义学者的观点，人不是过去、潜意识或环境的产物。相反，人们运用自由抉择以追求他们的内在潜能和自我实现。

罗杰斯和马斯洛是最著名的两位人本主义心理学家，他们认为人格的发展是一个成长的过程，只要提供适当的条件（温暖和接纳的环境），每个人都能成长、茁壮，直到发挥他先天的良好潜能。人本主义被认为具有4大特色：

（1）重视整体（holistic）：人本主义主张人不是认知、情感和愿望等片断的拼凑；也不是如特质论把人视作可被分类归档的东西，最后把人贬低为一些"编码"。相反，人是统合、整体及独特的存在，不可分割。

（2）强调先天素质（dispositional）：人本主义主张个人内在的先天特质将会引导行为朝向良性发展及演进。不良情境因素被认为是束缚和桎梏（就像是绑住气球的那条线，使之不能升空）。人一旦摆脱负面的环境条件，自我实现的倾向将会主动引领其选择能够实现自己的情境。

（3）现象学取向（phenomenological）：人本主义重视当事人的参照架构（frame of reference）和当事人主观的现实观点，而不是来自他人观察外显行为所得的解释。因此，关于人格的研究就应该致力于了解当事人心目中的现象世界（即他"此时此地"的观点），而且依据这一途径去探讨人格结构。

（4）有关存在（existential）：人本主义、现象学与存在主义在心理学上的脉络几乎是密集地交织在一起。存在主义学者对于人类本质提出一系列问题，它们的共同核心是"对于人生意义的寻求"——只有在自由意志下达到生活目标，个人的生命才有尊严与价值。人格的一个关键层面是抉择，它涉及事实的世界和可能的世界二者。因此，人格不仅是个人是什么（一种生物、社会及心理的存在），也是个人可以成为什么。

（二）对人本主义的评价

首先，评论家认为人本主义的概念含糊不清，难以执行研究加以验证。例如，"究竟什么是自我实现？它是一种天生的倾向，抑或是文化背景所制造出来的？"什么是"无条件积极关注"（unconditional positive regard）及"高峰体验"（peak experience）？这些名词的定义都太笼统，很难加以评估。

其次，人本主义是关于人性和关于所有人共同素质的理论，而不是关于个别人格或关于人们之间差异基础的理论。有些人认为人本理论家是卫道者，而不是科学研究人员。它告诉我们人格应该是怎样，而不是告诉我们人格是什么。

最后，人本主义过度强调自我的角色，视之为经验和行动的来源，却忽略了一些重要的环境因素也可能影响行为。

人本主义人格理论的四大特色

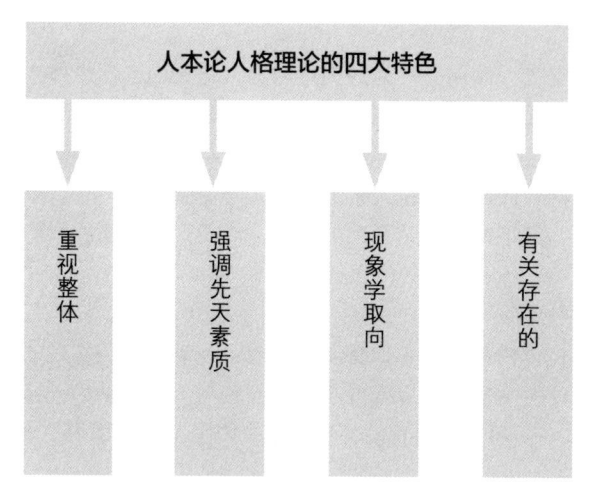

```
        人本论人格理论的四大特色
        ↓        ↓        ↓        ↓
      重视整体  强调先天素质  现象学取向  有关存在的
```

罗杰斯重视父母对自己子女的无条件积极关注。

➕ 知识补充站

心理学家简介：马斯洛

马斯洛（Abraham Maslow，1908—1970）是心理学第三势力的领导人之一，也被誉为人本心理学之父。最先吸引马斯洛走上心理学道路的是华生的行为主义。但随着马斯洛的研究不断深入，他认为行为主义和精神分析两种理论都是集中于人类的黑暗面、消极面、病态和动物性本能。因此，1962年，他和罗杰斯等几位心理学家组建了"美国人本心理学会"，他相信人性本善，而这是个人一生人格发展的内在潜力。

1970年，他发表《动机与人格》一书，认为动机由多种不同性质的需求所组成，提出"需求层次论"。该理论相当直观、明了、易于为人所接受，除应用在心理学研究外，也非常广泛地应用于教育界、经济学、犯罪学及企业管理等领域。

9-9　行为主义与社会学习论的人格理论

特质论强调个人的先天倾向是行为的决定因素，先天因素使个体在不同情境中的行为一致。反之，学习理论强调环境或情境决定人们的行为，行为的产生受当时环境条件的影响。

学习理论认为学习（learning）是人格形成的决定因素。学习有经典条件学习、操作条件学习及社会学习，后两者的影响力在人格形成上尤其受到重视。个人和环境相互影响，每个人的人格特征是个体与情境变量持续互动的结果。成长过程中所接触的学习经验的差异就是个别差异的原因。

（一）斯金纳的行为主义

斯金纳不认同有机体内部机制（如特质、本能、冲动及自我实现的倾向等）在推动行为的说法；相反，他把注意力放在环境事件与行为的关系上。他认为人格就是可被个人强化史（history of reinforcement）可靠地引发的各种外显及内隐反应的累积。人们之所以不同是因为他们有不同的强化史。

斯金纳选择从个人所处环境的强化过程来检验人格的发展和变动。在既存的环境中，生活中的偶然事件，有些会为人们带来满足，有些则会引起厌恶。人们就是在学会辨别在哪些刺激或情境下，行为会受到强化；在哪些刺激或情境下，同样行为则不会得到强化。因而，行为的获得被认为是受外界刺激所控制的。人必须活到老学到老，以便能在复杂环境中生存。除此之外，人们为了达到自己的目的，也会积极地选择和改变环境，对环境进行调控。

根据斯金纳的观点，所谓"正常"和"异常"的人在本质上没有差别，也没有必要采用不同的强化原则来解释他们的行为，同样的强化原则适用于所有个体的行为。

（二）班杜拉的社会学习论

社会学习论（social learning theory）强调认知过程也影响行为模式的获得和维持，因此也影响人格的形成和发展。

交互决定论（reciprocal determinism）：班杜拉（Bandura）的理论指出个人因素、行为与环境之间存在复杂的交互作用。个人行为可能受到他的态度、信念或先前强化史的影响，也受到环境所呈现刺激的影响。个人的举动可能对环境产生影响，而个人人格的重要层面可能受到环境的影响，或受到来自个人行为的回馈的影响。这个概念就称为"交互决定论"（参考右图）——以区别于行为主义的"环境决定论"。

观察学习（observational learning）：这是指个人根据对另一个人行为的观察而改变自己行为的过程。通过观察榜样（model）的行为，个人（儿童或成年人）学到什么是适当的行为，可以得到奖赏；什么则是不当举止，将会被置之不理甚或招致惩罚。因为你能够记忆和思考外界事件，你可以预见自己行动的可能后果，不必实际经历那些后果。因此，无论是技巧、态度还是信念，仅经由观察他人的作为和随之而来的后果，你也可以获得。

班杜拉的交互决定论：个人的人格表现主要决定于个人（认知）、个人行为与所处环境3种因素的交互作用。

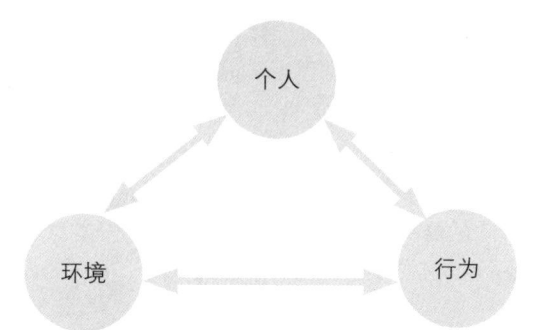

观看暴力的电视节目，将会增加儿童的攻击行为。

观察模仿也会促进儿童从事亲社会行为。

9-10　社会学习与认知主义的人格理论

当代的社会学习与认知理论通常也赞同"行为受到环境后效的影响"的观点。然而，除了行为过程外，它们更进一步强调认知过程（cognitive processes）的重要性。与人本主义相似，认知主义也强调个体参与塑造自己的人格。

（一）罗特的期望理论

罗特（Rotter, 1954）是著名的人格心理学家，他特别强调"期望"在促发行为上的重要性。他指出人采取特定行动的概率主要取决于两个因素，其一是对于该行动能否达成个人目标所持的期望（expectancy），其二是该目标对个人的价值（value）。期望与现实之间的落差可能促使个体采取补偿的行为。

罗特（1966）界定了一个"控制点"（locus of control）维度。有些人相信凡事操之在己，他们把成功归因于自己努力，把失败归因于自己疏忽，这是自愿承担责任的观点，称为内控（internal control）。还有些人相信凡事操之在人，他们把成功归因于幸运，把失败归因于别人影响，这是不愿承担责任的观点，称为外控（external control）。控制点代表个人的性格，这种性格是个人在社会环境和生活经验中学习来的。

（二）米契尔的认知—情感人格理论（cognitive-affective）

米契尔（Walter Mischel）发展出一种以认知为基础的人格理论。他强调人主动参与环境的互动。因此，他主张去理解行为如何依随当事人与情境间的交互作用而产生（Mischel, 2004）。

根据米契尔的说法，你如何应对特定的环境输入，主要是取决于几个变量：

（1）编码策略（encoding strategy）：你如何对信息进行分类，你解读情境的能力。

（2）期望与信念（expectancy and belief）：你预期行动会带来什么结果，你是否相信自己有能力导致该结果。

（3）情感（affects）：你的感受和情绪，包括生理反应。

（4）主观的价值（subjective value）：你所重视的结果和情感状态。

（5）胜任能力与自我调整计划（competency and self-regulatory plans）：你能够完成的行为，你依照设定的目标来调整自己的行为。

至于什么因素决定个人在这些变量上的本质。米契尔认为这是源于个人的观察史、个人与他人的互动，以及个人与物理环境的非生命层面的互动。

（三）对社会学习与认知理论的评价

首先，社会学习与认知理论被批评为通常忽略了情绪也是人格的重要成分。在心理动力学中，情绪（像是焦虑）居于核心地位。但是在社会学习与认知理论中，情绪仅被视为思想和行为的副产品，不被认定为有独立的重要性。认知理论也被抨击为"没有充分认识到潜意识动机对于行为和情感的冲击"。其次，认知理论家通常很少提及成年人人格的发展起源；他们重视当事人对于当前行为背景的知觉，却忽略了当事人的历史。

人格理论的比较

理论观点	特质论	弗洛伊德的理论	人本主义	社会学习与认知理论
何者对于人格发展较为重要：遗传因素或环境影响力？	意见不一	偏重遗传	环境是行为的决定因素	个人与环境的互动是人格差异的来源
人格是经由学习而塑成？抑或人格发展依循内在预定的顺序？	意见不一	偏重内在决定的观点	持着"经验会改变人"的乐观观点	行为和人格随着习得的经验而改变
强调过去、现在还是未来？	强调过去的起因，无论是先天还是习得的	强调童年的过去事件	强调当前的现实或未来的目标	强调过去的强化和现今的后效强化
意识vs.潜意识	很少注意这方面差别	强调潜意识过程	重视意识过程	强调意识过程
内在素质vs.外在情境	侧重先天素质的因素	考虑个人变量与情境之间的交互作用	个人与环境之间互动	强调情境因素

四种基本人格类型

9-11 人格测试（一）

广义而言，评估人格有两种方式，即结构化测验和非结构化测验。非结构化测验（unstructured test，如罗夏墨迹测验、TAT及语句完成测验）容许受试者在应答上有宽广的自由度。这些施测方式在20世纪早期广泛运用于人格测试，但此后声望逐渐消退。对照之下，结构化测验（如自陈式量表和行为评定量表）在20世纪中期逐渐兴盛，而且声望至今不坠。

投射测验（projective tests）

投射测验是不具结构性的，当施行时，受试者被提供一系列模糊的刺激（如抽象的图案或模棱两可的画像），然后被要求加以描述或解释。模糊材料的主要作用是引起受试者的各种想象，使得他不知不觉中把自己内心的动机、冲突、偏见、焦虑、价值观及愿望等投射出来。

1. 罗夏墨迹测验（Rorschach Inkblot Test）

这套测验由10张印有不一样墨迹图案的图片所构成，它是由瑞士精神病学家罗夏（Rorschach，1884—1922）在1921年所设计的。他制作图案的方法是把墨汁滴于纸片中央，然后把纸张对折用力压下，使墨汁四溢，就形成不规则但对称的各种图案（参考右页图形）。罗夏测验的适当评分需要主试者受过广泛的训练和指导。受试者的反应主要是根据4个特性加以计分：①反应部位（location）；②反应内容（content）；③反应的决定因素（determinant）；④反应的普遍性（popularity）。

在熟练而富有技巧的解读人员的手中，罗夏墨迹测验有助于揭露受试者的心理动力，像是潜意识动机如何影响受试者当前对别人的认知。再者，有些研究人员已尝试把罗夏墨迹测验的解读客观化——通过实证建立起反应形态与外在效标（例如临床诊断）之间的关系（Exner，1995）。最后，虽然罗夏墨迹测验普遍被视为开放式及主观的工具，但是研究人员以计算机为基础开发了解读系统，在输入对受试者反应的评分后，这套系统可以提供受试者的人格描述，以及推断当事人的适应水平。尽管如此，罗夏墨迹测验在信度、效度及临床实用性上仍有不少的改善空间。

2. 主题统觉测验（Thematic Apperception Test，TAT）

TAT由美国心理学家莫瑞（H. A. Murray）于1935年编制。直至今日，它仍然被广泛使用于临床检测和人格研究上。全套TAT包括30张内容模糊的图片（另加一张空白图片）。施测时，受试者被要求针对每张图片（参考右页图画）编造一个生动的故事，说明什么原因导致当前的情景，图片中正发生什么事情，人物有怎样的思想及感受，以及最后结局将会是什么。

TAT的原理是让受试者不知不觉地把他内心的需求、动机、冲突及情感等在所编的故事中宣泄出来。TAT可用在临床上，以找出患者的情绪困扰。它也可用在正常人身上，以找出受试者的主要需求，如成就需求、权力需求及亲和需求等。当解读测验结果时，主试者应该特别注意受试者所想象的故事主题，找出故事中的主角或"英雄"（hero）。根据莫瑞的说法，"英雄"往往就是受试者所认同的对象或自我化身。尽管如此，TAT在施测和解读上需要花费不少时间。再者，对于TAT反应的解读大体上是主观的判定，这多少限制了该测验的信度和效度。

墨迹图案——类似于罗夏墨迹测验所使用的那类图片

你认为这个图案像是什么东西？请进一步加以解说。一些专家们主张，你对这类墨迹图案的解读，将会透露关于你人格动力（如心理障碍）的一些事情。

人物图画——类似于主题统觉测验所使用的那类图片

你被要求针对这张图片编个故事，说明图画所描绘的情境、图中人物的思想和感受，以及将来可能演变的结果等。专家们认为，你所说的故事内容，其实是你把自己的潜意识过程投射在故事之中。

9-12　人格测试（二）

3. 语句完成测验（sentence completion test）

这套测验由许多句子的句首组成，受试者被要求补完句子：

（1）我最迫切想做的是＿＿＿＿＿＿＿＿＿＿；（2）我只希望我母亲＿＿＿＿＿＿＿＿＿＿。
就如任何投射技术，受试者所完成的语句被认为反映了他的内在动机、态度、冲突及恐惧。主试者能够以两种方式进行解读：一是对受试者的潜在动机施行"主观—直觉的分析"，二是对应答内容指定分数以施行"客观的分析"。

另一些投射技术采取在空白纸上绘图的方式，像是"画人测验"（Draw-A-Person）和"房—树—人测验"（House-Tree-Person Test）。

客观测验（objective tests）

客观测验是结构性的，它们一般采取问卷、自陈量表（self-report inventory）或评定量表的格式，所发问的题目已经过审慎的措辞，可能的选项也已设定好。这样的测验经得起以客观为依据的量化程序，因而提高了测验结果的可信度。

1. 明尼苏达多相人格量表（Minnesota Multiphasic Personality Inventory，MMPI）

MMPI最初在1943年出版，它是一份含有566个"是—否"题目的人格测验，所涵盖的内容从身体状况、心理状态、道德到对社会的态度。MMPI在编制上采取的是实证（empirical）策略，只有当测验题目能够清楚区分两组受测者时（例如，辨别抑郁症患者与对照组的普通人），这样的题目才被收录在量表中。

经过近10年的修订和重新标准化，MMPI-2在1989年正式推出。除了10个临床指标（参考右页图表）和效度指标外，MMPI-2还设计了一些"特殊指标"（例如，侦测物质滥用、婚姻困扰及创伤后应激障碍的指标）。受测者在所有这些指标上所拿到分数的分布形态就构成了个人的MMPI侧写（profile）。

MMPI最典型的应用是作为诊断标准。个人的侧写被拿来跟已知患者组的侧写进行比较；如果符合的话，关于该组患者的资料就可作为当事人一般的描述性诊断。MMPI-2的优点是合乎经济、容易施测、容易评分、有助于心理障碍的诊断。它是现今在美国最被广泛使用的人格测验，包括在临床测试和在心理障碍研究上。

2. NEO人格量表（NEO Personality Inventory，NEO-PI）

这份量表是设计来测量正常成年人的人格特征，它测量的是我们在本章稍前所描述的人格"五因素模型"——具体化几十年来关于人格特质的因素分析研究。测验题目主要是评估情绪、人际关系、经验、态度及动机等变量，受试者接受NEO-PI的测量后，将拿到一份侧写，显示他在神经质、外向性、开放性、亲和力及审慎度五大维度上相较于常模样本的标准化分数。

新近的NEO-PI-3已经推出。大量研究已证实NEO-PI的维度是同质且可信赖的，显现良好的效标效度和建构效度。几项研究已支持NEO-PI在描述人格障碍的特性上的实用性。NEO-PI已被用来研究生命全程的人格稳定性和变动性，也被用来探讨人格特征与身体健康以及与各类生活事件（如职业成就或早年退休）之间的关系。

人格测试的自陈式量表

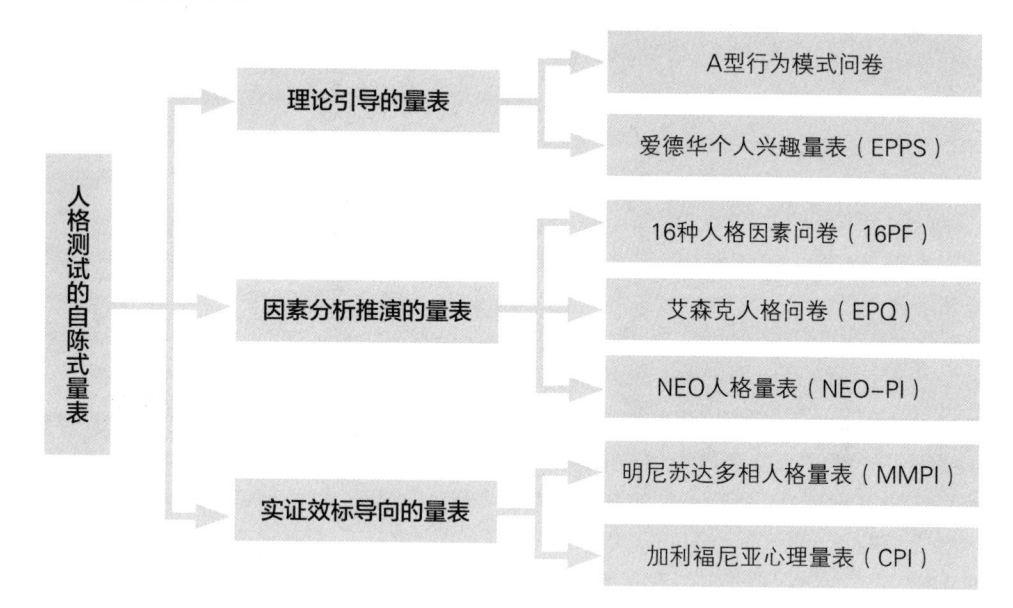

```
人格测试的自陈式量表
├── 理论引导的量表
│   ├── A型行为模式问卷
│   └── 爱德华个人兴趣量表（EPPS）
├── 因素分析推演的量表
│   ├── 16种人格因素问卷（16PF）
│   ├── 艾森克人格问卷（EPQ）
│   └── NEO人格量表（NEO-PI）
└── 实证效标导向的量表
    ├── 明尼苏达多相人格量表（MMPI）
    └── 加利福尼亚心理量表（CPI）
```

MMPI-2的10个临床指标

指标名称	高分的一般解读
疑病症（Hypochondriasis）	过度关心身体功能
抑郁（Depression）	悲观、无助、过度反思及动作迟缓
歇斯底里（Hysteria）	不成熟、使用压抑与否认作用
精神病态（Psychopathic deviate）	忽视社会习俗、具冲动性
男性化—女性化（Masculinity–femininity）	对传统性别角色的兴趣
妄想（Paranoia）	猜疑、敌意、夸大或迫害妄想
精神衰弱（Psychasthenia）	焦虑与强迫性思想
精神分裂（Schizophrenia）	疏离、不寻常的思想或行为
轻躁（Hypomania）	情绪激动、意念飞驰、躁动
社交内向（Social introversion）	害羞、不安全感

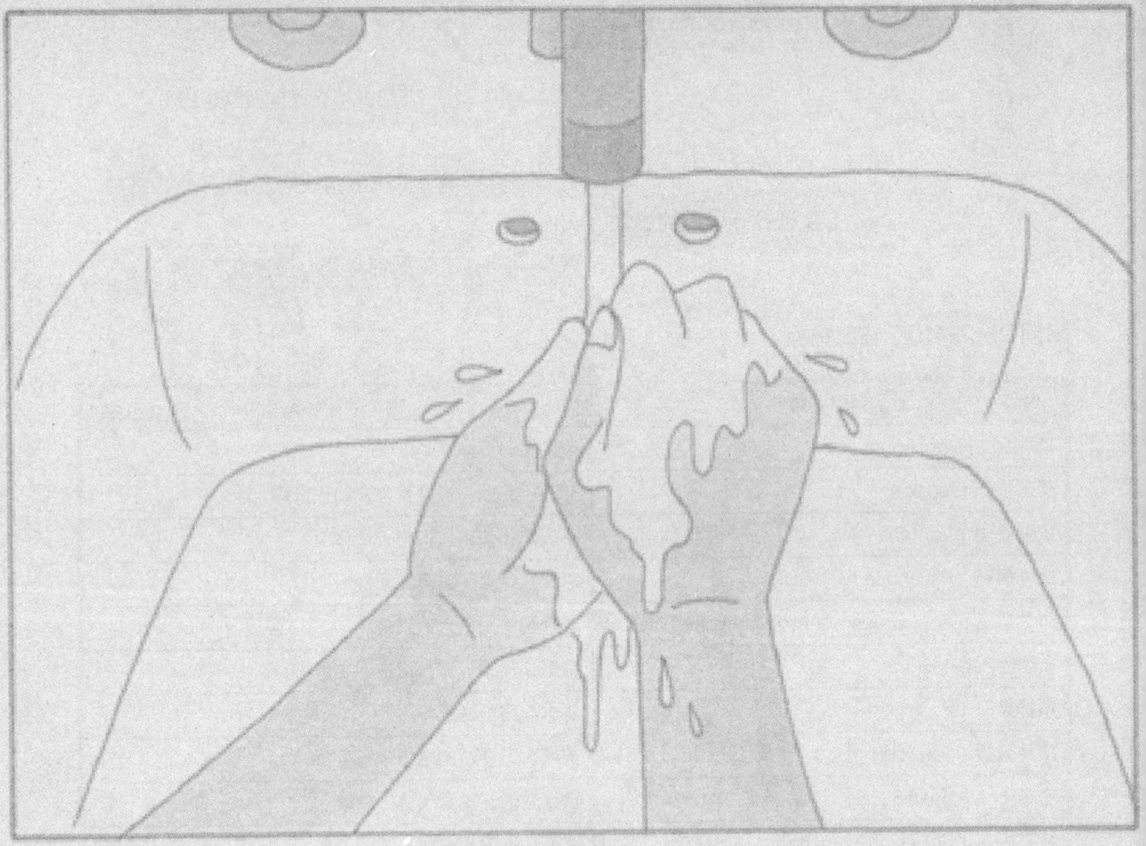

第10章
变态心理学

- 10-1　变态行为的界定
- 10-2　心理障碍的分类
- 10-3　变态行为的起因（一）
- 10-4　变态行为的起因（二）
- 10-5　变态行为的起因（三）
- 10-6　焦虑障碍——强迫症
- 10-7　心境障碍——抑郁症（一）
- 10-8　心境障碍——抑郁症（二）
- 10-9　躯体形式障碍——疑病症
- 10-10　分离障碍——分离性身份障碍
- 10-11　进食障碍——神经性厌食
- 10-12　人格障碍——反社会型人格障碍
- 10-13　儿童期心理障碍——多动症
- 10-14　儿童期心理障碍——自闭症
- 10-15　精神分裂症

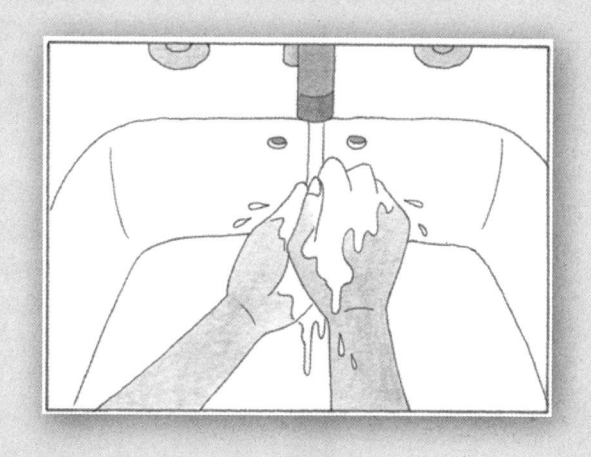

10-1 变态行为的界定

变态心理学（abnormal psychology）这一领域主要是在探讨人格的不良适应，偏差行为的成因、症状特性及分类，以及偏差行为的诊断、预防及治疗等主题。

何谓变态行为？

没有任一标准能够判定一个人为"变态"。但是个人越是在下列领域中发生问题，他就越有可能已产生某种程度的心理异常：

（1）苦恼或失能（distress or disability）：当事人感到困扰或有功能障碍的情况。例如，当事人出门后始终在担忧是否已关掉煤气或锁上大门，这妨碍了他追求一般生活目标。但是你在考试前几天也会感到苦恼，这绝非异常。因此，苦恼在变态心理的考量上既不是充分条件，甚至也不是必要条件。

（2）适应不良（maladaptiveness）：当事人的行为模式妨碍了生活福祉，严重干扰了人际关系或违背社会的责任。例如，长期酗酒导致无法维持工作，或酒驾危害他人。

（3）非理性和不可预测性（irrationality and unpredictability）：当事人的言谈或举止显得失去理性，无法对之作合理的预测。例如，个人对着实际不存在的东西辱骂脏话或作势挥拳，像是已失去对自己行为的控制。

（4）统计上的稀少性（statistical rarity）：这是根据统计学上正态分布的概念，把居于分布两端的行为视为异常。然而，天才（genius）在统计上是稀少的，绝对音感（perfect pitch）也是如此，我们却不至于视这样的才能为变态。另外，智能不足（也是偏离常态）则被认为代表变态。因此，我们需要添加"是否符合社会期望"的维度。当统计上的稀少是属于不合理（或不为社会接受）的行为时，才被视为变态。

（5）违反社会规范（violation of the standards of society）：所有文化都具有各式各样的规则。有些被正式制定为法律，另有些则隐含于社会习俗或道德准则中。视违反这些规范的幅度和频率而定，有些行为被认定为变态。例如，偶尔的超速开车不算是离经叛道，但是杀害父母或溺死自己孩子几乎立即被认定为变态行为。

（6）社会适应不良（social discomfort）：当事人的举止使人感到不安或带来了威胁，造成他人的不舒适。例如，在公共场所裸露下体或自慰，就很可能被判定为变态。

最后，我们必须提到，随着社会不断地演进，社会价值观和风俗民情也跟着发生变动。因此，一度被视为变态或偏差的行为，可能在10年或20年后却不作如是观。例如，在四五十年前，大多数美国人认为吸大麻，在海滩上全裸，在鼻子、嘴唇及肚脐上穿洞挂环，以及男扮女装或女扮男装等是变态行为。但是，现在大多数人只觉得这些是个人生活风格的问题，不但不会引人侧目，更不关涉变态或不变态。总之，判断"变态"上没有任一标准可被视为金科玉律，任何标准的使用都不免涉及一些主观性。

界定变态行为的六个标准

- 苦恼或失能
- 适应不良
- 非理性和不可预测性
- 统计上的稀少性
- 违反社会规范
- 社会适应不良

（界定变态行为的六个标准）

荷兰艺术家梵高（Vincent Van Gogh）表现出双相障碍的一些症状，这个困扰似乎在极富创造力的人群中有颇高的发生率。

➕ 知识补充站

文化如何影响什么被视为变态？

变态的指标不是一成不变的。在美国文化中，幻觉（hallucinations）被认为是"不良"症状，表示个人的心智发生混淆。但是在另一些文化中，幻觉被解读为神明授予当事人（如乩童）的神秘洞察力，属于"良性"的成分。

文化也可能塑造心理障碍的临床表现。例如，抑郁症在世界各地都会发生，但在中国，抑郁症患者通常把焦点放在身体症状上（疲累、晕眩、头痛），而不是描述自己感到哀伤或消沉。

10-2 心理障碍的分类

分类（classification）在任何科学研究上都是重要的步骤，无论我们探讨的是动植物、化学元素、宇宙或人类。当有一套普遍的分类系统时，我们才能够快速、清楚而有效地传达相关的信息。

今日，主要有两套精神医学分类系统在通行中，一是"世界卫生组织"（WHO）所发表的《国际疾病分类系统》（ICD-10），二是"美国精神医学会"所开发的《心理疾病诊断与统计手册》（*Diagnostic and Statistical Manual of Mental Disorders*，DSM）❶，2000年发行的DSM-Ⅳ-TR对超过200种心理障碍进行界定描述及分类。前者被广泛使用于欧洲和其他许多国家，后者则主要是在美洲地区使用，但两套系统有很高的兼容性。

（一）DSM-Ⅳ-TR的五个维度

DSM-Ⅳ-TR强调只对症状组型和疾病进程进行描述，但不牵涉病原理论或治疗策略。它采取多维度（axes）的评估方式。

第一维度：临床障碍。这大致上类似于综合医学所认定的各种疾病，包括了精神分裂症、广泛性焦虑障碍、抑郁症及物质依赖等。

第二维度：人格障碍；智力迟滞。这涉及以各种不当方式建立与外界的关系，养成长期的不良、不适应的行为模式，如反社会型或依赖型人格障碍。

第三维度：一般性医学状况。这方面信息（如肝硬化或糖尿病）可能对于理解或治疗前两个维度的障碍有关联。

第四维度：心理社会和环境的问题。这是记录可能促成当前障碍的应激源，如家庭、经济、教育、职业、居住及法律等方面的问题。

第五维度：整体适应功能的评估。这是在指出（从1到100的分数）当事人目前综合生活运作的良好程度。

在这五个维度上，每个维度都贡献了关于当事人的重要信息，它们统合起来就提供了相当广泛而有穿透力的描述——关于当事人的重大困扰、应激源及生活功能的水平。

（二）诊断标签的问题

诊断标签（diagnostic label）只是描述一些与当事人目前的生活功能有关的行为模式，它没有说明任何内在的病理状况。这很容易形成一种循环论证——当事人展现那样的行为正是因为他有该病症；当事人为什么有该病症则是从他所展现的行为判断出来的，这样一来没有作任何解释。

一旦个人被贴上标签后，我们很容易就认为标签是对他准确而完备的描述，然后就终止更进一步的探讨，且据以解读他随后的举动。这样的先入之见可能阻碍了对他行为的客观审视，甚至可能影响临床上重要的互动和治疗抉择。

此外，个人被贴上标签后，他可能接受这个被重新认定的身份，然后表现出标签角色所被期待的行为。许多精神医学标签带有轻蔑及耻辱的含意，就像是在人身上盖下戳记。这样的污名化可能对当事人的士气、自尊及人际关系产生负面影响。

---

❶ 简体中文版《精神障碍诊断与统计手册（第五版）》（DSM-5）由北京大学出版社于2015年出版。——编者注

心理健康从业人员的一览表

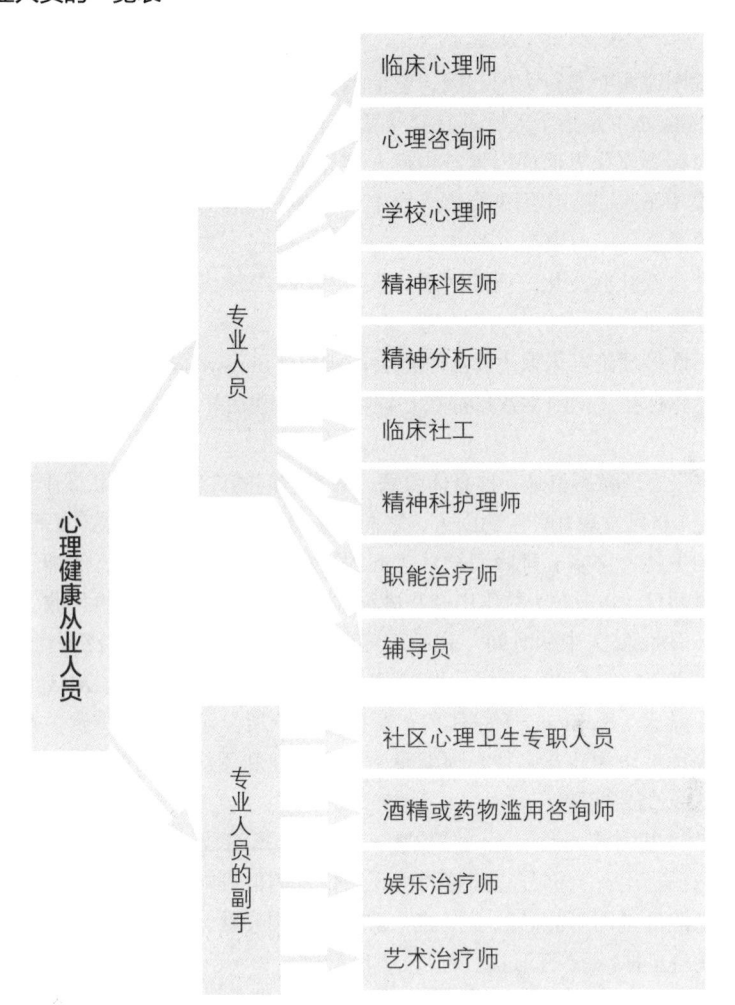

```
                          ┌─ 临床心理师
                          ├─ 心理咨询师
                          ├─ 学校心理师
               ┌─专业人员─┼─ 精神科医师
               │          ├─ 精神分析师
               │          ├─ 临床社工
心理健康从业人员┤          ├─ 精神科护理师
               │          ├─ 职能治疗师
               │          └─ 辅导员
               │
               │              ┌─ 社区心理卫生专职人员
               └─专业人员的副手┼─ 酒精或药物滥用咨询师
                              ├─ 娱乐治疗师
                              └─ 艺术治疗师
```

> **➕ 知识补充站**
>
> **病人vs.个案**
>
> 　　多年以来，对于求诊于心理健康专业人员的当事人而言，传统上称之为"病人"（patient）。但是，这个用语不免令人联想到医学疾病和消极态度——病人总是耐心等待医师的诊治。如今，许多心理健康专业人员更喜欢采用"个案"（client）的称呼，因为这表示当事人应该更积极参与自己的治疗，也对自己的康复负起更多责任。

10-3　变态行为的起因（一）

　　许多观点试图说明变态行为的起因，它们的共同特征是可被视为起源于"素质—压力模型"。素质（diathesis）是指个人所具有容易发展出特定障碍的先天倾向。素质可以是源于生物、心理社会及社会文化方面的因素。当事人首先具有某一障碍的素质或易患性，再随着一些性质的应激源（stressor）作用于当事人身上，许多心理障碍就是这样发展出来——这就是心理障碍所谓的素质—压力模型（diathesis-stress models）。同样地，应激源在性质上也可以是生物、心理社会及社会文化方面的因素。素质和压力二者是引起特定障碍的必要条件，但各自都不是充分原因。

　　近些年来，许多理论家采取生物心理社会的观点（biopsychosocial viewpoint），他们认为生物、心理社会和社会文化因素各自都在心理障碍和心理治疗上扮演部分的角色。

生物的观点

　　生物观点主张心理障碍也是一种身体疾病，只是它们的许多主要症状属于认知、情绪或行为的层面。研究人员已发现几种生物因素，它们似乎与不适应行为的发展有关联：

　　神经递质的失衡：许多心理障碍被认为起因于各个脑区的不同形态的神经递质失衡。例如，抗抑郁药氟西汀（Prozac）的作用就是减缓血清素（serotonin）的再回收，从而延长血清素停留在突触（synapse）中的时间。在心理障碍的研究上，受到最广泛探讨的4种神经递质是：去甲肾上腺素（norepinephrine）、血清素、多巴胺（dopamine）及GABA。

　　激素失衡：激素（hormones）是体内一套内分泌腺所分泌的化学物质，直接渗透到血液之中。激素的失衡被认为涉及多种心理障碍，如抑郁症和创伤后应激障碍。性激素（如雄性激素）失衡也可能造成不适应行为。

　　基因脆弱性：基因（genes）由很长的DNA分子链所组成，它们是染色体的一种功能单位。实质的证据已指出，大部分心理障碍受到遗传基因的影响，只是影响程度随不同障碍而异。再者，有缺陷的基因可能导致中枢神经系统的结构异常，造成大脑化学调节和激素平衡的差错，或造成自主神经系统的过度反应或不足反应。

　　气质：气质（temperament）是指婴儿的反应性和特有的自我调节方式，特别反映在他们对各种刺激的特有情绪反应和警觉反应上。这样的反应倾向受到遗传因素的影响，而且早期的气质被认为是人格发展的基础。研究人员已发现了一些可能与幼儿日后发展出焦虑性障碍、品行障碍或反社会型人格障碍相关的风险因素。

　　大脑损伤：心理障碍的许多认知和行为的症状是大脑损伤所引起。至于大脑损伤的原因，则包括脑震荡、脑血管阻塞、脑溢血、脑肿瘤、退行性疾病、营养失调、中毒性疾病及长期酒精滥用等。

突触及其运转方式的示意图

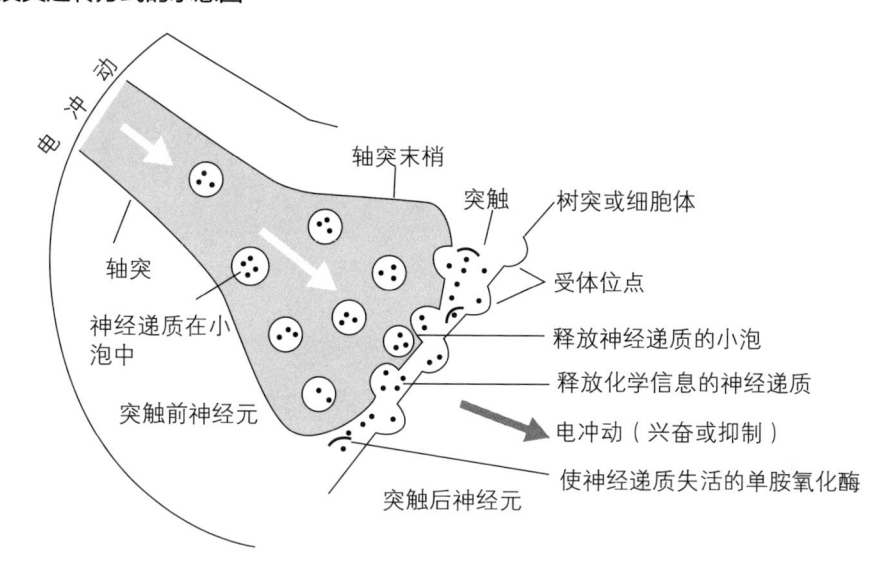

- 电冲动
- 轴突末梢
- 突触
- 树突或细胞体
- 受体位点
- 释放神经递质的小泡
- 释放化学信息的神经递质
- 电冲动（兴奋或抑制）
- 使神经递质失活的单胺氧化酶
- 轴突
- 神经递质在小泡中
- 突触前神经元
- 突触后神经元

内分泌系统的示意图

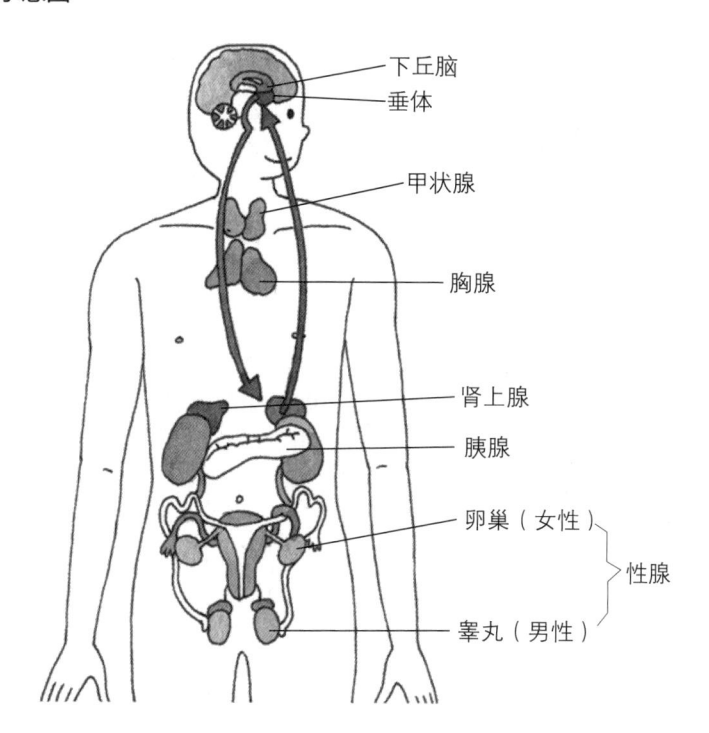

- 下丘脑
- 垂体
- 甲状腺
- 胸腺
- 肾上腺
- 胰腺
- 卵巢（女性）
- 睾丸（男性）
- 性腺

10-4 变态行为的起因（二）

心理社会的观点

心理社会的观点视人类为拥有动机、欲望、知觉及思维的存在，而不仅是有机生物体。我们以下介绍关于人类本质及行为的3种观点：心理动力学、行为学，以及认知—行为的观点。

1. 心理动力学的观点

（1）弗洛伊德相信，本我、自我及超我的互动在决定行为上具有关键的重要性。精神内在冲突的产生是因为人格的这3个次系统正在追求不同的目标。如果不加以解决，这些内心冲突将会导致心理障碍。

（2）焦虑在所有神经官能症中是一种普遍存在的症状。一般而言，自我（ego）会采取合理的措施以应对客观的焦虑。但是神经质焦虑（neurotic anxiety）和道德焦虑（moral anxiety）属于潜意识层面，自我只好诉诸不合理的保护手段，即"自我防御机制"，以把痛苦的念头或想法推出意识之外。然而，自我防御机制的夸大或不当使用，至少是一些心理障碍的可能起因。

（3）弗洛伊德指出，从婴儿期到青春期，所有人都会经过5个性心理发展阶段，每个阶段各有达成性欲满足的一种主要模式。如果个人滞留或固着（fixate）于某一阶段，这将会塑造他未来的性格特征。例如，如果婴儿没有获得适度的口腔满足，他可能在成年生活中倾向于过度吃食、过量饮酒或沉溺于另一些口腔刺激。

新式心理动力学的观点强调3个方向。第一种新方向是认为自我的地位更重要；当自我不能适当发挥功能以控制或延缓冲动满足时，就会发展出心理障碍，这一学派后来被称为自我心理学（ego psychology）。第二种新方向是强调婴儿非常早期的关系在他人格和自我观念发展上的角色，这称为依恋理论（attachment theory）。第三种新方向是强调个人行为的社会决定因素，被称为人际观点（interpersonal perspective）。

2. 行为学的观点

行为学的观点在20世纪初期兴起，作为对精神分析的非科学方法的一种反动。

基本上，它主张变态行为是以正常行为被习得的相同方式习得的。至于学习模式主要是：经典条件学习、操作条件学习，以及观察学习。凭借少数的基本概念，行为学试图解释所有类型行为的获得、矫正及消退。不适应行为基本上是基于2种情况的结果：无法习得必要的适应行为或胜任能力；习得无效或不适应的反应。

3. 认知—行为的观点

从1950年代以来，许多心理学家开始强调认知对于行为的影响。除了班杜拉提出自我效能的理论，贝克（Aaron Beck）主张功能不良的图式（schemas，个人用以认识世界或认识自己的基本模式，人们根据自己的性情、能力及早期学习经验而发展出不同的图式）导致了信息处理和思考二者的扭曲，而这正是一些心理障碍的特征所在。

变态行为的起因一览表

- 变态行为的起因
  - 生物的观点
    - 神经递质失衡
    - 激素失衡
    - 基因脆弱性
    - 气质
    - 大脑损伤
  - 心理社会的观点
    - 心理动力学
      - 精神内在冲突
      - 自我防御机制的不当使用
      - 性心理发展阶段的固着
    - 新式心理动力学
      - 自我心理学
      - 依恋理论
      - 人际观点
    - 行为学
      - 经典条件学习
      - 操作条件学习
      - 观察学习
    - 认知—行为
      - 自我效能理论
      - 功能不良的图式
      - 归因风格
  - 社会文化的观点
    - 不良的社会影响力
      - 低社会经济地位与失业
      - 种族、性别和文化的歧视
      - 社会变动与未来不确定性

10-5 变态行为的起因（三）

另外，归因理论主张，不同类型的心理障碍与个人持有功能不良的归因风格有关。例如，抑郁的人就是倾向于把不好事件归因于内在、稳定及全面的原因。

心理学家检验了各类的心理社会因素，它们导致人们容易受扰于心理障碍，或可能加速心理障碍的发生。这方面因素包括：早期的剥夺或创伤、不适当的管教风格、婚姻不睦与破裂及不和谐的同伴关系。

4. 人本主义的观点

人本主义关心的是爱、希望、创造性、价值、意义、个人成长及自我实现等过程，尽管这些抽象过程不容易接受实证的检验。根据这个观点，心理障碍基本上是个人成长和朝向身心健康的自然倾向受到阻碍或扭曲所致——源自疏离、自我感丧失及孤独等问题。

5. 存在主义的观点

存在主义的观点（existential perspective）强调个体的独特性，以及对于价值和意义的追求，但它倾向于把重心放在人类不理性的倾向和自我实现的固有障碍上。存在主义心理学家重视的是建立价值观和获得心理成熟。如果逃避这些核心议题，势必会造成腐败、无意义及虚度的生命。因此，大部分的变态行为被视为是"不能建设性地处理有关存在的绝望和挫折"的产物。

6. 多元观点

关于人类行为的每一种心理社会的观点，都促成了我们对心理障碍的理解，但它们单独都无法解释人类不良适应行为的复杂本质。就以酒精依赖（alcohol dependence）而言，传统的心理动力学理论侧重当事人饮酒是试图降低精神内在的冲突及焦虑；新式的人际观点强调当事人过去和现在的人际关系的障碍；行为观点把重心放在当事人所习得的降低压力的习惯，也放在可能会恶化或维持不良行为的环境条件；至于认知—行为观点则强调不良适应的思考，像是问题解决和信息处理上的缺失。

社会文化的观点

源于社会学和人类学的发展，跨文化研究已清楚显示各种社会文化状况与心理障碍之间的关系，这些发现为变态行为的现代观点增添了重要的新维度。

尽管许多心理障碍存在普遍一致的症状和症状群，但社会文化因素通常会影响哪些障碍会发展出来，它们的表现形式、患病率，以及进程。例如，重度抑郁（major depressive disorder）的患病率在世界各地文化中各有不同，从日本的3%到美国的17%。此外，几种重大心理障碍的预后或结果在不同国家中也有差异。

心理学家已检测出几种不良的社会影响力，像是低社会经济地位与失业，种族、性别和文化的歧视，以及社会变动和未来不确定性。社会文化研究已导致许多方案的实施，立意于改善不利的社会条件，以便针对心理障碍提供早期预测、适时治疗及长期预防。

关于酒精依赖的3种主要心理社会的观点

心理动力学的观点

"他正在减轻精神内在的冲突及焦虑"

行为学的观点

"他已习得降低压力的错误习惯，他有一个充满压力的工作。"

认知—行为的观点

"他以错误的方式思考他的问题，他不合理地相信酒精将会降低他的压力。"

当事人过量饮酒

✚ 知识补充站

中国早期有关精神病的观点

早在公元前7世纪，中国医学对疾病成因的观念就基于自然，而不是神鬼。在阴与阳（Yin and Yang）的概念中，人体就像一个宇宙，分为正与负两个层面，二者互补互斥。如果阴阳两种力量处于均衡状态，人的身心将会呈现健康状况，反之就会生病。因此，治疗着重于恢复阴阳平衡，这可以通过饮食的控制达成。

在公元2世纪时，中国医学达到更高水平。张景仲撰述了两本著名的医书，他关于身心疾病的观点建立在临床观察上，认为器官的病变是疾病的主因。此外，他也认为负荷压力的心理状况可能导致器官病变。他的治疗利用两种作用力，一是药物，二是通过适宜活动以恢复情绪的平衡。

但再接下来，中国关于精神疾病的观点发生倒退现象，转而相信超自然力量为疾病的起因。从公元2世纪后期到公元9世纪初期，神鬼之说大为盛行，精神错乱被认为是起因于恶灵的附身。幸好，不过几个世纪后，中国就又回归生理及肉体的观点，也强调心理社会的因素。

10-6　焦虑障碍——强迫症

焦虑障碍（anxiety disorders）的特征是具有不符实际、不合理的恐惧或焦虑，其强度损害了当事人的正常生活。DSM-Ⅳ-TR列出了7种主要类型的焦虑性障碍：特定恐怖症（specific phobia）、社交恐怖症（social phobia）、惊恐障碍（panic disorder）、广泛性焦虑障碍（generalized anxiety disorder）、强迫症、广场恐怖症（agoraphobia），以及创伤后应激障碍（PTSD）。我们在这里介绍强迫症。

（一）强迫症（obsessive-compulsive disorder）的症状描述

强迫症在诊断上被界定为产生非自愿和闯入性的强迫思想或意象，导致当事人的苦恼；通常还会伴随有强迫行为，以便抵消该强迫思想或意象。当事人通常知道这些持续而反复发生的强迫意念（obsessions）是不合理的，也干扰了生活，他们试图加以抵抗或压制。强迫行为（compulsions）可能是一些外显的重复举动（如洗手、检查或排序），也可能是一些内隐的心理活动（如计数或默念）。强迫行为的执行是在预防或降低苦恼，或是为了防止一些可怕事件或情境的发生。

（二）强迫症的一些特性

大部分人产生过轻微的强迫思想或行为，像是怀疑自己是否锁好门窗或关掉煤气。但在强迫症患者身上，这样的思想显得过激或不合理，相当顽固而引人苦恼，消耗当事人不少时间。

强迫症普遍初发于青少年后期或成年早期，但在儿童身上也不少见。强迫症是渐进地发展的，但是一旦成形后，它倾向于长期存在，虽然症状的严重程度随着时间起伏不定。强迫症的终身患病率平均是1.6%。

典型的强迫行为包括洗手、检查电灯或家电是否关好，以及清点物件或财产等不可抗拒的冲动。还有一些强迫行为是保持物件完全对称或均衡。囤积（hoarding）是另一种强迫行为，直到近期才受到研究者的注意。

（三）强迫症的起因

根据心理动力的模式，强迫行为被视为一种替罪仪式，以便令一些更加骇人的欲望或冲动所制造的焦虑缓解下来。因此，重复的洗手行为可能象征洗去个人双手的罪恶（无论是真正或想象的罪恶）。

根据行为学派的说法，触摸门把手可能与肮脏的骇人想法联结起来。一旦达成这样的联想，当事人接着发现，触摸门把手引起的焦虑可以经由洗手而降低。洗手减轻了焦虑。所以洗手反应受到强化。当另一些情境也引起关于肮脏的焦虑时，洗手将会一再地发生。这称为回避学习（avoidance learning）的双向理论。

在生物层面上，同卵双胞胎在强迫症上有较高的一致率，异卵双胞胎的一致率较低。此外，强迫症个案的直系亲属中有显著较高的强迫症发生率——相较于强迫症患病率的现行估计值。

焦虑障碍的性别差异：终身患病率估计值

心理障碍	男性的患病率（%）	女性的患病率（%）
社交恐怖症	11.1	15.5
惊恐障碍	2	5
特定恐怖症	6.7	15.7
强迫症	2	2.9
广泛性焦虑障碍	3.6	6.6
创伤后应激障碍	5	10.4

强迫症使得人们从事无意义、仪式化的行为，如重复地洗手。

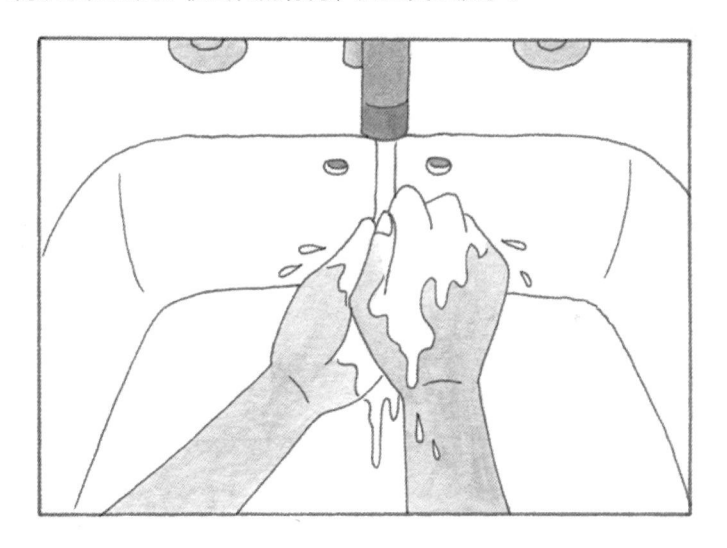

➕ 知识补充站

强迫症的治疗

暴露与反应预防（exposure and response prevention）二者结合的行为治疗法是处理强迫症的最有效途径。它首先要求强迫症个案重复暴露自己于将会诱发他们强迫意念的刺激中，然后防止他们从事强迫的仪式化行为，以让个案看清楚，他们的强迫意念所制造的焦虑将会自然地消退。

至今为止，影响血清素的药物（如clomipramine）似乎是处理强迫症的主要药物，也有适度良好的效果。另外，几种SSRI类的抗抑郁药物（如fluoxetine，即氟西汀）在处理强迫症上也有同等的疗效。但是，如同其他焦虑障碍，强迫症的药物治疗的主要不利之处是，当停止服用药物后，复发率通常极高，甚至高达90%。显然，行为治疗法有更持久的效益。

10-7　心境障碍——抑郁症（一）

心境障碍（mood disorders）主要涉及躁狂（mania）和抑郁（depression）两种心境。躁狂是指强烈且不符实际的兴奋和欣快的感受。抑郁则是极度哀伤和消沉的感受。在单相障碍中（unipolar disorders），当事人只遭遇抑郁发作。在双相障碍中（bipolar disorders），当事人既遭遇抑郁发作，又遭遇躁狂发作。

重度抑郁（major depressive disorder）的症状描述

重度抑郁的诊断标准为，当事人必须在至少两个星期中出现重大的抑郁心情或失去愉悦心情。此外，当事人必须出现另几项症状，从认知症状（如感到没有价值、罪疚感或自杀的意念）到行为症状（如疲累或行动迟缓）再进一步到身体症状（如食欲不振或失眠）。

抑郁症的一些特征

抑郁症的发生率在近几十年来有明显增加的趋势。最新的流行病学研究显示，抑郁症的终身患病率高达17%。再者，抑郁症的发生率始终是女性远高于男性，其比值大约是2∶1。至于双相障碍（或称躁郁症）就相对极少发生，个人患上此类障碍的一生风险为0.4%~1.6%。

大部分人在生活中都曾感到忧伤、沮丧、悲观及失望。但是，这样的状态通常不会持续很久，几天或几星期后就会自行消失。因此，下列两种情况通常不被视为心境障碍。

死亡与哀悼的过程：DSM-Ⅳ-TR建议，即使所有的症状准则都符合，在亲友去世（亲人）后的2个月内也不适宜做出抑郁症的诊断。

产后心情低落：有些妇女在新生儿诞生后发生"产后抑郁"（postpartum blues），典型症状包括情绪不稳定、容易哭泣及暴躁，但往往也交织不少愉悦的感受。这样症状发生在高达50%~70%的妇女身上，在她们子女诞生后的10天之内，这种症状通常将会自行缓解，因此还称不上是重度抑郁。

激素重整可能是产后抑郁的原因之一。但心理成分显然也牵涉在内——如果初为人母者缺乏社会支持或不适应她新的身份和职责的话。

虽然抑郁症最常初发于青少年后期到成年中期，但它在生命全程的任何时期都可能发生，从儿童早期到老年期。抑郁症的发生率在青少年期陡然升高。在美国，大约21%的女性和13%的男性在他们生活中曾经符合抑郁症的正式诊断标准。

抑郁症的起因

1. 生物的因素

家族研究已发现，当个人有临床上诊断的抑郁症时，他的血亲在抑郁症上的患病率大约是一般人口的3倍高。双胞胎研究显示，当同卵双胞胎之一患有抑郁症时，另一位有67%的概率也将会患抑郁症。但对异卵双胞胎而言，这个数值只有20%。

抑郁症在许多国家中的流行率

国家		终身患病率（%）
日本	低	2.8
韩国		3.1
冰岛		5.0
德国		8.4
加拿大		9.3
新西兰		11.2
意大利		12.5
匈牙利		15.1
瑞士		16.2
法国		16.4
美国		17.1
黎巴嫩	高	19.3

这位新手母亲的心情极为多变且容易哭泣，但还称不上是抑郁症。

➕ **知识补充站**

抑郁症的无助理论

塞利格曼（Martin Seligman）的无助理论是源自对动物的观察。他首先强迫狗接受疼痛而无法逃避的电击，即不论狗做些什么，始终被施加电击。稍后，当这些狗被安置在它们能够控制电击的情境中时，它们显得消极、无精打采、不做抵抗，似乎已放弃努力，学不会采取行动以改善自己的处境。塞利格曼称这种现象为"习得性无助"（learned helplessness）。

塞利格曼认为，这就类似于人类在抑郁症中所表现的负面认知定式（cognitive set）。当人们面临压力生活事件，但发觉自己对该事件无能为力，预期自己做些什么都无济于事时，他们就停止抗争，放弃努力——就像在动物身上所看到的无助症状。

10-8 心境障碍——抑郁症（二）

神经化学方面的研究指出，抑郁可能跟血清素和去甲肾上腺素这两种神经递质的分泌不足有关；躁狂则跟大脑中这两种神经递质的分泌过量有关。

在激素方面，抑郁可能跟下丘脑—垂体—肾上腺轴（HPA）的功能失调有关。此外，甲状腺机能减退也可能导致抑郁状态。

2. 心理社会的因素

重大压力的生活事件经常会成为抑郁症的催化剂，这些事件包括与重要他人的生离死别、严重经济困境或失业，以及重大健康困扰等。神经质（neuroticism）是抑郁症的脆弱因素的主要性格变量，它也预测了较多压力生活事件的发生。此外，神经质也与从抑郁症完全复原之后较差的预后有关。

在抑郁症的认知方面，研究重心被放在特有的负面思考模式上。有些人倾向于把负面事件归因于内在、稳定及全面（global）的原因，这较易导致抑郁——相较于把同一事件归因于外在、不稳定及特定（specific）的原因。

早年生活中的一些逆境可能造成个人在抑郁症上的长期脆弱性，包括失去父母、家庭动荡不安、父母心理障碍、身体虐待或性虐待，以及严厉而专制的父母管教。最后，缺乏社会支持和社交技巧的缺损也可能起到一定作用。研究已发现，当人们社交孤立或缺乏社会支持时，较容易变得抑郁。

3. 社会文化的因素

抑郁症出现在已被探讨的所有文化中，但是它的表现形式和患病率有广泛差异。例如，在中国和日本，抑郁症的发生率相对偏低，而且倾向于以身体症状表现出来，例如睡眠障碍、食欲减退、体重降低及失去对性行为的兴趣。

在抑郁症的心理成分中，亚洲人经常缺乏西方文化所谓的罪恶感和自我谴责的成分。这可能是西方文化视每个人为独立的个体，所以当挫败发生时，通常采取内在的归因。最后，抑郁症的患病率跟社会经济地位成反比。这也就是说，较低社会经济地位的人群有较高的患病率——很可能是低社会经济地位导致逆境和生活压力。

自杀

虽然大多数抑郁症患者并未自杀，但是许多自杀企图是来自受扰于抑郁症的人。在所有心理障碍中，抑郁症患者有最高的自杀风险（大约15%），但精神分裂症患者也有大约10%的风险——相较之下，一般人口的平均风险是1.4%。

在大部分西方国家中，自杀现在已跻身十大死因之列。在美国，女性企图自杀的可能性大约是男性的3倍；然而，实际自杀身亡的男性约为女性的4倍多。这项差异的发生大致上是因为男性倾向于使用较可能致命的方法，特别是举枪自杀；女性则倾向于使用较不致命的手段，如服用安眠药。

研究还发现，超过40%的自杀者曾经以清楚的措辞传达他们的自杀意图；另外30%在他们自杀前的几个月内谈论过死亡或临终的话题。因此，当他人吐露这样的意图时，我们应该认真对待，提供适时的支持及关怀。

贝克关于抑郁症的认知理论

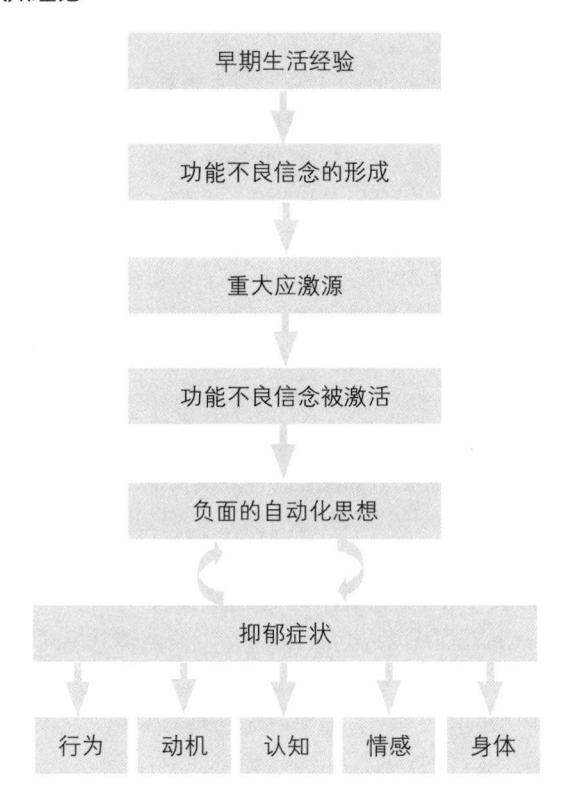

```
早期生活经验
    ↓
功能不良信念的形成
    ↓
重大应激源
    ↓
功能不良信念被激活
    ↓
负面的自动化思想
    ↕
抑郁症状
  ↙  ↙  ↓  ↘  ↘
行为 动机 认知 情感 身体
```

➕ 知识补充站

贝克的抑郁症认知模式

贝克（Aaron Beck）是抑郁症研究上的一位先驱，他认为是当事人的认知定式（个人看待世界的心态）引起了情感或心境的症状。首先，个人从不当的早期经验中衍生一些功能不良的信念（但个人通常未能察觉），它们是一些僵化、偏激及不具建设性的信念。这些信念原本处于潜伏或休眠的状态，但是当它们被个人面临的重大应激源所激活时，就制造了负面的自动化思想，也就是对于自己、对于世界及对于未来采取消极的思想，这被称为负面认知三部曲（negative cognitive triad）。当事人以这样的错误方式处理跟自己有关的负面信息，长期下来自然导致抑郁症的各种症状。

10-9 躯体形式障碍——疑病症

躯体形式障碍（somatoform disorders）是指当事人感到一些身体不适并认为有生理状况的存在，却找不到生理病理的任何证据。但他们也不是有意地伪造症状或试图欺骗别人，他们真正相信自己身体内部发生了差错。DSM-Ⅳ-TR区分了5种躯体形式障碍：疑病症、躯体化障碍、疼痛障碍、转换性障碍，以及躯体变形障碍。我们在这里讨论疑病症。

（一）疑病症（hypochondriasis）的症状描述

当事人专注于他们将会感染或实际上已罹患重大疾病的想法。例如，咳嗽被他们认为是肺癌的征兆。再者，尽管经过适当的医疗评估和专业人员的保证，他们的担忧仍然持续不退。最后，这样的状况持续至少6个月方能符合诊断标准。

（二）疑病症的一些特性

疑病症是最常发生的躯体形式障碍，它的患病率为2%~7%，以同等频率出现在女性和男性身上。疑病症可能在几乎任何年龄开始发作，但最常发于成年早期。

疑病症患者通常会就他们的身体状况求助于医生，但是医生的担保和安抚无法使他们安心下来太久，他们会四处找寻不同的医生，希望找到自己真正的病因。因为他们倾向于怀疑医生的诊断的正确性，医患关系经常充满冲突及敌意。

然而，疑病症患者不是在诈病（malingering）。尽管身体状况通常良好，他们真心相信自己发觉的症状是重大疾病的征兆。有些人会建议他们，他们的困扰可能在心理的层面，应该寻求咨询师或精神科医师的治疗才对，但他们普遍嗤之以鼻。

（三）疑病症的起因

相较于心境和焦虑障碍，我们对躯体形式障碍（包括疑病症）病因的认识仍然有限。有些学者把研究重心放在导致障碍的认知过程上。例如，疑病症患者对与疾病有关的信息有一种注意偏差（attentional bias）。他们认为自己的症状比起实际情形更为危险，也判断所涉疾病比起实际情形更可能发生。一旦错误解读自己所涉症状，他们倾向于寻找支持性的证据，而且对那些表示他们健康良好的证据保持半信半疑。这样对疾病和症状不适宜的关注制造了一种恶性循环：他们的担忧引起了焦虑的生理效应，乍看之下像是疾病的症状，这提供了进一步证据，表示他们对健康的担忧是有正当依据的。

我们大部分人从孩提时期就学会了，当我们生病时，我们会被给予特别的安慰及注意，也能豁免一些责任。这样的附带获益（secondary gain）或许也有助于理解疾病焦虑的思维和行为模式如何被维持下去。

（四）疑病症的治疗

几项研究已发现，认知—行为治疗在处理疑病症上很有成效。此外，患者有时候被指导从事"反应预防"，不要那般频繁地检验自己身体，也不要持续寻求他人的安抚。最后，一些抗抑郁的药物（特别是SSRIs）在治疗疑病症上也颇具效果。

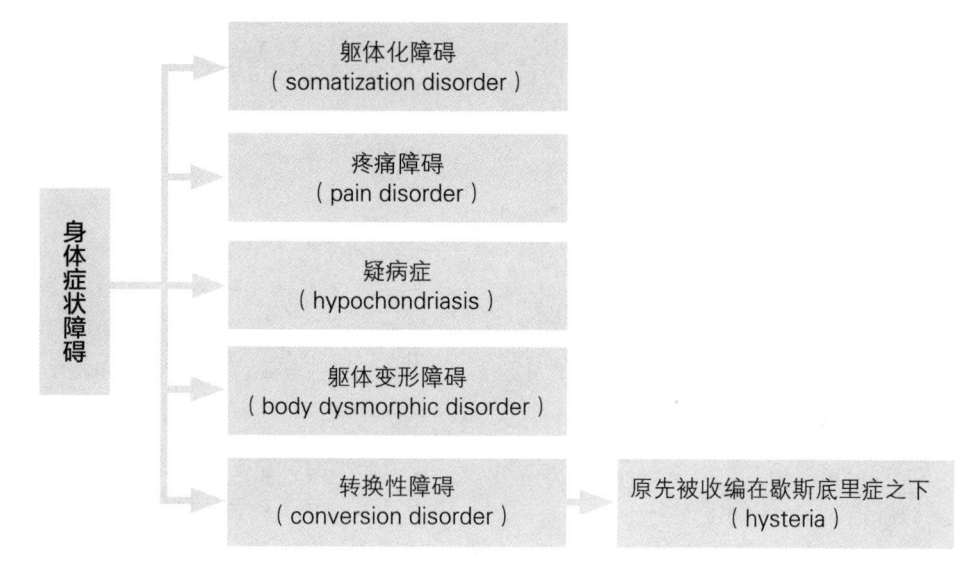

躯体形式障碍的类别

```
                    ┌─► 躯体化障碍
                    │   (somatization disorder)
                    │
                    ├─► 疼痛障碍
                    │   (pain disorder)
                    │
    身体症状障碍 ───┼─► 疑病症
                    │   (hypochondriasis)
                    │
                    ├─► 躯体变形障碍
                    │   (body dysmorphic disorder)
                    │
                    └─► 转换性障碍 ───► 原先被收编在歇斯底里症之下
                        (conversion disorder)    (hysteria)
```

✚ 知识补充站

关于同性恋观点的变迁

如果你阅读1970年之前关于同性恋的医学和心理学文献，你会发现同性恋人士曾被视为精神病。但这还算是宽容的，更早的观点是视同性恋人士为罪犯，需要被下狱监禁。

1950年代左右，"视同性恋为心理疾病"的观点开始受到挑战。金赛博士发现，同性恋行为远比先前认为的更为普遍。1960年代见证了同性恋解放运动的兴起，同性恋人士不再容忍被视为次等公民。

到了1970年代，许多精神科医师和心理学家（他们自身也是同性恋）在心理卫生专业内发出呼吁，要求将同性恋从DSM-Ⅱ（1968）中除名。经过激烈的争辩后，美国精神医学会（APA）在1974年举行会员投票，最后以5854票对3810票把同性恋排除于DSM-Ⅱ之外。今日，同性恋已不被视为心理疾病，它只是一种正常的性取向（sexual orientation），或一种另类的生活风格。

10-10 分离障碍——分离性身份障碍

分离障碍（dissociative disorders）所涉及的是整个精神病理领域中最戏剧性的一些现象，即人们记不得自己是谁，记不起自己来自何处，或个人拥有两个（或以上）不同的身份或人格。分离（dissociation）是指个人把引起心理苦恼的意识活动或记忆，从整体精神活动中切割开来，以使自己的自尊或安宁不受到威胁。

DSM-Ⅳ-TR区分了几种分离障碍：人格解体障碍、分离性遗忘症、分离性漫游，以及分离性身份障碍。

（一）分离性身份障碍（DID）的症状描述

DID原先称为多重人格障碍（multiple personality disorder），患者显现至少两种不同的身份，它们以某些方式交替出现而支配个人的行为。

（二）DID的一些特性

在大部分情况中，个人有一种身份最常出现，它占领个人的真正姓名，称为主人身份（host identity）。另一些更替身份（alter identities）则在许多引人注意的层面上有别于原来的身份，像是性别、年龄、笔迹、性取向，以及运动或饮食的偏好等。在个性方面，如果有一种更替身份是害羞的（软弱的、热情的、性挑逗的），通常会有另一种更替身份是外向的（坚强的、冷淡的、拘礼的）。主人身份所压抑的需求和感情通常会在另一种更替身份中展现出来。

更替身份的转换通常是突然发生的（几秒之内），虽然较为渐进的转换也可能出现。DID患者对于更替身份所经历的事情会出现失忆情况。DID的另一些常见症状包括抑郁、喜怒无常、头痛、幻觉、自残，以及惯性的自杀意念和自杀企图。DID通常好发于儿童期，但是大部分患者是在二三十岁时才被诊断出来。女性被诊断为DID的人数为男性的3~9倍。

DID个案虽然在电影、小说及各式媒体上被广泛报道，但是它在临床上极为少见。在1980年之前，整个精神医学文献中只发现了大约200例个案。然而，到了1999年，仅北美地区就有超过30000例个案被报告出来。尽管如此，大部分心理治疗师可能一辈子都不曾接见过一例DID的个案。

（三）DID的起因

"创伤理论"是说明DID的重要观点。大部分DID患者（接近95%）报告自己童年期时受到严重的虐待（身体或性方面）。因此，DID可能起始于幼童受到重复的创伤、性虐待时，他们试图应对压倒性的绝望和无力的感受。在缺乏适当资源和逃避途径的情况下，儿童只好以分离方式遁入幻想之中，把自己转换成另一个人。这样的逃避是通过自我催眠（self-hypnosis）的过程而发生的，而如果有助于缓解虐待引起的痛苦的话，它就会被强化而在未来再度发生。

在DID的治疗上，通常是采用心理动力和洞察力取向的疗法，以便揭露及剖析被认为导致该障碍的创伤及其他冲突。治疗师通常通过催眠以接触个案的不同身份，设法整合各个身份状态成为单一人格，以便个案更有能力应对生活中的压力。

分离障碍的类别

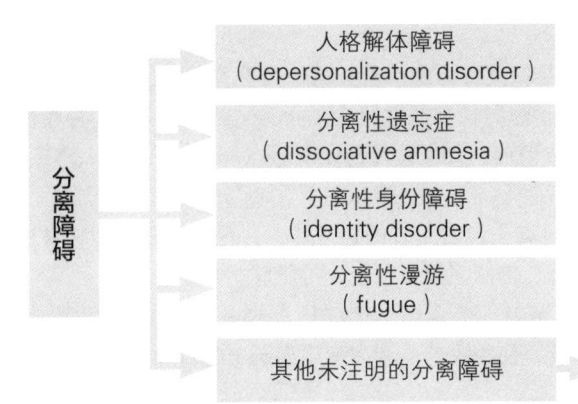

```
         ┌─→ 人格解体障碍
         │   (depersonalization disorder)
         │
         ├─→ 分离性遗忘症
         │   (dissociative amnesia)
分离     │
障碍  ───┼─→ 分离性身份障碍
         │   (identity disorder)
         │
         ├─→ 分离性漫游
         │   (fugue)
         │
         └─→ 其他未注明的分离障碍 ──→ 如被附身恍惚
```

分离性身份障碍的示意图

主人身份	更替身份
适应不良、缺乏果断力的人格	攻击而跋扈的人格
更替身份	**更替身份**
幼稚而天真的人格	好社交而活泼的人格

➕ 知识补充站

分离障碍简介

人格解体障碍：当事人持续或重复地感受到像是脱离于自己的身体或心智活动，就像自己是个外在观察者那般，或感到自己仿佛正生活在梦境或电影中。

分离性遗忘症：当事人不能记起重要的个人信息，但这种现象是心理因素所引起的，当事人没有任何器质性的功能不良，这样的记忆空白通常发生在重度创伤或高压情境之后。

分离性漫游：当事人不仅对自己过去的若干或所有层面发生失忆，而且实际上远离家园，漫游到他方，使用新的身份。几天、几星期或甚至几年后，他们可能突然从漫游状态脱身出来，毫无所知自己为何置身于陌生地方——这时候他们原先的失忆内容也会恢复，但对漫游期间的生活经验却又全然没有记忆了。

10-11 进食障碍——神经性厌食

进食障碍（eating disorders）的特征是饮食行为的严重失调，当事人对于过重和肥胖有着强烈的恐惧。DSM-Ⅳ-TR区分出几种进食障碍：神经性厌食（anorexia nervosa）、神经性贪食（bulimia nervosa）、其他未注明的进食障碍，如暴食障碍（binge-eating disorder）。

（一）神经性厌食的症状描述

这类患者拒绝维持就他们的年龄和身高来说所应有的正常体重，他们对于体型和身材产生扭曲的知觉，即使自己体重远低于标准，仍然强烈害怕会变得肥胖。

神经性厌食被划分为两型。在限制型中，患者严格控制热量的摄取。在暴食/清除型中，患者经常性地从事暴食和清除（催吐，使用泻药、利尿剂或灌肠）的行为。

（二）神经性厌食的一些特性

神经性厌食常发于15~19岁的年轻女性，每10位女性罹患进食障碍时，才有1位男性患病。

神经性厌食患者经常感到疲倦、衰弱、头昏眼花及意识模糊（长期的低血压所致）。他们往往因为心律不齐而死亡，这是电解质（如钾）的重大失衡引起的。长期偏低的血钾浓度也可能损害肾脏功能，严重时需要洗肾。

神经性厌食相当顽固且对生命具有潜在威胁。对于罹患神经性厌食的女性来说，她们的死亡率是一般人口中年龄15~24岁女性死亡率的12倍高。这主要是饥饿的生理后果所引起的，但也常表现在更凸显意图的自杀行为上。

虽然受到大众媒体的广泛报道，但是神经性厌食的终身患病率是0.5%，神经性贪食的患病率也不过是1%~3%。这些心理障碍的患病率实际上相当低。

（三）神经性厌食的风险因素和起因

生物因素：进食障碍倾向于在家族中流传。血清素已知涉及强迫症、心境障碍及冲动控制障碍的发展，它显然也涉及食欲及进食行为的调节。一些抗抑郁药以血清素为目标，它们对于进食障碍的治疗也有良好效果。

社会文化因素：你一定看过便利店或书店的开放架上摆着一些精美的时尚杂志（如 *Vogue*，*Mademoiselle* 及 *Cosmopolitan*），你会发现模特的身材正变得越来越苗条甚至消瘦，成为所谓的纸片人。青少年女性正是这类杂志贪婪的消费者，她们定期地受到不切实际的模特形象的轰炸。因此，媒体和同伴的影响力可能为进食障碍打造了基础。

个别风险因素：温莎公爵曾经说过，"一个人从不可能过度富有或过度纤瘦。"许多人内化了苗条的完美典范，把它跟有魅力、受欢迎及幸福联想起来。

最后，在人格特征方面，完美主义（perfectionism）长久以来被视为进食障碍的重大风险因素。这样性格的人更加可能认同苗条的完美典范，而且无悔无怨地追求"完美的身材"。

计算身体质量指数的方法

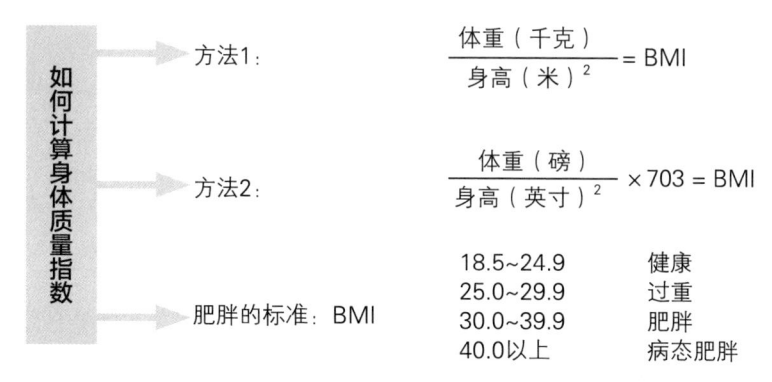

如何计算身体质量指数

方法1：$\dfrac{体重（千克）}{身高（米）^2} = BMI$

方法2：$\dfrac{体重（磅）}{身高（英寸）^2} \times 703 = BMI$

肥胖的标准：BMI

18.5~24.9	健康
25.0~29.9	过重
30.0~39.9	肥胖
40.0以上	病态肥胖

高达70%《花花公子》跨页女郎的BMI低于18.5（体重不足）。美国青少年女孩描述的"梦幻女郎"是一米七、体重45kg，有5号的腰围，其BMI是15.61（重度体重不足）。

1960年代的名模　　2000年代的名模

➕ 知识补充站

肥胖的治疗

　　促使体重减轻的药物主要落在两个范畴。第一类是通过压抑食欲以减少食物摄取，它们通过增加神经递质（主要是血清素和去甲肾上腺素）的可利用性发挥作用，像是sibutramine（Meridia）。

　　第二类药物通过使食物中的一些营养素不被吸收发挥作用，像是减少脂肪进入胃肠后被吸收的数量，如orlistat（Xenical）。

　　在心理治疗方面，最有效的方法是行为—管理（behavioral-management）的程序。采用正强化、自我监控及自我奖励的方法似乎长期下来有适度效果。此外，认知—行为治疗在治疗暴饮暴食上的成效也受到许多研究的支持。急速减肥的方法（摄取极低的热量）在长期追踪中都以失败告终——相较于渐进式（均衡饮食）的减肥方法。

10-12　人格障碍——反社会型人格障碍

人格障碍（personality disorder）是指当事人在知觉世界、思考世界及建立与世界的关系上呈现持久、缺乏弹性及不良适应的模式，引起当事人（或他人）感到巨大苦恼，而且损害他在一些重要领域中的功能。DSM-Ⅳ-TR区分出10种人格障碍：偏执型、分裂样型、分裂型、反社会型、边缘型、表演型、自恋型、回避型、依赖型，以及强迫型。

（一）反社会型人格障碍（ASPD）的症状描述

ASPD的特点是持久的不负责或不守法的行为模式，违反了社会规范。他们暴躁、易怒而好攻击，对于伤害他人的举动也不感到懊悔或自责。他们从生活早期就有反复的违法行为，像是破坏教室、打架、逃学或离家出走。因此，他们在15岁之前已有品行障碍（conduct disorder）的症状。

（二）ASPD的一些特性

根据DSM-Ⅳ-TR，ASPD的患病率在男性中大约是3%，在女性中则大约为1%。这类患者常被称为"空心之人"，他们欠缺同理心，人际关系是肤浅而表面的，缺乏对任何人的忠诚度。这样的行为模式导致他们反复地与社会发生冲突，因而有很高比例被逮捕、拘禁，甚至入狱——因为偷窃、施暴、诈骗、舞弊、伪造文书及积欠债务等。最后，他们做事冲动，显然只活在现在，也只为现在而活，不会考虑过去或未来。

（三）ASPD的起因

根据双胞胎和领养的研究，反社会或犯罪行为具有一定的可遗传性。此外，反社会行为与物质滥用之间有强烈相关，这似乎暗示有共同的遗传因素同时导致了酒精中毒和反社会型人格。

研究已发现，反社会型人格拥有偏低的特质焦虑，而且对于恐惧显现出不良的条件学习。因此，反社会型人格被认为无法获得许多条件反应，但这样的条件学习反应是正常的被动回避处罚、良知发展及社会化过程所必需的。

反社会型人格迟钝的良知发展和攻击行为也受到一些伤害效应的影响，像是父母排斥、虐待及疏忽，以及父母不一致的教养方式。

儿童期（特别是对男孩来说）所展现反社会行为（撒谎、偷窃、打架、逃学及结交不良少年等）的数量是成年期（18岁以上）发展出ASPD诊断的单一最佳指标；越为年幼就初发的话，风险就越高。

（四）社会文化的因素

跨文化研究显示，ASPD发生在广泛的文化中，包括许多尚未工业化的国家。但是，ASPD的实际表明和患病率受到文化因素的影响。例如，在中国，反社会型人格所呈现的各种症状中，攻击和暴力行为的频率偏低。

各种人格障碍摘述

人格障碍	特征
A群：当事人的行为显得奇特或怪异。	
偏执型（paranoid）	对他人的普遍猜疑及不信任；把自己的过错怪罪于他人。
分裂样型（schizoid）	缺损的社交关系；不盼望，也不享受亲密关系。
分裂型（schizotypal）	认知或知觉的扭曲；异常的思考及谈话。
B群：当事人的行为显得戏剧化或脱离正轨。	
反社会型（antisocial）	不知尊重他人的权益；违反社会规范；爱撒谎、欺骗成性。
边缘型（borderline）	人际关系不稳定；强烈怒意；自残或自杀的企图。
表演型（histrionic）	过度情绪化；寻求他人的注意；易受他人影响。
自恋型（narcissistic）	夸大自己的重要性；过度需要被赞美；自我推销。
C群：当事人的行为显得焦虑或畏惧。	
回避型（avoidant）	因为害怕被拒绝而回避人际接触；看待自己为社交笨拙而不能胜任的。
依赖型（dependent）	害怕分离；为了获得他人的关照而愿意委曲求全；当独处时感到不舒服。
强迫型（obsessive-compulsive）	过度关注秩序、规则及细节；完美主义；显得僵化而顽固。

➕ 知识补充站

反社会型人格障碍的治疗

反社会型人格对他人的权益漠不关心，无视自己或他人的安全。如果他们还兼具容貌出众、聪明及接受良好教育的话，他们是社会中极为危险的一群人。这就难怪电影导演很喜欢在一些煽情刺激的电影中，选定这种心理障碍作为题材。

反社会型人格障碍很难治疗，电痉挛治疗和药物治疗已被采用，但是充其量只有适度疗效——有助于降低攻击／冲动行为。

认知—行为治疗通常被认为是最有希望的疗法，它包括：增进自我控制、自我批判的思维及社会观点的采择；教导愤怒管理；矫正药物成瘾等。但是至今的成效还不是很明显。幸好，即使没有接受治疗，许多反社会型人格的犯罪活动在40岁之后会减少（就像是燃烧殆尽的火烛）——尽管仍有许多人继续被逮捕。

10-13　儿童期心理障碍——多动症

前面的讨论大致上是针对受扰于心理问题的成年人。但是，许多人是在儿童期和青少年期就开始出现心理障碍的症状。DSM-Ⅳ-TR已列出一系列心理障碍，称为"通常初诊断于婴儿期、儿童期或青少年期的障碍"。我们在这里讨论多动症和自闭症。

（一）注意缺陷/多动障碍（ADHD）的症状描述

ADHD（attention-deficit/hyperactivity disorder）牵涉两组症状。第一，儿童必须呈现一定程度的"注意力不良"（inattention），像是无法在学业、工作或另一些活动上集中及维持注意力，容易因为外界刺激而分心，或经常丢失一些物品。

第二，儿童必须呈现"过动—易冲动"（hyperactivity-impulsivity）的症状。过动像是局促不安、四处跑动、过度攀爬及不停说话等。易冲动像是抢先作答、打断他人谈话及不肯排队等。这些行为模式持续至少6个月，而且在8岁之前发作。

（二）ADHD的一些特征

因为过动和易冲动，ADHD儿童通常有许多社交困扰。他们无法服从规定，引起父母的莫大苦恼；他们在游戏中也不受到同伴的欢迎。过动儿童的坐立不安和容易分心经常被视为焦虑的指标，但事实上他们不感到焦虑。他们通常在学校表现不佳，出现多方面的学习障碍。ADHD的发病高峰期一般在8岁之前，很少在8岁之后才初发。

多动症是最常被转介到心理健康中心和小儿科诊所的心理障碍，它的患病率据估计是3%~7%。ADHD较常发生在男孩身上，男孩的患病率是女孩的6~9倍高。

（三）ADHD的起因

ADHD的起因一直存在大量争议。遗传和社会环境二者都扮演一定的角色。双胞胎和领养研究已提供直接证据，指出ADHD的可遗传性。当前普遍同意的是，脑部的一些活动使儿童的行为去抑制化。另有些研究则发现，多动症儿童呈现不一样的脑电波形态。

在环境变量方面，研究已发现，当儿童出身于经济劣势的家庭，或来自高度冲突的家庭时，他们较可能发生ADHD。许多多动儿童的父母本身有心理问题，像是有人格障碍或歇斯底里症的临床诊断。目前，ADHD被认为具有多重的起因及效应。

（四）ADHD的治疗

在药物治疗方面，Ritalin（methylphenidate）被发现有助于降低ADHD儿童的过度活动和容易分心，以及减少攻击行为，使得他们在学校中有更加良好的表现。事实上，Ritalin是一种苯丙胺，但是它在儿童身上却具有镇静剂的效果，完全相反于它在成年人身上的效应。然而，这类药物有不良副作用，像是造成思考和记忆能力的损害、成长激素的破坏及失眠等。另两种不同化学成分的药物（Strattera和Pemoline）也已被开发出来，它们有助于减轻ADHD的症状，但是可能的副作用还有待评估。

行为治疗和药物治疗双管齐下的方式显现出良好的成效。行为技术包括教室中的选择性强化、学习材料的结构化及扩大立即的反馈等。此外，家庭治疗是值得考虑的一个选项。

通常在婴儿期、儿童期或青少年期被初次诊断出的障碍

```
通常初诊断于婴儿期、儿童期或青少年期的障碍
├── 智能不足 ──→ 登记于第二维度
├── 学习障碍 ──┬── 阅读障碍
│             ├── 数学障碍
│             └── 文字表达障碍
├── 运动技能障碍
├── 沟通障碍
├── 广泛性发展障碍 ──┬── 自闭症
│                   ├── Rett氏障碍
│                   ├── 儿童期崩解性障碍
│                   └── Asperger障碍
├── 注意力缺失及决裂性行为障碍 ──┬── 注意缺陷/多动症
│                              ├── 品行障碍
│                              └── 对立违抗障碍
├── 儿童早期的喂食及进食障碍
├── 抽动性障碍 ──→ Tourette障碍
├── 排泄性障碍 ──┬── 遗粪症
│               └── 遗尿症
└── 婴儿期、儿童期或青少年期的其他障碍 ──┬── 分离焦虑
                                        ├── 选择性缄默症
                                        ├── 反应性依恋障碍
                                        └── 刻板运动障碍
```

10-14 儿童期心理障碍——自闭症

广泛性发展障碍（pervasive developmental disorders）是一组严重失能的病况，它们被认为是脑部的一些结构性差异所造成的，通常在出生时就已显现，随着儿童的发育变得更为明显。

（一）自闭症障碍（autistic disorder）的症状描述

自闭症障碍即通称的孤独症（autism），它涉及语言、知觉及运动发展的缺陷，现实验证（reality testing）的缺损，以及无法在社会情境中良好生存。

（1）社会缺失：自闭症的典型症状是疏离于他人。即使在生命的最早期阶段，这些婴儿从不会挨靠在母亲身旁，不喜欢被抚摸，不会伸出双手要求拥抱，当被逗笑或喂食时不会发笑或注视对方。自闭症儿童甚至似乎不认识或不在乎自己的父母是谁。他们缺乏社会理解力，也没有能力理解他人的态度。

（2）言语缺失：自闭症儿童模仿（拟声）能力有所缺失，无法有效地通过模仿进行学习。他们经常会鹦鹉似的复述一些语句，持续不断，却未必了解其意义。

（3）自我刺激：自我刺激（self-stimulation）也是自闭症儿童的特征之一。它经常采取重复运动的形式，像是猛撞头部、旋转及摆动等，可能持续数小时。自闭症幼童经常显现对听觉刺激的嫌恶反应，即使是父母的声音也可能使得他们放声大哭。

（4）维持同一性：自闭症儿童试图简化多样化的刺激和排除他人的干扰。当环境中任何熟悉的事物被改变时，他们将会大发脾气，直到熟悉的情境再度恢复为止。他们也会从事重复及仪式化的行为，像是把物件摆成直线或对称的形态。

（二）自闭症的一些特性

各种社会经济地位的儿童都会受扰于自闭症，其发生率是每10000名儿童中有30~60名。自闭症通常在幼儿30个月大之前就可以诊断出来，甚至在生命的前几个星期就可约略估计到。

自闭症儿童在认知或智力作业上的表现有很明显的缺损，可能有多达半数是智能不足。但是，他们在一些领域中却展现惊人的能力。正如Dustin Hoffman在电影《雨人》中所扮演的，该个案在年幼时即展现不寻常的"日历推算"的能力，他能说出大部分国家的首都，也拥有惊人的记忆力，这使得他在拉斯维加斯赌场赢得了一大笔钱，这种情况被称为自闭天才（autistic savant）。

（三）自闭症的起因

双胞胎研究指出，同卵双胞胎在自闭症上有较高的一致性。再者，根据家族和双胞胎研究的结论，自闭症的风险中有80%~90%的变异来自遗传因素。因此，它是遗传成分极高的一种心理障碍，虽然我们对于基因传递的实际模式仍不清楚。

许多研究者同意，自闭症可能涉及中枢神经系统的基础障碍（先天缺陷），这损害了婴儿的知觉、认知功能，处理输入刺激，以及建立跟外界关系的能力。胎儿发育期间来自辐射或其他状况的一些脑部伤害，可能在自闭症的发生上扮演主要角色。

远离人群是自闭症儿童典型的症状

➕ 知识补充站

自闭症的治疗

　　自闭症的药物治疗从未被证实有良好效果。因此，除非儿童的行为已达束手无策的阶段，不会使用药物。常被使用的药物有haloperidol（Haldol，一种抗精神病药物）和clonidine（一种抗高血压的药物），它们有助于降低症状的严重程度。

　　在住院期间，行为治疗可被用来消除自闭症儿童的自我伤害行为，协助他们掌握社会行为的基本原则，以及发展一些语言技能。

　　另有些方案是在儿童的家庭中密集地施行（每星期至少40个小时，长达2年），除了安排一对一的教导情境，也需要父母的协助。虽然效果不错，但成本相当重大。

　　自闭症儿童的预后通常不佳，特别是在2岁之前就显现症状的儿童。这主要是因为他们难以把习得的行为及技巧类化到治疗情境之外。

　　最后，当家庭中有一位自闭症儿童时，这经常为父母和其他子女带来莫大的考验和压力——他们往往也是需要心理治疗的对象。

10-15 精神分裂症

精神分裂症（schizophrenic disorder）是一种严重的心理障碍。患者的人格失去统合，思维和知觉发生扭曲，而且情绪极为平淡。我们一般所谓的"疯子""精神错乱"或"神经病"，真正意指的是精神分裂症。

（一）精神分裂症的症状描述

（1）妄想：妄想（delusion）是指个人坚定持有的错误信念。这些妄想显得怪异、片段而缺乏系统性。尽管面对明显的反面证据，患者依然坚持他不实或不合理的信念。妄想涉及思考内容的障碍，它发生在超过90%的精神分裂症患者中。

（2）幻觉：幻觉（hallucination）是指在缺乏任何外界知觉刺激的情况下所产生的感官经验。幻觉不同于错觉（illusion），错觉是指对于实际上存在的刺激的错误知觉。最常发生的是幻听（高达75%的患者），患者听到一些声音不断地评论或指引他的行为。

（3）紊乱的语言：妄想反映的是思想"内容"（content）的失常，至于紊乱语言则是反映思想"形式"（form）的失常。患者无法清楚说明自己的意思，无关的单词被拼凑成句子，显得思维已失去逻辑，联想极为松散或缺乏连贯性。

（4）混乱和僵直的行为：患者可能无法维持最起码的个人卫生，或重度忽视个人的安全和健康。这也可能显现在荒谬或不寻常的穿着打扮上，像是大热天穿起外套、戴起围巾及手套。此外，他们可能表现出歪扭、怪异的姿态，或实际上缺乏任何动作及言语，长时间维持固定的姿势，处于所谓"僵直茫然"的状态。

对许多患者而言，精神分裂症近似于无期徒刑，没有假释出狱的可能性。精神分裂症的终身患病率估计值是大约1%，通常初发于青少年后期和成年早期。

（二）精神分裂症的起因

1. 遗传因素

精神分裂症倾向于在家族中流传。家族研究、领养研究及双胞胎研究都指出一个共同结论：当个人罹患精神分裂症时，他的血缘亲属也有发展出该障碍的偏高风险；血缘关系越密切，罹病的风险就越高。但是，即使拥有100%一致的基因，罹病的风险也未超过50%。因此，基因虽然占有一定角色，但环境条件也是必要的。这表示在精神分裂症的起因上，素质—压力假设也是成立的，即遗传因素置当事人于风险，但还要有环境压力的侵犯，才会使潜在风险表明出来。

在生理层面上，神经发育失常（脑部损伤）、脑容量的减退（脑室的扩大）、额叶功能失调及多巴胺假说（dopamine hypothesis，多巴胺能神经元的过度活动所导致）都曾被认为是精神分裂症的起因，但至今未能获得决定性的结论。

2. 心理社会与文化的因素

不良的亲子互动曾被视为起因，特别是双重困境（double-bind，或双重束缚）的观念，但未能获得实证研究的支持。此外，城市生活（相较于乡村环境）提高了罹患精神分裂症的风险，虽然我们还不清楚原因所在。

精神分裂症的亚型

亚型	主要症状
妄想型	迫害妄想、夸大妄想或嫉妒妄想
错乱型	冷漠的情绪，幼稚的行为，不连贯的语言
僵直型	姿势僵硬，很少变换动作，或极度激昂状态
未分化型	混合的一组症状，有妄想、幻觉、紊乱的思想及怪异行为等现象
残余型	有过精神分裂症发作，当前只有一些轻微的症状，如情感流露减少、联想松弛等

精神分裂症的终身患病率

与精神分裂症患者的关系

一般人口	1%
患者的配偶	2%
堂（表）兄弟姐妹（三等亲）	2%
伯父／舅父，姑妈／姨妈（二等亲）	2%
侄子／侄女（二等亲）	4%
孙子／孙女（二等亲）	5%
同父异母（同母异父）的兄弟姐妹（二等亲）	6%
父母（一等亲）	6%
兄弟姐妹（一等亲）	9%
子女（一等亲）	13%
异卵双胞胎（一等亲）	17%
同卵双胞胎	48%

共同基因比例：12.5% — 100%

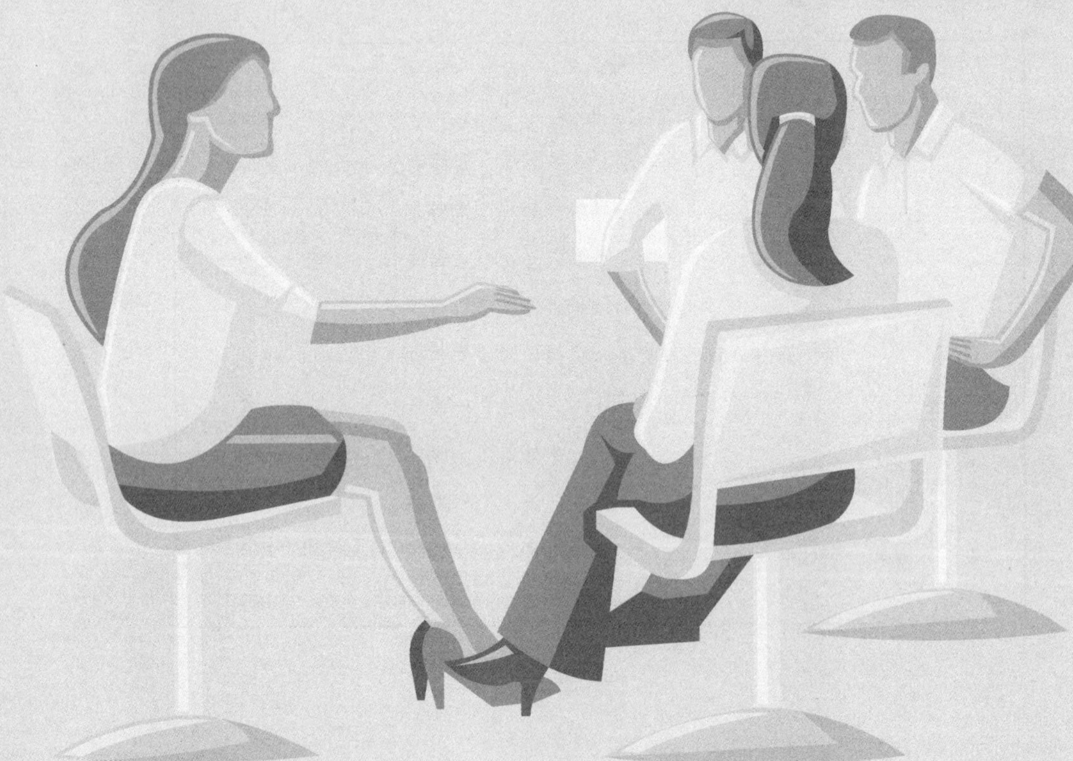

第11章
心理障碍的治疗

- 11-1　治疗的概念
- 11-2　心理动力学疗法
- 11-3　人本主义心理疗法（一）
- 11-4　人本主义心理疗法（二）
- 11-5　行为主义疗法（一）
- 11-6　行为主义疗法（二）
- 11-7　认知疗法
- 11-8　认知—行为疗法
- 11-9　团体治疗
- 11-10　生物医学的治疗（一）
- 11-11　生物医学的治疗（二）

11-1 治疗的概念

当我们苦恼时，我们都曾跟亲人或朋友倾吐自己的困扰。宣泄过后，我们发现自己好受多了。大部分治疗师在倾听时所依赖的也是接纳、温暖及同理心，且对于个案的问题不加批判。

但是，心理治疗还需要引进一些专业的措施。这样的措施经过审慎规划而有系统地建立在一些理论概念上，以便促进个案新的理解或改变个案不适应的行为。就在这个层面上，专业的治疗才有别于非正式的协助关系。

（一）心理治疗的定义

多年以来，心理治疗的许多定义已被提出，最被普遍接受的一个综合定义是："心理治疗是针对情绪本质问题的一种处置方式，受过训练的人员有意地建立起跟患者的一种专业关系，其目标在于消除、缓解或矫正当前的症状，调解紊乱的行为模式，以及促进正面的人格成长和开发。"

（二）什么人提供心理治疗？

当患者被转介后，通常是由临床咨询师、精神科医师及临床社工接手处理，这些专业人员在心理卫生机构中施行心理治疗。精神科医师的医学训练使得他们能够开立精神促动药物的处方，也能够实施其他形式的医疗处置，如电痉挛治疗。至于临床心理师主要是着手检验和改变患者的行为形态及思考模式，以之处理患者的心理障碍。

（三）治疗的目标

治疗过程包括4个主要任务。第一是"诊断"（diagnose）患者有什么问题，决定适当的精神医疗标签。第二是提出可能的"病因"（etiology），诊断该障碍可能的起源。第三是从事"预后"（prognosis）的判断，评估该障碍会呈现怎样的进程。第四是开出处方，施行适当的治疗（therapy），以便减轻或消除令人困扰的症状。

达成这些任务后，治疗师就能据以跟个案进行协议，双方实际上签订契约。这样的契约通常包括像是预定矫治的行为或习惯，治疗时间、会见频率、所需费用、综合处理形式，以及个案的责任等事项。

（四）实证支持的治疗

在临床实施上，手册化治疗（manualized therapy，或称指南式治疗）近年来受到大力提倡。它是指以标准化、手册的格式呈现及描述心理治疗的施行，具体指定每个治疗阶段所对应的原理、目标及技术。当治疗法符合这个标准，而且在处理特定障碍（符合DSM-IV-TR的诊断标准）上具有效能时，就被称为实证支持的治疗（empirically supported therapy）。现今，各种关于这样治疗的名单会被例行地发表及更新（"美国心理学会临床心理学分会"）。然而，有些学者反对这样做法。他们认为这些规泛化的"实证支持的治疗"忽视了治疗师变量和个案变量二者在治疗结果上的重要性。这一章中，我们将介绍几种主要的治疗方式，它们目前仍被健康医疗人员普遍采用，包括精神分析、行为矫正术、认知治疗、人本—存在治疗及药物治疗。

心理治疗的结果受到一些变量的影响，包括个案的特性、治疗师的素质和技巧、寻求缓解的问题，以及所使用的治疗程序等。

➕ 知识补充站

行为改变的阶段

无论实施怎样的治疗，个案的行为改变被视为一种过程，依序地通过一连串阶段：

前立意期（precontemplation）：个案没有做任何改变的想法，他们寻求诊疗是因为外界压力，如法院命令或家人要求。

立意期（contemplation）：个案察觉问题的存在，但尚未投身于做出改变。

准备期（preparation）：个案采取少许改变。

行动期（action）：个案积极改变自己不适应的行为、情绪或所处环境。

维持期（maintenance）：个案着手于预防故态复萌，保持已获得的效益。

终止期（termination）：个案已达成转变，不再受到复发的威胁。

在治疗实施中（如戒烟、减少饮酒、健身运动及癌症检查行为等），治疗师有必要辨识个案处于行为改变的哪个阶段，然后采取针对性的措施，以促使个案逐步通过先前阶段，顺利进展到行动阶段。

11-2 心理动力学疗法

（一）精神分析治疗（psychoanalytic therapy）

精神分析治疗是弗洛伊德所提出的，它是一种密集而长期的分析技术，主要是理解当事人如何使用压抑作用以处理冲突。神经官能症被认为是在传达潜意识的信息。因此，精神分析师的工作是协助当事人把被压抑的想法带到意识层面上，以让当事人获得关于当前症状与被压抑的想法之间关系的洞察力。

（1）自由联想（free association）：当施行这项治疗程序时，当事人舒适地坐在椅子或躺在长椅上，让自己的思想任意流动，说出涌上心头的任何事情，不再稽查或过滤自己的思想，即使那些意念、情感或愿望显得如何荒唐可笑、大胆冒犯、令人窘迫或与性题材有所关联。自由联想是用来探索当事人的潜意识，以释放出被压抑的想法的一种方法。此外，它也具有情绪解放的"宣泄作用"（catharsis）。

（2）梦的解析（analysis of dreams）：弗洛伊德相信，梦境是关于当事人潜意识动机的一种重要信息来源。在睡眠期间，个人的防御会放松下来，象征性的题材就得以出现。梦的显性内容（manifest content）是指睡醒后所能记得及陈述的情节。梦的潜性内容（latent content）则是寻求表达的真正动机，但因为不被接受而以伪装的方式展现。精神分析师的工作就是审视梦的内容，以找出当事人潜伏或伪装的动机，揭示梦的象征意义。

（3）阻抗（resistance）：在治疗期间，当事人有时候会出现"阻抗"，他们不愿意谈论一些想法、欲望或经验。当事人的阻抗是在防止痛苦的潜意识内容被带到意识层面上。这些素材可能是关于个人的性经历，或针对父母的一些违逆、愤慨的感受。

精神分析师应该重视当事人所不愿意谈论的题材，因为这种阻抗（有时候是通过反复迟到、取消约见及身体微恙等方式展现）是通往潜意识的一道关卡。精神分析的任务就是在打破抗拒，使当事人能够面对那些痛苦的思想、欲望及经验。

（4）移情作用（transference）：在精神分析的治疗过程中，当事人往往会对治疗师发展出一些情感反应，他们对待治疗师就仿佛对方代表自己童年时期的一些重要人物，这称为移情。在这种情况下，当事人童年时期的冲突和困扰在治疗中重现。这提供了关于当事人问题本质的重要线索。

（二）对于心理动力学疗法的评价

因为着眼于人格的重建，精神分析是一种漫长且高成本的治疗。这种治疗需要花费很长时间（至少好几年，每星期1~5次的会谈），也需要当事人拥有适度的内省能力、受过教育、言词表达顺畅、有维持治疗的高度动机，以及有能力支付可观的费用，难怪它被称为只适合有钱又有闲的阶级。

针对这些批评，新式的心理动力治疗正试着使整个疗程简短些，也设法结合手册的使用。"人际心理治疗"（IPT）就是建立在这样的理念上，它被认为是实证支持治疗法的实例之一。

精神分析治疗的四种基本技术

精神分析治疗的四种基本技术		
→	自由联想	随着思绪所至,自由自在地说出自己的想法、愿望或情感
→	梦的解析	显性梦境与潜性梦境
→	阻抗的分析	个案采取的任何行为,以避免潜意识内容浮升到意识层面
→	移情的剖析	个案把自己隐藏在心中对别人的情感转移到分析师身上

在自由联想中,个案说出所有想到的事情,无论合理或不合理,道德或不道德。

✚ **知识补充站**

心理学家简介:霍妮

霍妮(Karen Horney,1885—1952)是新弗洛伊德学派的主要代表,也是早期的女性主义者。她认为大多数父母无法针对幼儿的身心需求,设置有利于成长的理想环境,不是对幼儿行为过度苛求,就是过度放纵,这导致了儿童的基本焦虑(basic anxiety)。神经质性格(neurotic character)就是源于个体在长期基本焦虑的心理压力下,为了自我防御而发展出的一些非理性的行为。

不同于弗洛伊德提出阳具嫉妒(penis envy),指出女性因为没有阳具而自觉是"不完整的男人"。相反,霍妮指出男性对怀孕、母性、乳房及哺乳的嫉妒才是男性潜意识的原动力之一。男性羡慕女性有生育的能力,所以男性对于物质成就及创造性作品的追求只是一种潜意识手段,作为他们在生殖领域内的自卑感的过度补偿。

11-3 人本主义心理治疗（一）

人本主义心理治疗（humanistic therapy）是在第二次世界大战后兴起的一种重要治疗方法。在一个被自我本位、机械化、计算机化、集体诈骗及官僚体系所支配的社会中，许多心理障碍的个案是源于人际疏离、自我感丧失及孤寂等问题，个人无法在生活中找到有意义而真实的存在。人本主义者主张，这类有关存在的问题不是通过"打捞深埋的记忆"或"矫正不适应行为"所能解决的。人本治疗法的基本假设是，个人拥有自由和责任以支配自己的行为，个人能够反思自己的问题、从事抉择及采取积极的行动。因此，个案应该为治疗的方向和成果承担起大部分责任，而治疗师只是充当咨询、引领及教促的角色。

个案中心治疗法（client-centered therapy）

罗杰斯创立个案中心治疗法，他认为人性的基本动力在于自我实现。人类生来被赋予许多潜能，这些能力在适宜环境中自然能够充分发展，但如果环境不良或没得到适当引导，就会造成行为偏差。治疗师的3种特性被认为最具关键作用：

（1）准确的同理心：治疗师尽所能地设想个案的内在参考架构，从个案的角度观看世界，设身处地地体验个案的感受，然后反映给个案知道，以让个案更为了解自己、接纳自己。

（2）真诚一致：在治疗关系中，治疗师必须真诚相待，不虚掩，也不戴假面具。长期下来，个案将会对治疗师这种诚实、不矫揉造作而表里合一的态度有善意的回应。这能令个案安心，也能激励一种个人价值感，从而令个案开始面对自己的潜力。

（3）无条件的积极关注：治疗师必须不预设接纳的条件，而是以个案现在的样子接受他及理解他。但接纳并不意味赞同个案，而只是关心他，视他为一个独立的个体。此外，治疗师不对个案的正面或负面特征作任何评断。随着个案重视治疗师的积极关注，个案自身之内的积极自我关注将会被提升。

最后，个案中心治疗法是一种非指导性的治疗，治疗师只是身为一位支持性的聆听者，当个案倾诉时，治疗师试着反映（有时候是重述）个案谈话的内容或情绪，以之促进个案的自我觉知和自我接纳。

随着体验到来自治疗师的真诚、接纳及同理心，这将导致个案在建立与他人关系上的变化，个案变得较为主动，也对于人际互动更有信心。这将有助于他们信任自己的经验，感受到他们生活的丰盈感，变得生理上更为放松，也更充分地体验生活。

存在主义心理治疗（existential therapy）

存在主义心理治疗是源于哲学上的存在主义与存在主义心理学，它处理的是一些重要的生活主题，如生存与死亡，自由、责任与抉择，孤立与关爱，以及意义与虚无等。存在主义心理治疗不在于施行技术和方法，而是一种对生存问题的态度抉择。

存在主义心理治疗是源于欧洲哲学家的早期工作，像是克尔凯郭尔论述了生活的焦虑和不确定性。尼采促进了存在主义思想在19世纪欧洲的传播，他强调的是主观性和权力意志。胡塞尔提出现象学，主张以事物在人的意识中被体验的方式来探讨事物。海德格尔指出，当人们发觉自己的存在并不是抉择的结果，而只是别人丢掷给他们的时，他们可能感到忧惧而苦恼。

人本主义心理治疗一览表

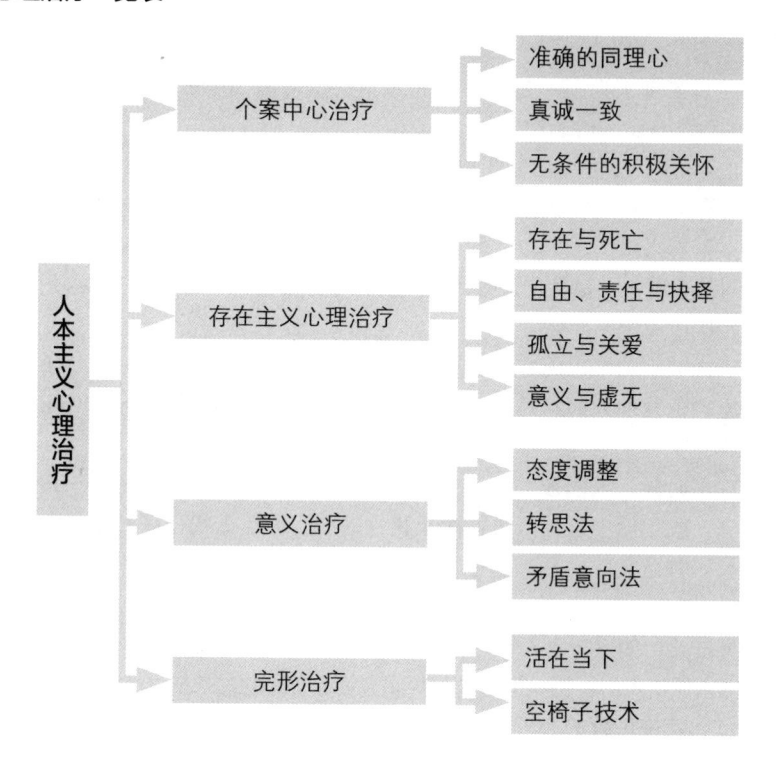

```
                            ┌─→ 准确的同理心
            ┌─→ 个案中心治疗 ─┼─→ 真诚一致
            │                └─→ 无条件的积极关怀
            │
            │                ┌─→ 存在与死亡
            │                ├─→ 自由、责任与抉择
  人本主义  ├─→ 存在主义心理治疗 ─┤
  心理治疗  │                ├─→ 孤立与关爱
            │                └─→ 意义与虚无
            │
            │                ┌─→ 态度调整
            ├─→ 意义治疗 ─────┼─→ 转思法
            │                └─→ 矛盾意向法
            │
            │                ┌─→ 活在当下
            └─→ 完形治疗 ─────┤
                             └─→ 空椅子技术
```

➕ 知识补充站

存在主义的基本信条

存在主义心理治疗是一种对待生命的态度、一种存在的方式,以及一种与自己、他人及环境互动的方式。存在主义有几个基本信条:

存在与本质:我们的存在是被授予的,但我们以之塑造些什么(即我们的本质——essence),却是由我们所决定的。我们的抉择塑造了我们的本质。如同萨特(Sartre,1905—1980,法国哲学家及小说家)所说的,"我就是我的抉择"。

意义与价值:意义意志(will-to-meaning)是人类的基本倾向,个体会致力于找到满意的价值观,然后以之引导自己的生活。

存在焦虑与对抗虚无:不存在(nonbeing)或虚无(nothingness)的最终形式是死亡,它是所有人类无法逃避的命运。当意识到我们必然的死亡和它对我们生存的意义时,这可能导致存在焦虑——对于自己是否正过着有意义而充实的生活的一种深刻关切。

11-4　人本主义心理治疗（二）

随后，在陀思妥耶夫斯基、加缪、萨特及卡夫卡等著名作家关于存在主义题材的论述下，存在主义的哲学观念一时蔚然成风。

存在主义心理治疗处理的是态度和主题，所以它的目标放在发现生命的目的和意义，充分体验自己的存在，且能够真诚而踏实地关爱别人。存在主义心理治疗是一种生活艺术的训练，随着个案带着兴致、想象力、创造力、希望及愉悦来看待生活（而不是带着忧惧、厌倦、憎怨及顽固的态度），治疗便发挥了功效，使个案在生活中活泼而生动。

意义治疗（logotherapy）

弗兰克生于1905年的维也纳，他经历过纳粹集中营的浩劫。根据对自己在集中营所受折磨及痛苦的沉思，他发现人们乃是无时不在寻求意义的存在，生命的价值就在于意义的抉择与体现。

在生活的许多时候，人们被生命意义的问题所困扰。为什么我在这里？我来自何处？我的生命有何意义？我生活中有什么事物赋予我目的感？为什么我存在？弗兰克指出，人类在他们生活中需要一种意义感。意义感也是价值观据以发展的媒介——关于人们如何生活，以及希望如何生活。

但相当奇怪的是，如果一个人致力寻求生命的意义，他将寻找不到。意义是随着一个人真实生活并关怀他人而出现的。当人们过度聚焦于自己，他们也将失去了对生命的视野。

意义治疗试图辅佐传统的心理治疗，而不是要取代它们。然而，当特定情绪困扰的本质似乎涉及对于生命的无意义或虚无感到苦闷时，意义治疗法是值得推荐的特定治疗。最后，许多意义治疗师也使用苏格拉底式的对话法（假装向对方讨教而暴露对方说法的谬误），以协助个案发现他们生活的意义。

完形治疗（Gestalt therapy）

皮尔斯（Fritz Perls, 1893—1970）是完形治疗的创始人。"完形"（gestalt）在德语中是指"整体"（whole）的意思。完形治疗法强调心灵与身体的合一，它把重点放在个人整合自己的思想、感受及行动的需求上。

完形治疗的基本目标是通过觉知（awareness）以获得个人的成长和统合。它特别适用于压抑的人，如过度社会化或有完美主义倾向的人。治疗师经常采用"自我对话"（self-dialogues）的方式，也就是"空椅子"（empty chair）技术。它是让个案在一张椅子上扮演某一角色（如优势者），然后在另一张椅子上扮演另一个角色（如劣势者），随着角色变换，他在两张椅子间移动。治疗师需要注意个案在扮演这两个角色时说些什么或如何说出，进而反映给个案。这项技术是在协助个案接触他可能一直否认的某些情感。最后，在完形治疗法中，最重要的是使个案接受对自己的行动和情感的责任。这些是属于个案的工作，个案不能加以否决，不能加以规避，也不能归咎及推诿于另一些人或事。

在空椅子技术中，个案面对一张空椅子，假装他在生活中发生冲突的对象（如父母之一）就坐在那张椅子上，对他说出隐藏在内心的思想及情感。随后互换角色。

> **➕ 知识补充站**
>
> **意义治疗的3项技术**
>
> 　　弗兰克认为，帮助一个自我沉溺的个案寻找焦虑和障碍的原因，只是使这个人更为自我中心。因此，意义治疗师采用3种特定技术来协助人们超越自身，从一种有建设性的角度来看待自己的困扰。
>
> 　　第一种是态度调整（attitude modulation），这是以较健全的动机来取代神经质的动机，即所谓"一个人的态度决定他的高度"。
>
> 　　第二种是转思法（de-reflection），即个案对自己困扰的关注及忧虑被转向其他层面。例如，个案有性表现方面的困难，他可能被要求集中注意力于伴侣的性愉悦上，暂时忽视自己的感受。
>
> 　　第三种是矛盾意向法（paradoxical intention），主要使用于强迫症。这是在帮助个案发现，当他们尝试去做他们所害怕的事情时，他们所担忧的情况并没有发生。这是在培养一种对自己的幽默感，从而发展出一种抽离于自己的困扰的能力。

11-5　行为主义治疗（一）

行为主义治疗（behavior therapy）是在1950年代兴起的，它建立在科学的行为原则上，主要以3个方面的研究为依据：巴甫洛夫的经典条件学习、斯金纳的操作条件学习，以及班杜拉的社会学习论。行为治疗学家主张，就如正常行为一样，异常（病态）行为也是以相同方式获得的，即通过学习过程。因此，行为治疗就是有系统地运用学习原理以提高良好行为的出现频率及／或降低不良行为的出现频率。

系统脱敏法（systematic desensitization）

系统脱敏法是由沃尔普（Joseph Wolpe）所发展出来的，它是应用对抗性条件作用（counterconditioning）的原理让个案以放松的状态来取代焦虑的情绪。它包括3个步骤，第一个步骤是建立"焦虑层级表"，个案确定可能引起他焦虑的各种刺激情境，然后按照焦虑强度，从弱的刺激到强的刺激依序排列。

第二个步骤是放松训练。个案学习以渐进方式让肌肉深度放松下来。第三个步骤是消除敏感。当处于放松状态下，个案鲜明而生动地想象层级表上的刺激情境，从弱到强，直至想象最苦恼的刺激也不会感到不舒适时，治疗才算成功。系统脱敏法已被成功应用于摆脱多方面的困扰，特别是特定恐怖症、社交焦虑、公开演讲焦虑及广泛性焦虑障碍。

暴露疗法（exposure therapy）

满灌疗法（flooding，或称泛滥法）：不采取逐步的程序，以一步到位的方式让个案暴露于他所感到害怕或焦虑的事物的表象中（mental image），持续体验该事物的意象，直到焦虑逐渐减除。

内爆法（implosion）：在内爆治疗法中，个案所想象的画面或情景被夸大，而且是不符合实际的，但是个案处身于安全环境中。随着内在的恐慌一再发生，却没有造成任何个人伤害，该情景不久就会失去引起焦虑的力量。

满灌疗法和内爆法显然都运用了经典条件学习中的消退（extinction）原理。

真实情境的治疗（in vivo exposure）

无论是系统脱敏法、满灌疗法或内爆法，它们都是以想象的方式呈现引发焦虑的事件。但有些时候，行为治疗师偏好使用真实情境。

"真实情境"的治疗是指暴露程序是在个案所害怕的实际环境中施行，它也包括"逐步接近所恐惧的刺激"和"直接面对所恐惧的情境"两种方式。这表示在取得个案的同意下，当个案有幽闭恐惧症时，他将实际上被关进黑暗的衣橱中；当儿童不敢近水时，他将被丢进游泳池中——当然是在治疗师陪伴身旁并担保疗效的情况下。

关于行为治疗师在施行程序上，究竟采用想象还是真实情境的方式，究竟采用渐进还是强烈的方式，这不但取决于治疗师对恐惧反应的评估，也取决于当事人的偏好。通常，真实情境的方式要比想象的方式提供更快速的缓解，治疗效果也可维持得更长久。

近年来，临床人员已采用虚拟现实（virtual reality）的方式以提供暴露治疗。研究已表明，虚拟现实的效果完全不输给实际暴露，而且更节约时间和经费。

行为主义治疗一览表

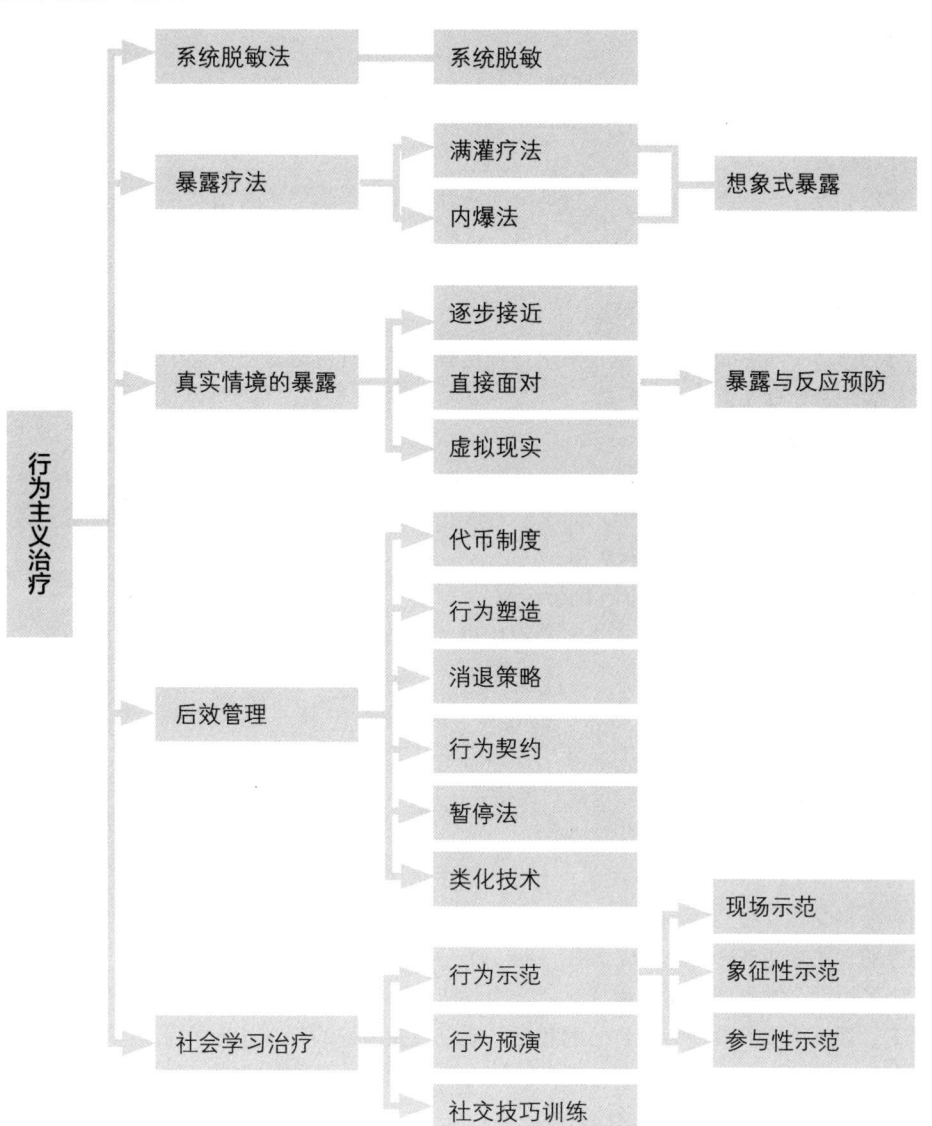

```
                    ┌─ 系统脱敏法 ──→ 系统脱敏
                    │
                    │                  ┌─ 满灌疗法 ─┐
                    ├─ 暴露疗法 ───────┤            ├──→ 想象式暴露
                    │                  └─ 内爆法 ───┘
                    │
                    │                  ┌─ 逐步接近
                    ├─ 真实情境的暴露 ─┼─ 直接面对 ──→ 暴露与反应预防
                    │                  └─ 虚拟现实
                    │
                    │                  ┌─ 代币制度
                    │                  ├─ 行为塑造
行为主义治疗 ───────┤                  ├─ 消退策略
                    ├─ 后效管理 ───────┼─ 行为契约
                    │                  ├─ 暂停法
                    │                  └─ 类化技术
                    │
                    │                  ┌─ 行为示范 ─┬─ 现场示范
                    │                  │            ├─ 象征性示范
                    └─ 社会学习治疗 ──┼─ 行为预演 ─┴─ 参与性示范
                                       └─ 社交技巧训练
```

11-6　行为主义治疗（二）

后效管理（contingency management）

后效管理是指运用操作条件学习的原理，通过强化以消除不合宜行为，或通过强化以维持良好的行为。

代币制度（token economy）：它是精神病院中经常采取的一套制度，当患者展现被清楚界定的良好行为时，行为技师就给予代币。这些代币稍后可用来交换一些奖赏或特权。通过这种"正强化策略"，患者各种有建设性的行为都可被有效建立起来，如帮忙端菜、拖地板、整理床铺及良性社交行为等。

行为塑造（shaping）：这也是采用正强化程序，以连续渐进法建立个案的新行为。这项技术已被用来处理儿童的行为问题。

消退策略（extinction strategy）：为什么有些儿童的不当举动（如教室中的破坏行为）再三受到处罚，却似乎变本加厉呢？很可能是因为处罚是他们能够赢得别人注意力的唯一方式。在这种情况下，老师可以要求同学们对该儿童的适宜行为提供注意力，同时对于破坏行为置之不顾，以便消除不当的行为模式。

社会学习治疗（social-learning therapy）

社会学习治疗是安排情境让个案观察榜样（models）因为展现良好行为而受到奖赏，以便矫正个案的问题行为，这也称为"替代学习"（vicarious learning）。

行为示范（modeling）：行为示范有两个重要部分，其一是习得榜样如何执行某种行为，其二是习得榜样执行该行为后发生什么后果。至于示范技术则包括现场示范、象征性示范、角色扮演及参与性示范等。示范与模仿（imitation）是许多行为治疗法的重要帮手，它在消除个案的蛇类恐惧症上特别具有成效。

行为预演（behavior rehearsal）：有些人的生活困扰是源于他们的社交压抑或缺乏果断。他们需要接受社交技巧的训练，以使他们的生活较具效能。许多人无法以清楚、直接而不具侵略性的方式叙述自己的想法或意愿。

为了协助个案克服这样的困扰，"行为预演"可被派上用场。这种方法是在角色扮演的情况下，训练个案有效地表达自己的意见，或以预先写好的剧本让个案扮演一种他在实际生活中畏缩不前的角色。除了果断性之外，行为示范和行为预演的技术可被用来建立及增强其他互动技巧，例如竞赛、协议及约会等。

行为医学

许多行为技术已被用来协助医学疾患的处理和预防，以及帮助人们遵从医疗嘱咐。例如，肌肉放松和生理反馈有助于降低高血压。另几项技术则被用来教导及鼓励人们从事有益健康的行为以预防心脏病、压力及AIDS等。

最后，行为治疗师采用各式各样特定的技术，不仅是针对不同的个案，也是针对同一位个案（在整个治疗过程的不同阶段中）。因此，治疗师在特定个案上往往采取好几种处理方式（一种治疗套装），而不只是运用一种方法。

男性的恋物癖（性倒错的一种）可能是他们较为依赖视觉刺激所致。这使他们容易对非性刺激（如女性的腿部或高跟鞋）产生性联想。这种现象是通过经典条件学习过程而形成的，可以采用行为疗法加以矫治。

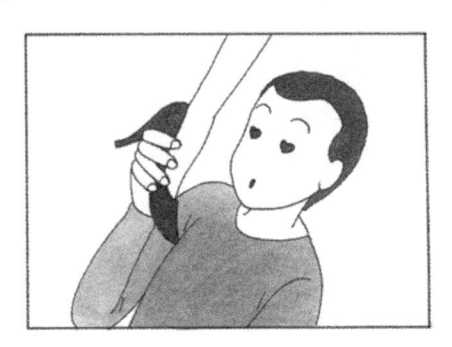

真实情境暴露法——治疗师陪伴有恐高症的个案站在高楼顶端，以证明他所害怕的后果并不会发生。

> **+ 知识补充站**
>
> **厌恶疗法**
>
> 　　所有治疗中最具争议的一种是厌恶疗法（aversion therapy）。它不是单一的治疗，而是用于矫正所谓的不良（不合宜）行为的不同程序。人类有一些偏差行为是被诱惑性刺激所引发的，厌恶疗法就是采用反条件学习程序，使这些刺激（如香烟、酒精、迷幻剂等）与另一些极度令人厌恶的刺激（如电击、催吐剂等）配对呈现。不用多久，条件学习作用使得诱惑性刺激也引起同样的负面反应（如疼痛、呕吐），当事人就发展出嫌恶以取代他原先的欲望。
>
> 　　厌恶疗法最常被用来帮助个案发展良好的自我控制能力，像是对付酗酒、吸烟、过度饮食、病态赌博、药物成瘾及性倒错等问题。但是，有些厌恶疗法的具体技术更像是一种折磨，而不能被授予治疗的尊称。因此，最好是在其他疗法都已失败后，才考虑施行厌恶疗法。

11-7 认知治疗

认知治疗（cognitive therapy）试图改变个案对重要生活经验的思考方式，从而改变个案有问题的情绪和行为。我们通常认为，不愉快（压力）事件直接导致情绪和行为的问题，但认知理论指出，所有行为（无论是不适应行为或其他行为）不是取决于事件本身，而是取决于当事人对那些事件的解读（即佛家所谓的"一念天堂，一念地狱"）。这表示偏差行为和情绪困扰是源于当事人的认知内容（他思考些什么）和认知过程（他如何思考）发生了问题。

（一）合理情绪疗法（rational-emotive therapy，RET）

合理情绪疗法是由艾利斯（Albert Ellis）所发展出来的。他认为许多人已习得一些不切实际的信念和完美主义的价值观，这造成他们对自己持有过多的期待，进而导致他们不合理性的行为举止。这些核心的信念和价值可能是"要求"自己在每件事情上都能充分胜任；"必须"赢得每个人的关爱及赞许；"坚持"自己应该被公平对待；以及"一定"要为事情找到正确解答，否则无法容忍等。采用合理情绪疗法的咨询师的任务是重建当事人的信念系统和自我评价，特别是关于不合理的"应该""必须"及"一定"，因为就是这些指令使得当事人无法拥有较为正面的自我价值感，也无法享有情绪满足的生活。

为了突破个案封闭的心态和僵化的思考，治疗师采取的技术是理性对质（rational confrontation），也就是侦察及反驳当事人不合理的信念。在对质之后，治疗师设法引进另一些措施（如幽默感的培养或角色扮演等），以便合情合理的观念能够取代先前的不适宜的思考。

（二）贝克的认知治疗

贝克（Aaron Beck）的认知治疗基本上是关于心理障碍的一种信息处理模式，他认为个人的困扰源于以扭曲或偏差的方式处理外在事件或内在刺激。

为了矫正负面的认知图式，在治疗的初始阶段，个案被教导如何审视自己的自动化思想，而且把思想内容和情绪反应记录下来。然后，在治疗师的协助之下，个案鉴定自己思想中的逻辑谬误，且学习挑战这些自动化思想的正当性。个案思想背后的认知偏误可能包括：二分法的思考（dichotomous thinking）、选择性摘录（selective abstraction）、武断的推论（arbitrary inference）、过度论断及概判（overgeneralization）、扩大或贬低（magnification or minimization）、错误标示（mislabeling），以及拟人化（personalization）等。

个案被鼓励探索及矫正他们不实的信念或功能不良的图式，因为正是它们导致了个案的问题行为和自我挫败的倾向。认知治疗的重点是放在个案处理信息的方式上，因为它们可能维持了不良的情感和行为。个案的认知扭曲受到质疑、检验及讨论，以带来较为正面的情感、思考及行为。

认知治疗已被证实是在处理抑郁症上现行最有效的技术之一。它也已稍作修改而被应用于治疗焦虑障碍、进食障碍（肥胖）、人格障碍及物质滥用。

认知或认知—行为治疗致力于矫正人们的认知扭曲和不实的信念。

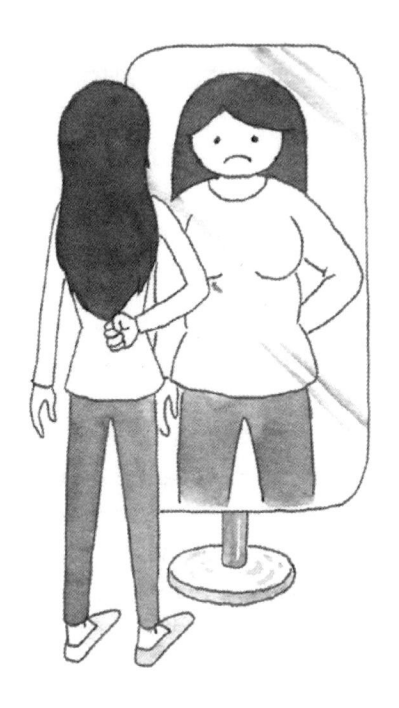

✚ 知识补充站

女性主义疗法

　　当女性出现在神话学中，她们通常被描述为邪恶或不正当的。例如，在《圣经》中，亚当和夏娃必须离开伊甸园是因为夏娃吃了智慧树上的苹果，这使她成为原罪的来源。在中国神话学中，阴（yīn）和阳（yáng）是指称女性特质和男性特质。"阴"被描述为是自然界黑暗或邪恶的一面。

　　女性主义疗法（feminist therapy）认识到男性和女性在整个生涯中以不同方式发展，也了解社会中的性别角色和权力不均所造成的冲击。它视一些心理障碍为个人发展和社会歧视的结果。

　　女性主义疗法采取一些技术，这包括：性别角色分析、性别角色介入、权力分析、权力介入、果断训练、阅读治疗（bibliotherapy，阅读跟所涉议题有关的文章及书籍）、重新建构，以及平等的治疗关系（两性平权治疗师试着与他们个案维持公开而明朗的关系，以便社会中权力不平等的现象不至于在治疗关系中重现）。

　　虽然女性主义治疗师侧重于女性议题，但较近期以来，他们也将这样的取向（再结合其他理论观点）应用于男性和儿童身上。

11-8 认知—行为治疗

认知—行为治疗结合认知心理学和行为主义二者的观点，前者强调的是改变不切实际的信念，后者强调的是后效强化在矫正行为上的角色。这种治疗途径有两个重要的主题："认知历程影响情绪、动机及行为"的理念；以及以实证主义（假设—检验）的态度运用认知与行为改变的技术。

（一）压力免疫训练（stress inoculation training，SIT，或压力接种训练）

压力免疫训练（SIT）是由梅钦鲍姆（Donald Meicnenbaum，1985，1993）所提出的。就像为了预防麻疹而接种疫苗一样，注射少许病毒到一个人的生理系统中可以防止麻疹的发作；因此，如果让人们有机会成功地应对相对较为轻微的压力刺激，这将可使他们忍受更为强烈的恐惧或焦虑。梅钦鲍姆将SIT划分为3个阶段：

（1）概念形成期：告诉个案，认知和情绪如何制造、维持及增添压力，而不是事件本身在引起压力。因此，个案应该把注意力放在观察他对压力情境的自我陈述上（self-statements）。同时也教会个案如何鉴定及应对潜在的威胁或应激源。

（2）技巧获得及预演期：个案被教导各种认知和行为的技巧，包括放松技术、认知重建（改变个案负面的自我陈述，代之以建设性的内在对话）、心理预演及运用支持系统等。

（3）应用期：在真实情境中，从简单趋于困难，实际应用所获得的技巧。此外，复发的预防也是SIT的一部分。

虽然SIT可以针对一些特定的适应不良行为，但它设计的原意是要类化到个案的其他行为上。以这种方式，随着个案更能应对所发生的各式各样的压力事件，他也将培养出一种自我效能感。SIT已被使用来处理几种临床问题，包括强奸和性侵害创伤、创伤后应激障碍及愤怒失控等。

（二）辩证行为疗法（dialectical behavior therapy，DBT）

辩证行为疗法是一种相对新式的认知—行为治疗，特别针对于边缘型人格障碍（BPD），或牵涉情绪障碍和冲动性的临床障碍。Linehan（1993）根据她的临床经验而发展出DBT，特别是处理被诊断为BPD而有自杀企图的女性患者。

有些人天生就有容易神经质（心情起伏不定）的个性，这与"失去效能"的家庭环境交互作用之下，就导致了情绪障碍和自我伤害的行为。个案在DBT中接受4种技巧训练：全神贯注（mindfulness，专注于当下，不使注意力失焦，也不作评断）、情绪管理（emotional regulation，检验情绪、理解情绪对自己及他人的效应，学会消除负面情绪状态，以及从事将会增进正面情绪的行为）、痛苦忍受（distress tolerance，学会应对压力情境及自我安抚）、人际效能（interpersonal effectiveness，学会有效处理人际冲突，让个人的欲望和需求得到合宜的满足，以及对他人的不合理要求适当地说"不"）。

DBT已显示比起"常规治疗"更为有效，包括在减少自我伤害行为、物质滥用及失控的性行为上。

认知与认知—行为治疗一览表

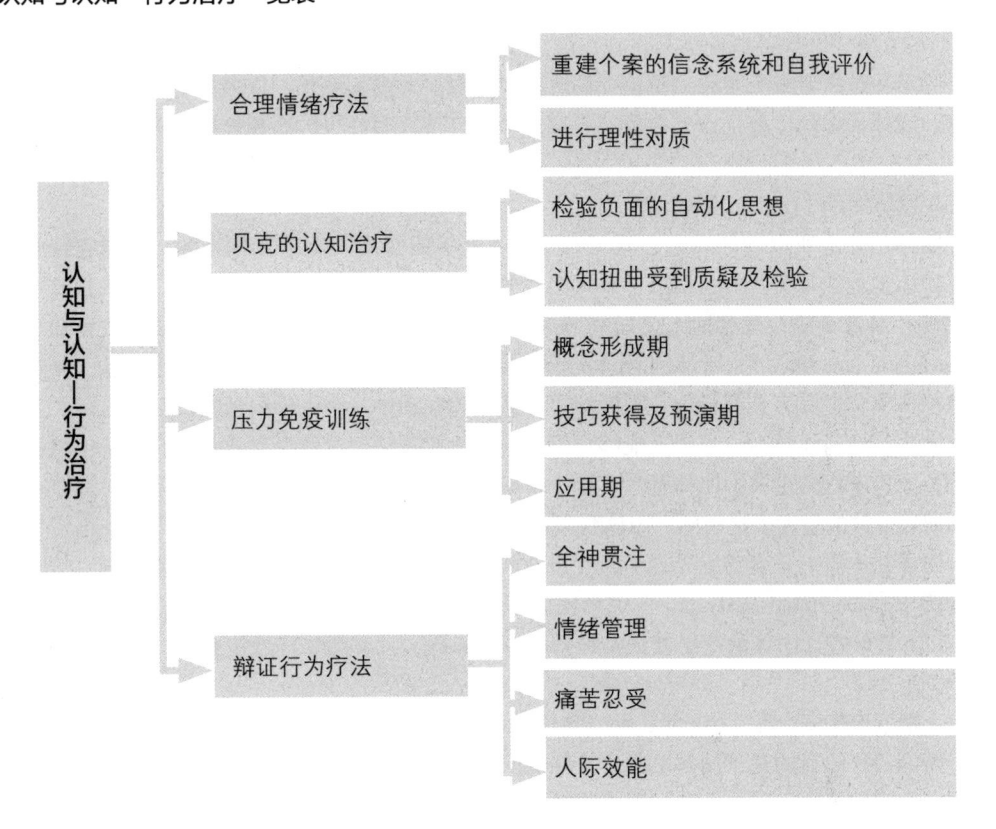

```
                          ┌─ 合理情绪疗法 ──┬─ 重建个案的信念系统和自我评价
                          │                 └─ 进行理性对质
                          │
                          ├─ 贝克的认知治疗 ─┬─ 检验负面的自动化思想
认知与认知—行为治疗 ──────┤                 └─ 认知扭曲受到质疑及检验
                          │
                          ├─ 压力免疫训练 ──┬─ 概念形成期
                          │                 ├─ 技巧获得及预演期
                          │                 └─ 应用期
                          │
                          └─ 辩证行为疗法 ──┬─ 全神贯注
                                            ├─ 情绪管理
                                            ├─ 痛苦忍受
                                            └─ 人际效能
```

➕ 知识补充站

冥 想

西方心理学家只着重一种意识状态，亚洲哲学家则描述多种意识状态，他们相信幻想、梦及知觉通常是扭曲的（虚幻），但可以通过冥想（meditation）的觉知过程加以观察，从而破除迷妄。这有助于个人的启迪及开化，或免除于心理苦恼。当催眠是指对个人的意识缺乏觉知时，冥想却是提供对个人意识的直接观察。

研究已显示，冥想（如日本的坐禅和印度的瑜伽术）可以导致肌肉张力、血压、大脑皮质活动、呼吸速率及体温等生理变化。冥想是训练个案控制及贯注于自己的心智过程，以便带来心灵平静和身体放松。

冥想有助于降低焦虑，以及减少对密闭空间、考试或独处等的恐惧。此外，冥想在减少药物与酒精使用，以及在协助失眠、气喘和心脏病患者方面也有不错效果。

11-9 团体治疗

除了一位患者或个案跟一位治疗师之间"一对一"的关系外，许多人现在在团体中接受治疗。团体治疗的主要优点是它较具效率和较为经济，容许少数心理健康专业人员协助多数个案。

（一）团体治疗（group therapy）

团体治疗之所以逐渐兴盛，除了有些人不易于跟权威人士单独相处外，还与它特有的一些团体动力学有关。传达信息：个人接受的建议和指导，不仅来自治疗师，也来自其他团体成员；灌输希望：观察他人已顺利解决问题，有助于个人燃起希望；打破多数无知现象（pluralistic ignorance）：个人从团体的分享经验中发现他人也有同样的困扰及症状，知道自己并不孤单，这具有重要价值；人际学习：从团体互动中，个人学得社交技巧、人际关系及冲突解决等；利他行为：当个人能够帮助其他团体成员时，这将会导致一种自我价值感和胜任感；原生家庭的重演：团体背景有助于个案理解及解决与家庭成员有关的问题；宣泄：学习如何以开放的态度表达情感；团体凝聚力：通过团体接纳而提升自尊。

团体在本质上是真实世界的缩影。这方面已发展出精神分析团体治疗、心理剧、交互作用分析（transactional analysis）、完形团体、认知—行为治疗团体及时限性团体治疗（time-limited）等形式。团体治疗已被证实在处理惊恐障碍、社交恐怖症或进食障碍上具有良好效果。

（二）婚姻与家庭治疗（marital and family therapy）

婚姻治疗的目的是试图解决夫妻之间的问题，治疗的焦点放在改善沟通技巧和开发较具适应性的问题解决作风上。通过同时接见夫妻双方，通常也会拍摄及重播他们互动情形的录像，治疗师协助夫妻了解他们互相以什么方法来支配、控制及混淆对方，包括以言语和非言语的方式。然后，每一方被教导如何强化对方的良好表现，以及撤除对不合意行为的强化。他们也被教导非指导性的倾听技巧，以便协助对方澄清及表达自身的感受和想法。婚姻治疗已显示有助于消除婚姻危机、维持婚姻完整。

家庭治疗起始于发现许多个案在个别治疗中有显著改善，但是重返家庭之后却又复发。它视家庭为一个整体单位，治疗师的任务首先是理解典型的家庭互动模式和在家庭内起作用的各种影响力，如经济状况、权力阶层、沟通渠道及责任分配等。

然后，治疗师发挥催化剂的作用以矫正成员之间的互动——原先的互动可能具有相互牵绊（过度涉入）、过当保护、僵化及不良的冲突解决技巧等特性。此外，后效契约的技术可能被引进。

今日，临床实施的特色是各种"学派"界限的放宽，治疗师通常愿意探索以不同方式处理临床问题，这被称为多模式治疗（multimodal therapy）。现今大部分心理治疗师采取"折中取向"（eclectic），这表示他们尝试借用及结合各种学派的概念及技术，取决于何者对于个案最具效果。这种兼容并蓄的手法已成为现今心理治疗的显学。

大多数团体由5~10位个案组成，他们至少每星期跟治疗师会面一次，每次疗程为90分钟到2小时。

团体治疗起作用的因素

团体治疗的一些优点：
- 传达信息
- 灌输希望
- 打破多数无知现象
- 人际学习
- 利他行为的展现
- 有效行为的模仿
- 宣泄
- 团体凝聚力

> **✚ 知识补充站**
>
> **社区支持性团体**
>
> 近年来，美国团体治疗的一个特色是相互支持团体（mutual support groups）和自助团体（self-help groups）的风起云涌。无论是酒精中毒者、吸毒者或有犯罪前科者，这些有共同问题的人定期聚会，分享彼此的忠告及信息，通常不接受专家的指导，由已度过危机的成员协助新成员，相互支持以克服他们的困扰。
>
> "匿名戒酒协会"（Alcoholics Anonymous，AA）就是经典实例之一，它成立于1935年，首创把自助概念运用于社区团体背景中。但直到1960年代妇女意识提升团体（consciousness-raising groups）的兴起，这种同舟共济的精神才被带到新的领域。今日，支持性团体处理4种基本的生活困扰：成瘾行为、身体疾病和心理障碍、生活变迁或其他危机，以及当事人因为亲人或朋友的意外事故而深受打击。近年来，网络已成为自助团体的另一种途径。

11-10 生物医学的治疗（一）

如果我们把大脑比作一台计算机，当个人发生心理障碍时，这可能是大脑的软件（编排行为的程序）发生差错，也可能是大脑的硬件发生故障。前面所提的"心理治疗"侧重于改变软件，即改变人们所习得的不当行为。至于这一单元所讨论的"生物医学的治疗"（biomedical therapy）则侧重于改变硬件，即采取化学或物理的方法，改变大脑的运作功能。

药物治疗

心理药理学（psychopharmacology）是一门快速发展的领域，它专门探讨药物对个人的心理功能及行为的影响。许多心理障碍原本被认为无法治疗，但是药物似乎带来了一些曙光。

抗精神病药物（antipsychotic drugs）：在1950年代之前，精神分裂症的前途相当黯淡，大部分患者被送到偏远的精神医院加以监管，穿上约束衣或接受电休克治疗，康复出院是遥遥无期的事情。但是，戏剧性的改变在1950年代中期降临，抗精神病药物（如chlorpromazine和haloperidol）几乎一夕之间逆转了精神病院的气氛。

传统抗精神病药物的作用是改善精神分裂症的一些阳性症状，如妄想、幻觉、社交退缩及间歇的躁动。它们经由降低大脑神经递质多巴胺的活动而产生作用。但是，这类药物常见的副作用包括昏昏欲睡、口干舌燥及迟发性运动障碍（tardive dyskinesia）。

1980年代，第二代（或称非典型）的抗精神病药物问世（如clozapine和aripiprazole），除了直接降低多巴胺的活动外，它们也提升血清素的活动水平。这类药物能够有效地缓解精神分裂症，也较少引起锥体外系症状。但是，这类药物也避免不了一些副作用，像是体重增加和患糖尿病的风险升高。这造成有些患者中断药物治疗。当停止服药后，大约3/4的患者在一年之内复发。抗精神病药物并未消除精神分裂症的基础病理，只是缓解而已。

抗抑郁药（antidepressant）：抗抑郁药是指能够提升患者低落的情绪，使其恢复到正常状态，以解除抑郁症状的药物。最先被发现的抗抑郁药是单胺氧化酶抑制剂（MAOIs）和三环类药物（tricyclics），它们的作用原理是提高去甲肾上腺素和血清素的活动水平。

但是，在临床实施上，它们已被第二代的药物所取代，例如SSRIs（选择性血清素再摄取抑制剂）。fluoxetine（Prozac，氟西汀）是SSRI的一种，在1988年推出，现在是最广泛被指定为处方的抗抑郁药。SSRIs的效果并不优于正统的三环类药物，但因为只有较少的副作用，而且高剂量服用时不具致命性，所以较能为患者所忍受。

如今，许多个案没有临床抑郁状态，但医生仍为他们开氟西汀的药方，只因为当事人想要"改变性格"或"提升生活"（这种药物会使人感到有活力、好交际及更具生产力），这招致了一些伦理上的争议。

因为重大的不良副作用（如记忆和言语能力的受损），ECT通常作为紧急的措施，只施加于有自杀倾向、严重营养不良，以及对药物没有反应的抑郁症患者。

重复经颅磁刺激。

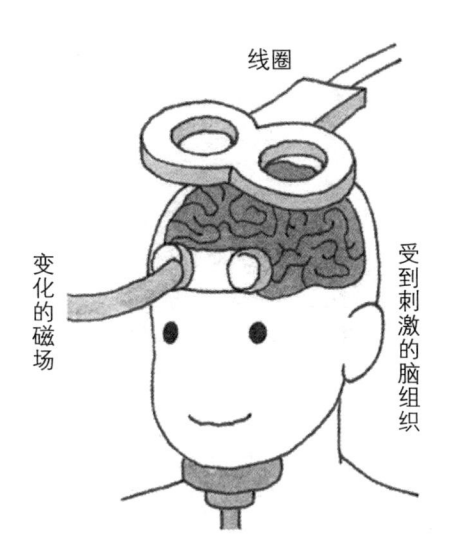

线圈

变化的磁场

受到刺激的脑组织

✚ 知识补充站

阿尔茨海默病

阿尔茨海默病（Alzheimer's disease，AD）是以它的发现者Alois Alzheimer（1864—1915）命名的。他是一位德国的神经病理学家，在1907年首次描述这种疾病。AD的初始发作很难察觉，然后呈现缓慢但进行性的恶化过程，最后终止于谵妄及死亡。

AD通常在大约45岁后才开始发作，它的发生率大约每隔5年就升为两倍。除了记忆退化外，它的特征是多重认知缺失。这也就是说，患者逐渐失去各种心理能力，通常起始于对新近事件的失忆，然后进展到定向力障碍、不良的判断力、忽视个人卫生及失去跟现实的接触，最终失去身为成年人的独立功能。

一般认为，AD患者在被确诊后可以存活大约7~10年。我们至今还没有有效的恢复AD患者功能的治疗方法，只有一些缓和性的措施以纾解患者和照护者的苦恼。

11-11 生物医学的治疗（二）

SSRIs的副作用包括恶心、腹泻、神经质、失眠及性功能障碍（如性兴趣减退和高潮困难）。抗抑郁药物通常需要至少3~5个星期才能产生效果。此外，因为抑郁症是一种重复发作的疾病，医师建议患者最好长久持续服药，以预防复发。

更新的一类药物称为SNRIs（血清素和去甲肾上腺素再摄取抑制剂），如venlafaxine（Effexor）。它们在处理重度抑郁上比起SSRIs更具效果，但研究人员还在评估它们可能的副作用。

锂盐（lithium salts）：锂盐已被证实在处理双相障碍上颇具效果。这可能是因为它影响电解质平衡，进而改变大脑许多神经递质系统的活动。无论如何，高达70%~80%处于躁狂状态的患者在服用锂盐2~3星期后有明显改善。

抗焦虑药物（antianxiety drugs）：抗焦虑药物能缓解焦虑、不安及紧张等症状，人们经常服用的镇静剂或催眠药便属于这类药物。它们也是通过调整大脑中神经递质的活动水平产生效果。例如，广泛性焦虑障碍以benzodiazepines（如Valium或Xanax）处理最具疗效，这类药物的作用是提升GABA的活动。

Benzodiazepines很快就被消化道所吸收，因此很快就开始起作用。它们是处理急性焦虑和激动不安的首选药物。当较高剂量时，它们还能用来治疗失眠。但是，患者可能产生心理依赖和生理依赖，也经常会发生耐药性（drug tolerance）。最后，停止药物服用可能导致戒断症状（withdrawal symptoms）。

神经外科手术（neurosurgery）

这是指对脑组织施加外科手术以缓解心理障碍，包括损毁或阻断大脑不同部位之间的联系，或切除一小部分的脑组织。

最广为所知的一种是前额叶切除术（prefrontal lobotomy），它是切断额叶与丘脑互连的神经纤维。这项手术原本是针对躁动的精神分裂症患者，以及受扰于严重强迫症和焦虑症的患者。患者在手术后不再有强烈的情绪，也就不再感受到焦虑、罪疚或愤怒等。但是，患者的"人性"似乎被摧毁了，他们显现出一种不自然的"安静"，像是情绪平淡、表情木然、举动幼稚及对他人漠不关心等。

随着抗精神病药物的引进，神经外科手术在如今已很少被采用，只被作为最后的手段——当患者在5年内对于所有其他形式的治疗都没有良好反应时。此外，现今的外科技术通常只是选择性地破坏脑部微小的部位。

电痉挛治疗（electroconvulsive therapy，ECT）

ECT是指施加电击于患者脑部以减轻精神障碍的病情，如精神分裂症、躁狂发作及最常见的重度抑郁。ECT已被证实对于缓解重度抑郁相当有效，疗效也很快。

近些年来，一种称为"重复经颅磁刺激"（rTMS）的疗法开始被使用，它是在患者头部放置一个金属线圈，所发出的磁脉冲穿透头皮和头颅，刺激脑细胞。研究已显示，重度抑郁症患者在接受rTMS治疗几星期后，病情明显好转，而又没有ECT的不良副作用。

生物医学的治疗一览表

```
                                    ┌─→ 抗精神病药物
                                    │
                                    ├─→ 抗抑郁药
                        ┌─→ 药物治疗 ┤
                        │           ├─→ 锂盐
                        │           │
                        │           └─→ 抗焦虑药物
                        │
生物医学的治疗 ─────────┼─→ 神经外科手术 ──→ 精神外科手术（psychosurgery）
                        │
                        │                   ┌─→ 单侧ECT
                        ├─→ 电痉挛治疗 ─────┤
                        │                   └─→ 双侧ECT
                        │
                        └─→ 重复经颅磁刺激（repetitive transcranial magnetic stimulation）
```

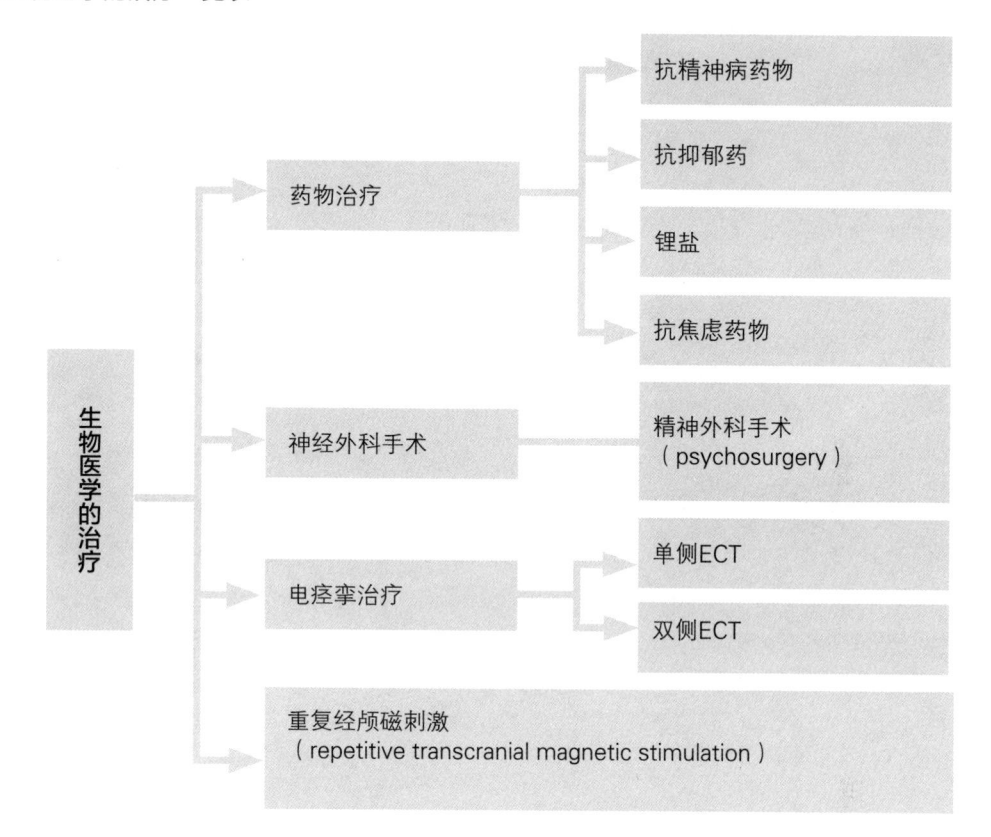

➕ 知识补充站

联合的治疗

在过去，药物治疗和心理治疗被认为是不兼容的，它们不应该被一同实施。但是，对许多心理障碍而言，药物治疗与心理治疗的联合如今在临床实施上已是常态。

根据一项调查，55%的患者就他们的困扰同时接受药物治疗和心理治疗。这种联合的途径反映了当今关于心理障碍的普遍观点，即生物心理社会的观点（biopsychosocial perspective）。药物可以结合广泛的一些心理程序而被使用。例如，药物可以协助患者从心理治疗中更充分受益，或被用来减少患者的不顺从行为。这方面研究的结论是，药物治疗帮助个案从急剧苦楚中获得快速而可靠的缓解，至于心理治疗则提供广泛而持久的行为变化。联合治疗保有它们各自的益处。

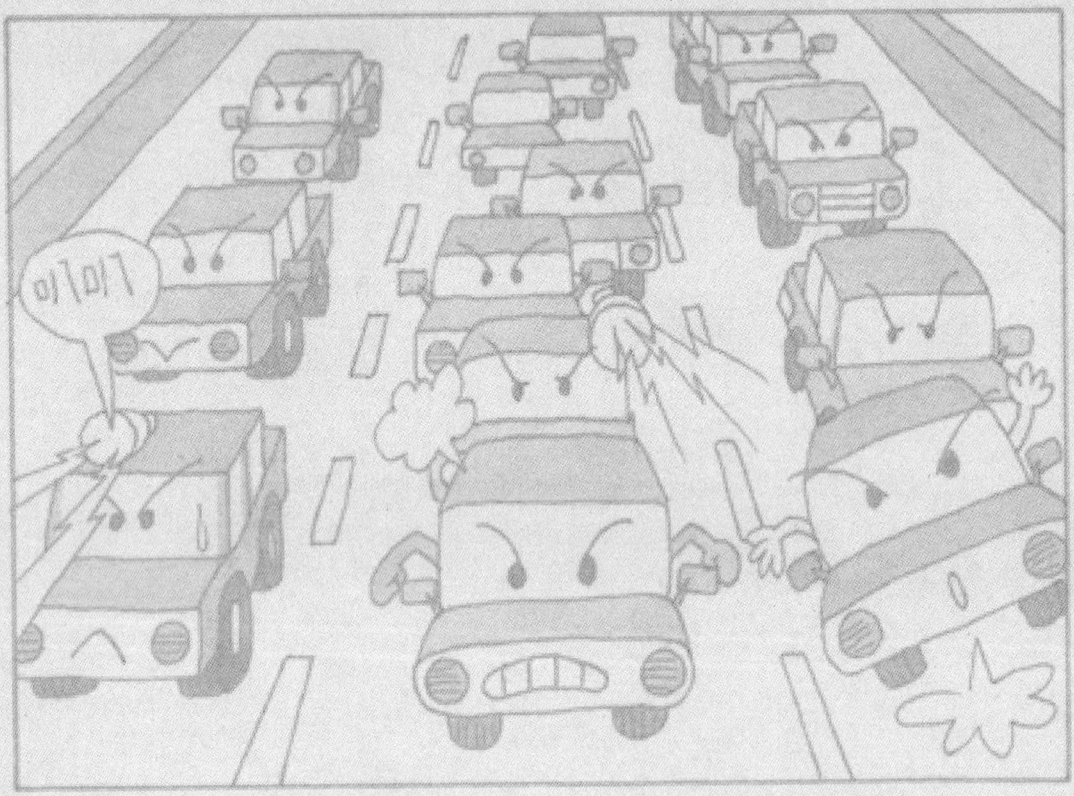

第12章
社会心理学

- 12-1　社会心理学的基本概念
- 12-2　人际知觉
- 12-3　归因理论——关于他人行为
- 12-4　态度的形成与改变
- 12-5　人际吸引
- 12-6　从众行为
- 12-7　顺从行为
- 12-8　服从行为
- 12-9　亲社会行为
- 12-10　攻击行为
- 12-11　偏　见
- 12-12　团体影响
- 12-13　团体决策
- 12-14　冲突与合作

12-1　社会心理学的基本概念

社会心理学是心理学的分支之一。社会心理学除了考虑个体本身的特性，还把个体与社会的各种关系考虑进去，试图理解各种社会因素对个体及群体行为的影响。

（一）社会心理学的定义

社会心理学是研究个人的思想、感觉及行为如何被真正、想象或象征性的他人所影响的一门科学。它采用科学方法以研究人与人之间相互依赖、互动及影响的过程。

（二）社会心理学的研究领域

社会心理学研究通常被分成3个领域，它们涵盖了社会心理学大部分的研究课题：

1. 个体历程（individual process）

这主要涉及与个体有关的心理及行为的研究。这个领域的研究课题包括：

（1）成就动机与工作表现：个人的成就动机如何反映在他外在的行为中？

（2）态度与态度改变：个人的态度如何形成？如何加以改变？

（3）归因理论：个人如何判断他人及自己行为的原因？

（4）认知过程与认知失调：当个人的行为与内在意愿不相符时，这会产生怎样的反应？这方面原理现在已被用来处理跟消费、决策及大众传播有关的问题。

（5）个人知觉与自我意识：个人怎样形成对他人的印象？如何察觉自己的形象、态度及价值观？

（6）社会和人格发展：各种后天因素和先天因素如何影响个人的人格和社会发展？

（7）压力和情绪问题：个人如何处理生活情境中的各种应激源？

2. 人际互动（interpersonal interaction）

这主要涉及人与人的相互作用，研究的课题包括：

（1）攻击和助人行为：攻击行为为什么会产生？如何促进助人行为？

（2）人际吸引与爱情：人际吸引是人际关系的基础。爱情则是最亲密的人际关系。

（3）从众与服从：人们在什么情况下会顺从或服从他人的意见？

（4）社会交易和社会影响：这是把人际关系和人际交往看成一种社会交易。

（5）非言语的交流：非言语的线索经常传达个人的信念和情感。

（6）性别角色和性别差异：男性和女性到底有什么不同？性别差异的基础是什么？

3. 团体历程（group process）

从宏观环境与团体的角度研究人类心理及行为的问题。这方面课题包括：

（1）跨文化的比较研究：个人主义与集体主义的文化如何影响人们的理念和举动？

（2）拥挤与环境心理学：心理学家关心人口快速增长所引发的人口爆炸，或地球资源过度消耗所引发的资源枯竭和环境污染等问题。

（3）团体历程与组织行为：团体生活是人类生活的基本方式。心理学家一直关心组织结构、团体决策及团体领导等问题。

（4）种族偏见与和平心理学：种族偏见不仅造成不同族群间的冲突和仇恨，也对世界的和平及稳定构成了威胁。

社会心理学的研究课题一览表

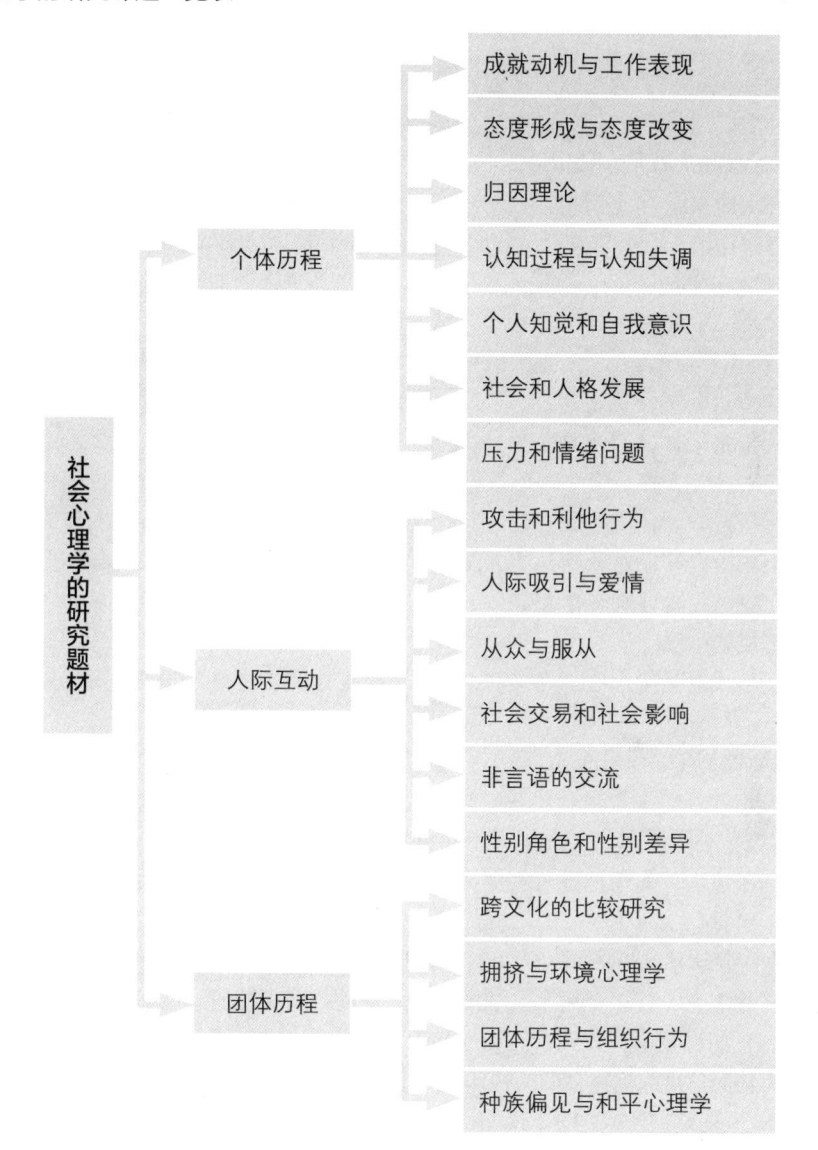

```
                        ┌─→ 成就动机与工作表现
                        ├─→ 态度形成与态度改变
                        ├─→ 归因理论
              ┌→ 个体历程 ├─→ 认知过程与认知失调
              │         ├─→ 个人知觉和自我意识
              │         ├─→ 社会和人格发展
              │         └─→ 压力和情绪问题
              │
              │         ┌─→ 攻击和利他行为
社会心理学的   │         ├─→ 人际吸引与爱情
研究题材     ──┼→ 人际互动 ├─→ 从众与服从
              │         ├─→ 社会交易和社会影响
              │         ├─→ 非言语的交流
              │         └─→ 性别角色和性别差异
              │
              │         ┌─→ 跨文化的比较研究
              │         ├─→ 拥挤与环境心理学
              └→ 团体历程 ├─→ 团体历程与组织行为
                        └─→ 种族偏见与和平心理学
```

> **+ 知识补充站**
>
> **各门学科间的分野**
>
> 　　社会心理学和个人心理学都以个人为研究对象，但是个人心理学偏重在物理环境与个人心理过程的关系，社会心理学则偏重社会环境如何影响人际行为。社会学重视社会结构与群体行为模式的关系，它的主要分析层次是规范和角色。社会心理学则重视人与人的互动行为。

12-2 人际知觉

知觉（perception）是通过感觉器官体验世界的历程，人际知觉（personal perception）则是对人的特性形成判断的过程。人际知觉的内容包括印象形成和推断行为原因。

印象形成（impression formation）

1. 印象评定的维度

研究学者采用语义分析法确定出我们用于印象评定的3个基本维度：

（1）评价（evaluation）：对他人或事物从"好—坏"方面加以评定。

（2）力量（potency）：对他人或事物从"强—弱"方面加以评定。

（3）活动性（activity）：对他人或事物从"主动—被动"方面加以评定。

一旦个人或事物被安置在这3个维度上，即使有再多的评定，也无法增加对这个人的信息。此外，评价是最具区别性的维度，一旦个人在这个维度上被定位，那么对这个人的其他知觉也基本上不会差太多。第一印象很重要，其中最具影响力的是评价，也就是你在多大程度上喜欢或讨厌对方。评价是我们对他人形成印象的基础。你一旦对某个人形成有利或不利的印象，你会把这种印象延伸到其他方面。因此，第一印象并不总是正确的，但总是最鲜明而牢固的，它决定我们对他人的认知。

2. 印象形成的过程

你在知觉他人的时候会获得许多信息，你如何把这些信息整合起来以形成对他人的整体印象呢？

（1）平均模型（averaging model）：这是指你以简单平均的方式处理所获得有关他人的信息。例如，辛蒂在第一次约会中获知杰克的5项个别特质，她也加以评价，它们是：聪明（+10）、沉稳（+8）、体贴（+6）、不注重打扮（−5）、矮小（−9）。那么，辛蒂对杰克的整体印象的形成，首先是把她对杰克每项特质的评价加总起来，然后求取平均数，也就是整体印象＝（24−14）/5＝2。

（2）累加模型（additive model）：这是指对他人片断信息的整合方式是累加起来。例如，辛蒂很喜欢杰克（+6），后来又获知关于杰克的一些正面信息，如他适度谨慎（+1）。根据平均模型，她将较不喜欢他，因为平均数（+3.5）比原来低。但根据累加模型，她会更喜欢他，因为正面信息加到现存的正性印象之上，数值会更大。哪一个模式正确呢？

（3）加权平均模型（weighted average model）：为了兼容并蓄上述的矛盾结果，Anderson（1968）提出加权平均模型，它指出人们形成整体印象的方式是把所有特质加以平均，但对较重要的特质给予较大的权重。如对科学家而言，智力因素的权重大；对演员来说，则是吸引力的权重大。相较于前两个模型，加权平均模型能够解释的范围更广，它是我们对他人形成整体印象时最常使用的模型。

如何形成对他人的印象？

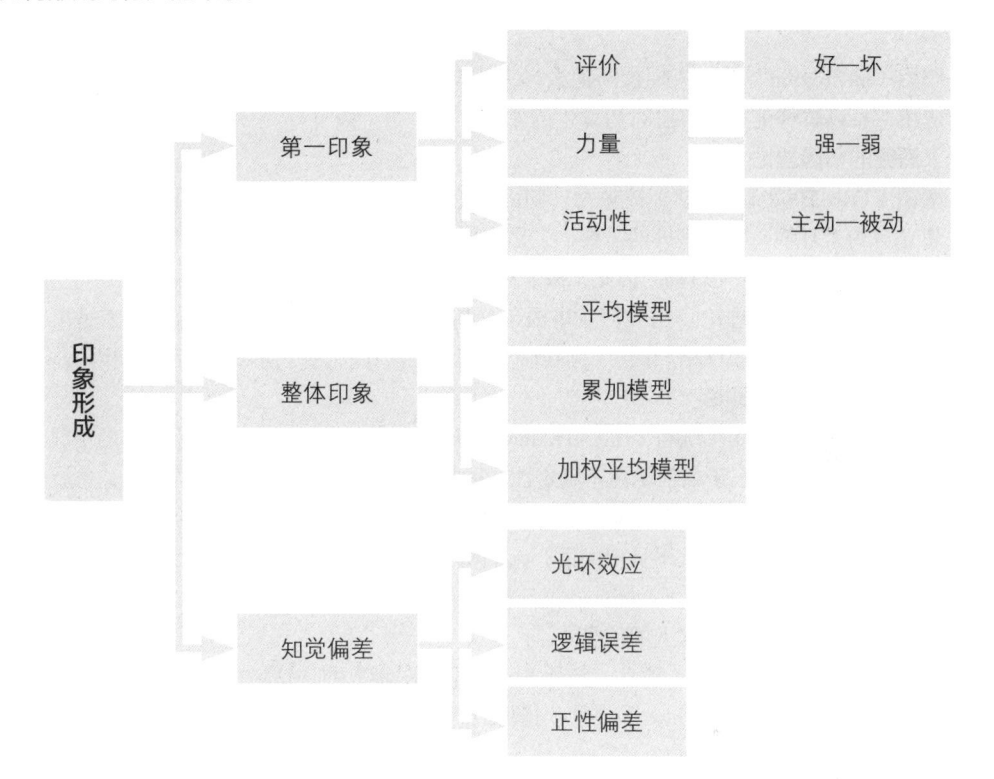

```
                              ┌─ 评价 ──── 好—坏
                    ┌ 第一印象 ┼─ 力量 ──── 强—弱
                    │         └─ 活动性 ── 主动—被动
                    │
                    │         ┌─ 平均模型
        印象形成 ───┼ 整体印象 ┼─ 累加模型
                    │         └─ 加权平均模型
                    │
                    │         ┌─ 光环效应
                    └ 知觉偏差 ┼─ 逻辑误差
                              └─ 正性偏差
```

> **✚ 知识补充站**
>
> **人际知觉中的偏差**
>
> 　　在知觉他人的过程中，人们经常出现一些偏差（bias），这些偏差是知觉过程的特性，即知觉具有选择性（selectivity），个人倾向于看到他"想要看的"。受到情绪、心理需求及期望的影响，个人会过滤所接触的信息。
>
> 　　光环效应（halo effect）：这是指我们对当事人多种特质的评价往往受到他某一特质高分（或低分）印象的影响，而以偏概全地普遍偏高（或偏低）。例如，当一位学生的学业成绩良好时，我们倾向于判断他的操行成绩也将不错。漂亮的人也将被认为个性善良。
>
> 　　逻辑误差：我们常根据当事人的某一特质而推断他也拥有另一些相关特质。例如，我们发现一个人很"沉静"，就进一步预期他也将是"害羞""畏缩"及"敏感"的。这样的推测不符合逻辑的规则，只是个人对于人格特质组织形态的假设。
>
> 　　正性偏差（positive bias）：这也称慈悲效应（leniency effect），它是指当评价他人时，我们倾向于对他人的正面评价超过负面评价。这似乎表明在不需成本的情况下，我们不会反对顺手略施小惠于他人。

12-3 归因理论——关于他人行为

归因（attribution）是指人们推断他人行为或态度的原因的过程。归因理论则是探讨人们如何应用信息以解释他人和自己行为发生的原因。

（一）海德的归因理论

海德（Fritz Heider, 1958）被誉为"归因理论之父"。他认为人们有两种强烈的动机，一是建立对周遭环境一贯性理解的需要，二是控制环境的需要。为了满足这两个需求，人们必须有能力预测他人将会如何行动。因此，每个人（不只是心理学家）都试图解释别人的行为，也都持有针对他人行为的理论。当人们从事因果分析时，主要目的是判断行为的原因是出于个人因素（称为内向归因或性格归因），抑或出于情境因素（称为外向归因或情境归因）。

（二）凯利的三维归因理论

依循海德的思考路线，凯利（Harold Kelley, 1967）注意到，人们最常在不确定的情况下从事对事件的因果归因。至于如何掌握不确定性，这是从多方面累积关于事件的信息，也就是通过运用共变原则（covariation principle）。它是指每当某一行为发生时，某一因素就呈现，但每当该行为未发生时，该因素就不呈现的话，人们将会把该行为归于该因素所引起。

凯利提出三维归因理论（cube theory），他表示当为行为寻求原因时，人们将会评估共变情况，运用当事人在三个维度上的信息：

（1）一致性（consensus）信息：指他的行为是否跟别人在该情境中的行为一样？

（2）区别性（distinctiveness）信息：指他的行为是否只对这项刺激才会展现，而不对其他对象做同样的反应？

（3）一贯性（consistency）信息：他的行为是否在不同情境和时间中针对这项刺激一再重复出现？

凯利认为拥有了这些信息，人们就可以对事件归因（参考右页图表）。这3个维度的信息各在所获得的结论上扮演部分角色。

（三）归因过程的失误

根据上面的论述，你很容易认为人类是理性的动物。事实上，人们的归因判断经常是不理性的。

基本归因误差（fundamental attribution error）

人们经常把他人的行为归因于性格或态度等内在特质上，而且低估他们所处情境的重要性。这种倾向被称为"基本归因误差"，它与两方面的因素有关：

（1）人们总是认为一个人应该为自己的行动结果负责，所以较倾向从内在因素来判断行为的原因，忽略了外在因素对行为的影响。

（2）在旁观者（observer）的知觉角度，当事者（actor）具有知觉突显性（perceptual salience），所以人们把原因归于当事者，而忽略了情境背景的作用。至于另一种常见的归因失误，我们放在"知识补充站"中。

为什么汤姆在A教授的课堂上打瞌睡？

归因维度	一致性信息	区别性信息	一贯性信息	结论
情境1	其他人没打瞌睡	汤姆在别人课堂上也打瞌睡	汤姆以往也打瞌睡	汤姆懒惰
情境2	其他人也打瞌睡	汤姆在别人课堂上没打瞌睡	汤姆以往也打瞌睡	教学质量不良
情境3	其他人没打瞌睡	汤姆在别人课堂上没打瞌睡	汤姆以往没打瞌睡	汤姆太累了

在运动竞赛中，优胜者和失败者经常在解释比赛结果时，做出极为不同的自利归因。

+ 知识补充站

自我服务偏差（self-serving bias）

在某些情况下，人们从事完全相反的事情，他们的归因偏差朝着对自己有利的方向。自我服务偏差是指人们倾向于把自己的成就归因于内在因素，如能力或努力等；却把自己的失败归于外在因素。

我们可从印象管理（impression management）的角度来看待自我服务偏差，它具有维护自尊的作用，也具有自我修饰的作用；也就是使我们觉得舒服些，或使我们看来体面些。当身为团体成员时，人们也容易把团体成功归因于自己，而把团体失败归因于其他成员。

但自我服务偏差也会产生不利的影响。对于麻将或扑克牌赌徒而言，如果他每次赢钱就归因于自己的技巧，每次输钱就归因于运气不佳，那么他将很难从赌桌上脱身。

综上所述，当你判断他人行为时，你应该致力于避免基本归因偏差。但是，当对自己的行为归因时，你应该提防不利于自己的自我服务偏差。

12-4 态度的形成与改变

（一）态度的定义

态度（attitude）是个体对某一特定事物、观念或人物所持的稳定而持久的心理倾向，它由认知、情感和行为倾向3个成分所组成。

认知成分：它是指人们对特定对象的心理印象，包括有关的事实、知识及信念。

情感成分：它是指人们对特定对象所持的正面或负面的评价，以及由此引发的情感，这是态度的核心所在。

行为倾向成分：它是指人们对特定对象所预备采取的反应。但是态度只是一种行为倾向，它并不等于行为。

（二）态度的形成

学习理论主张，就跟其他行为习惯一样，态度也是后天习得的。态度的学习有3种机制：

联结（association）：把特定态度与一些事物联系在一起。

强化（reinforcement）：受到奖励有助于我们形成对一些事物的态度。

模仿（imitation）：通过模仿榜样的态度，如子女经常模仿父母的政治态度。

从不同的角度，另有些学者认为态度的形成与改变也有3种机制：

服从：个人担心受到惩罚或想要获得预期的回报，因而采取符合他人要求的行为。

认同：使自己的态度跟榜样人物维持一致。

内化：当态度与个人的价值体系保持一致时，个人容易形成这样的态度。

（三）态度改变的理论

如何改变他人的态度？这对于政策宣传、商业广告及日常生活都具有现实的意义。

海德的平衡理论（balance theory）

海德（Heider，1958）首先提出P-O-X理论以解释人际关系。在P-O-X模型中，P代表一个人（如杰克），O代表另一个人（如他的女朋友艾玛），X是介于P与O之间的态度对象（如一部电影）。就如右页图所示，P、O、X之间关系呈现8种组合。如果杰克喜欢这部电影，艾玛也喜欢这部电影，而且杰克喜欢艾玛，这样就是一个平衡的系统，谁也没有必要改变态度。但是，在其他条件不变的情况下，如果艾玛不喜欢这部电影，这时候的系统就不平衡了，就必须有人产生态度改变。至于态度改变的方向则是遵循"最少付出原则"。

海德的平衡理论的缺点是太过简易，P、O、X之间的关系只以喜欢或不喜欢的方向表示，但不能表示喜欢或不喜欢的强度。关于认知失调理论，我们放在"知识补充站"中。

平衡理论的理论模型

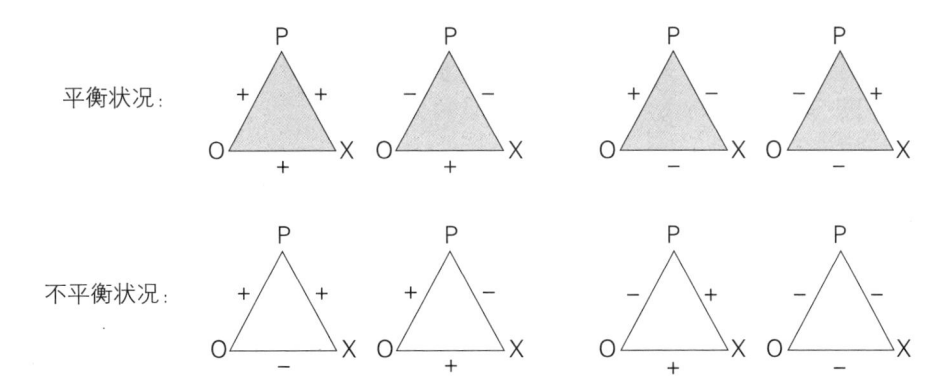

平衡状况：

不平衡状况：

通过改变不一致的认知，我们的行为合理化。在作弊后，你将会设法说服自己："拜托，作弊没有那么不道德，每个人只要有机会都会作弊。"

➕ 知识补充站

费斯廷格的认知失调理论（cognitive dissonance theory）

费斯廷格（Festinger, 1957）表示，在一般情况下，人们的态度与行为是一致的。但是有时候，态度与行为也会出现不一致，如尽管你很不喜欢你的上司夸夸其谈，但你发现自己还是设法恭维他。这种认知失调是一种不舒服状态，个人将会感到紧张及不安。但是个人始终有维持心理平衡的倾向，因此他将会采取一些活动以减轻自己的失调状态，以便重获心理平衡。

以吸烟为例，瘾君子拥有两个彼此矛盾的认知项目。一是他知道"自己吸烟"，二是他知道"吸烟会导致肺癌"。为了减轻所产生的失调状态，瘾君子可能采取下列几种活动之一：①改变原先的信念（"吸烟致癌的证据不是那般颠扑不破"）；②改变他的行为（戒烟）；③改变认知的重要性（"社交行为和保持体型比起担心罹癌更为重要"）；④增添新的认知项目（"我改吸低焦油的香烟"）；⑤减少选择感（"生活压力太大，我只能靠吸烟来缓解，别无他法"）。所有这些活动都有助于减低或消除失调状态，以避免长期的过度心理负担。

12-5　人际吸引

人类是社会性的动物，个人与他人进行有意义的交往是人类社会生活的前提。人生的重要课题之一是建立良好的人际关系，以及改善不良的人际关系。

（一）人际吸引的基本原理

人们为什么彼此吸引？这可能牵涉到两方面因素，第一个因素与社会比较（social comparison）有关，即人们通过社会比较以获得关于自己和周遭世界的信息。第二个因素与社会交换（social exchange）有关，即人们通过社会交换以获得心理与物质奖赏。但是，为什么我们喜欢一些人而不喜欢另外一些人？

强化原则：我们喜欢能给予我们奖赏的人，讨厌给予我们惩罚的人。换句话说，我们喜欢对我们作正面评价的人，而讨厌对我们作负面评价的人。

社会交换：根据经济学模式，如果在跟某个人的交往中，我们获得的收益大于成本，我们就会跟他继续交往下去，而且对这种交往的评价也较高。如果在交往中付出多而收益少，则交往有可能中断。

公平理论（equity theory）：这表示当交往双方都认为付出与收益是对等时，才是最稳定及愉悦的关系。根据公平理论，当形成不公平的关系时（有一方觉得受益太多，或受益太少），双方都会对这样的状态感到不舒服，而涌起一股想要恢复关系公平性的动机。为什么自觉受益太多的人要放弃既得利益？这是因为"公平性"是一种强有力的社会规范，它会迫使人际关系达到公平状态——通过使当事人感到不安及罪疚。

（二）影响人际吸引的因素

个人特质：个人的某些特质决定他是否受人喜爱。"真诚"及"温暖"被大学生评定为最重要的特质，而被评定为最不受欢迎的特质是"说谎"及"欺骗"。

外表吸引力：在其他条件相等的情况下，漂亮的人更易招人喜爱。

相似性：人们倾向于喜欢在态度、价值观、兴趣、背景及性格等方面与自己相似的人。在人际吸引的主题上，具有重要影响力的相似性来自3个方面：一是人口特征的相似性，它包括性别、种族背景、宗教、社会阶层及年龄等，即一般所谓的"物以类聚"。二是态度的相似性，即一般所谓的"志同道合"。三是外表的相似性，特别是在选择婚姻对象上。

互补性："互补说"主张，人格特质的互补可能具有吸引作用，如害羞—外向，支配—顺从，以及夸夸其谈—倾听等，双方正好成为天造地设的一对。

熟悉性：熟悉性导致喜欢的现象，就是一般所谓的"曝光效应"（mere exposure）。一个人只要经常出现在你的眼前，就能增加你对他的喜欢程度。

接近性（proximity）：时空接近性是人际吸引的重要因素之一，我们与之接触及互动越频繁的人，就越容易成为我们的朋友或情侣。这就是一般所谓的"近水楼台先得月"或"远亲不如近邻"。

人际吸引的通则

```
                          ┌── 强化原则
         ┌── 人际吸引的基本原理 ──┼── 社会交换
         │                └── 公平理论
人际吸引 ──┤
         │                ┌── 个人特质
         │                ├── 外表吸引力
         │                ├── 相似性
         └── 影响人际吸引的因素 ──┼── 互补性
                          ├── 熟悉性
                          └── 接近性
```

> **✚ 知识补充站**
>
> 亚里士多德说过,"美貌比一封介绍信更具推荐力"。我们社会总认为,有外表吸引力的人在另一些方面也将表现良好。例如,外貌姣好者被认为通常也较成功、较聪明、较有趣、较会交际、较为独立及较为自信。我们从日常用语的"美—好""丑—恶"就可看出人们对外在美所持的刻板印象。
>
> 外表之所以有那么强烈的影响力,一是因为光环效应(halo effect),即一般所谓的"美就是好"。另一个因素是所谓的"漂亮的辐射效应"(radiating effect of beauty),即一般认为,如果让别人看到你跟特别漂亮的人在一起,这能够提高你的大众形象,就像对方的光环笼罩着自己一样。
>
> 在一项为大学生安排的"电脑约会"中,发现无论男性或女性,他们将会主动再跟对方约会的唯一决定因素是外表,也就是"美貌"的重要性远胜于高IQ分数、良好社交技巧或合适的性格。
>
> 但对于外在美的偏好是比较初始的现象。在选择进一步的约会及婚姻对象方面,人们倾向于追求在外表吸引力上跟自己旗鼓相当的对象,以便保证双方关系的存续,这被称为"匹配假说"(matching hypothesis)——人们认为长相接近的人拥有相同的社会交换价值。

12-6 从众行为

在社会生活中，我们的心理和行为总是受到各种因素的影响。社会影响的最直接表现就是它对人类行为产生重要的决定作用。从众（conformity）是指个体在真实或想象的团体压力下改变行为或信念的倾向。

社会心理学家已发现了可能导致从众的两种力量：

信息性影响（informational influence）：个人在现存情境中想要知道什么才是适宜的行为方式。

规范性影响（normative）：个人希望受到别人的喜欢、接纳及赞许。

（一）Sherif的团体规范形成的研究：信息性影响

"游动效应"（autokinetic effect）是指在暗室的墙壁上呈现一个静止的小光点，但在同质场域的视野中，因为没有参考点的存在，这个光点看起来像是会移动。在这项实验中，受试者的任务是估计光点在空间中移动的方向及距离。

刚开始，受试者独自做出判断，他们报告的数值有很大差异。然后，他们被集合起来，在其他团体成员面前大声说出自己的判断，结果他们的估计值逐渐接近。最终，他们对光点移动方向及距离的判断趋于一致。后来，受试者再度被单独留在暗室中进行判断，结果受试者继续遵守他们先前共处时形成的团体规范。

这说明我们的判断会受到他人的影响，我们凭借从他人那得来的信息以认清真实状况。研究显示，人们在下列状况中最可能因为信息性影响而产生从众行为：当情况不明朗时；当情况处于危机时；当他人是专家时。

（二）Asch的线段判断实验：规范性影响

Asch的实验以男性大学生为受试者，当受试者来到实验室的时候，看到6位与自己一样的受试者已经就座，但实际上他们都是实验助手。全组成员围着会议桌坐下后，主试者每次出示两张卡片，一张为标准卡，另一张为比较卡。受试者的任务是大声报告比较卡上哪一条线段与标准卡上的线段等长（参考右页图）。

真正的受试者总是被安排在倒数第一、二位作答，实验助手已预定好在18次尝试中有12次提出一致的不正确回答。这样的安排是在制造一种不合物理事实的团体压力。在这种众口铄金的情况下，真正受试者是否会屈服于众人的错误判断呢？

实验结果显示，真正的受试者在37%的尝试中屈服于说谎队伍。此外，大约有30%受试者几乎总是屈服于压力，但也有25%始终坚持自己的正确判断。

研究人员也探讨团体成员的人数产生的影响。当实验助手只有1人时，受试者通常露出不安表情，但未屈服于对方的错误判断。但是当反对人数增至三四个人时，受试者屈服的比例就升到32%。反过来，当团体中有另外一人赞同这位真正受试者的判断时，从众效应将会大为减弱，屈服的比例只有原先的1/4。

以上结果表明，人们在下列情况中容易从众：①当判断任务的难度越高，所呈现刺激越为模糊不清时；②当团体对于成员颇具吸引力，而团体凝聚力也高时；③当个人认为其他成员都居于优势，而自己相对居于劣势时；④当个人反应将会被公开时。

受试者被要求判断右图的3条线段中，哪一条的长度与左图相同

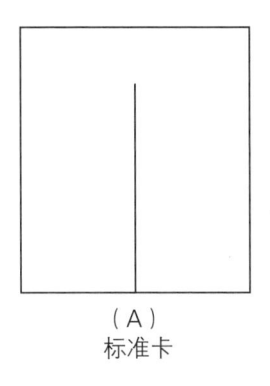

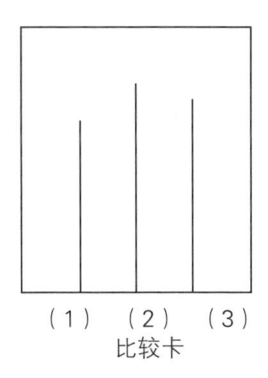

（A）
标准卡

（1）（2）（3）
比较卡

在Asch的实验中，居于图中央位置的是真正的受试者，他的左右都是实验助手，他们故意报告不实的判断。

✚ 知识补充站

认知失调的经典实验

认知失调具有动机的作用，它促使你采取行动以减轻不愉快感受。随着失调幅度越大，减轻失调的动机就越高。

在费斯廷格的这项实验中，两组大学生被要求单独在小房间中执行一项枯燥而无聊的任务（如逐页地翻书）。完成之后，两组大学生分别获得美金1元或20元的酬劳。他们再到另一个房间中，告诉下一位等待的受试者，说这项实验的任务很有趣（说谎）。最后，这两组大学生被要求在一个量表上评定该任务真正的有趣程度。

实验结果显示，拿到1元的受试者认为该任务有趣得多（相较于拿到20元的受试者）。这显然是因为拿到20元的受试者利用高报酬来为自己的说谎行为作辩护，因此不太需要改变态度。他们在量表上依然评定那是无趣的任务，他们只是为了金钱才说谎。

但是1元太少了，不足以为说谎行为作辩护。这组受试者为了减轻认知失调状态，他们只好改变自己的态度，因此在量表上评定该任务还算有趣，他们会愿意再做一次。

12-7 顺从行为

在日常生活中，许多人试图引起你的顺从（compliance），也就是使你的行为变化顺应他们的要求。特别是政治人物、父母、推销员及教师，他们知道如何利用各种技巧以赢得他人的顺从。

（一）互惠性（reciprocity）

在人与人的相处中，如果他人给予我们一些好处，我们也必须相应地给予对方一些好处。这种互惠规范维持了双方在社会交易中的公平，但同时也成为影响他人的一种手段。

推销员经常利用互惠性原理来略施小惠，例如"我好不容易碰到识货的人，我愿意给你折价100元"，或"这是一份免费样品，我只送给跟我谈得来的人"。在这样的处境下，你如果不回报恩惠而购买该产品的话，你会觉得心里不舒坦。

另一种顺从技巧称为"以退为进"（door-in-the-face，或门前技巧）。这里，你先试着提出一个很大的要求（"你是否愿意每星期2小时，为期2年担任医院的志愿者？"），在对方拒绝之后，你再提出一个更小的要求（"你是否愿意陪伴孤儿院幼童到动物园游玩一次？"），这时候对方很可能就答应了。

这个技巧也是诉求于互惠规范（支配人际互动的基本法则之一）。当你从重大要求让步下来时，你已施惠于对方。现在，对方必须做些事情作为回报。

在折扣技巧（that's not all）中，你先提出一个价格，但在对方答复之前，提高你的提议的恩惠性，像是降低价格、增加数量或添加赠品，以便施小惠而得大利。

（二）承诺性（commitment）

这里的原则是，如果能够让对方涉身于一些较小让步的话（例如，在请愿书上签名），随后就有很大机会能让对方答应做更大的让步（例如，在自家草坪上竖立一个大招牌）。这通常被称为"登门槛技巧"（foot-in-the-door，或得寸进尺法）。推销员普遍相信，只要脚跨进了顾客的门内，让对方答应购买产品就不成问题了。

（三）稀少性（scarcity）

人们喜欢拥有一些别人没有的东西。推销员相当清楚如何将这个"物以稀为贵"的原理应用于市场营销："这是仅存的最后一件，我没有把握你是否应该等到明天""我还有另一位顾客打算回来购买，你最好赶快做个决定"。这个稀少性（限量）的策略使你感受到压力，如果你不立即购买的话，你就会失去一次千载难逢的机会。

（四）低价法（low-balling）

这是指在讨价还价的过程中，卖方先将姿势降低，提出一个买方愿意接受的价格，当买方感到满意而决定购买时，卖方突然以某一借口为由（如算错价钱，或经理不同意）而提高价格。买方的欲望已被撩拨起来，往往就答应了。这种做法就像是棒球赛时故意投低球的策略。

引发顺从行为的策略

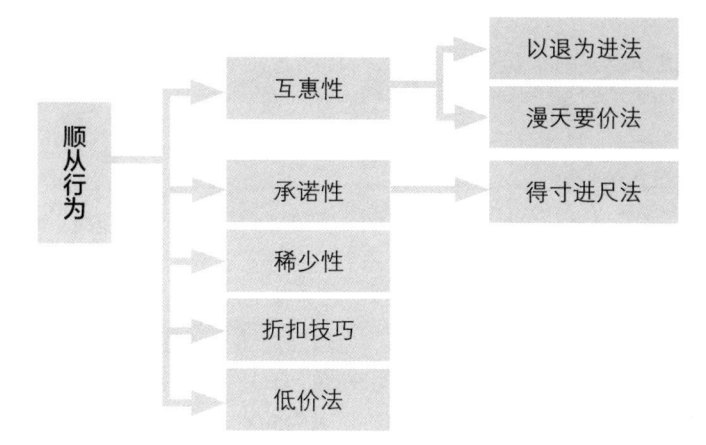

```
                            ┌─→ 以退为进法
              ┌─→ 互惠性 ──┤
              │            └─→ 漫天要价法
              │
              ├─→ 承诺性 ──→ 得寸进尺法
顺从行为 ──┤
              ├─→ 稀少性
              │
              ├─→ 折扣技巧
              │
              └─→ 低价法
```

"登门槛效应"——你先请对方签署反核的声明书，他随后很可能就会答应你参加反核的游行。

+ 知识补充站

自证预言（self-fulfilling prophecies）

自证预言也称自我实现的预言，它是指我们对他人的期待会影响到对方的行为，使得对方按照我们对他的期待行事。

心理学家罗森塔尔（Rosenthal，1968）通知一所小学的老师，根据心理测验的结果，他们班上的一些学生属于"大器晚成型"，但将会在该年度显现重大进展。事实上，这样的预测完全没有客观基础，这些学生是从名册上随机挑选的。

然而，到了该学期结束时，被指定为大器晚成型的学生在学业成绩上发生显著的进步，远高于他们控制组同学的进展。这是如何办到呢？罗森塔尔认为这是因为教师的预期使他们在对待这些学生上较为温暖而友善、设定较高的要求、提供较为及时而清楚的反馈，以及为他们补习学业。

英国剧作家萧伯纳（G. B. Shaw，1856—1950）在《皮格马利翁》（Pygmalion）剧本中描写一名村妇在一位教授的调教下，转变为一位知书达礼、社交宜人的淑女（后来被改编为流行音乐剧《窈窕淑女》）。因此，自证预言也被称为"皮格马利翁效应"。

12-8 服从行为

什么原因使成千上万的纳粹党愿意听从希特勒的命令，把几百万的犹太人、吉卜赛人送进毒气室？你可能会认为："那是因为他们心中埋藏着邪恶的种子，使得他们展现邪恶行为。我拥有正常的人格，我才不会那样做。"

（一）Milgram的实验情境

服从（obedience）是指在他人的直接命令之下执行某种行为的倾向。在Milgram的实验中，主试者告诉志愿参加的大学生，他们参与的是关于"记忆与学习"的科学研究，也就是探讨"处罚对记忆的影响"。因此，当被抽到"老师"的角色时，他们必须对另一个"学生"的每次错误施加处罚，也就是实施电击，电击强度还必须逐步升高。主试者穿着白色外衣，担任正当的权威人物，他提出规则，分配角色。真正的受试者总是被安排充当"老师"的角色，"学生"则由一位实验助手所扮演，他大约50岁，微胖，看起来神情愉悦而态度温和。电压范围为15~450伏。"学生"在字词配对上每犯一次错误，处罚的电压就增加15伏。实验开始不久，隔壁房间中的"学生"就开始犯错（根据预先安排的剧本）。当电压升到150伏的时候，"学生"开始求饶；升到200多伏时，他坚持自己再也无法承受任何电击；到了300多伏时，他已声嘶力竭，呐喊要求立即被释放；再接下去，他只能发出痛苦的呻吟声。但每当"老师"有所迟疑时，主试者就告诉他，"你没有选择，规则就是规则，你必须继续进行"。

（二）继续电击或拒绝电击

当拿这个问题求教于40位精神科医师时，他们估计只有不到4%的受试者会在300伏之后继续服从命令，只有大约0.1%的人（即心理不正常的人，如虐待狂）才会盲目服从而继续施加到450伏。但这些精神科医师都错了。实验结果显示，平均而言，受试者很少在300伏之前停下来，他们施加的平均电击强度是360伏，而有67%的人施加到450伏的最高强度。尽管大多数受试者口头上表示抗议，他们行为上却没有不服从。

（三）人们为什么服从权威？

精神科医师们显然犯了基本归因的偏差，他们高估了性格因素的重要性，却没有考虑到情境的力量可能扭曲个人道德判断，以及减弱他的抗拒意志。

Milgram后来又操纵另一些实验条件（参考右页图表），他发现服从效应大致上是出于情境变量，而不是出于性格变量。

那么，为什么人们在这些情境中服从权威？我们前面提到的信息性影响（人们希望自己是正确的）和规范性影响（人们希望自己被喜欢）是两个重要原因。人们之所以服从他人的要求是为了赢得社会的接纳及赞许。此外，当处于模糊不清的情境中时，人们倾向于采纳专家或权威人士的意见作为行为准则。

Milgram的实验说明了"邪恶的平凡性"。恶行不是所谓"邪恶的人"的专利，当任何人面临强势的情境力量时，都不免屈服于人类潜在的脆弱性。

Milgram的实验情境

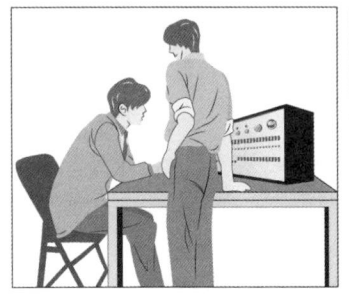

(A)
"老师"（真正受试者）和陪伴在旁的实验人员（权威人士）。

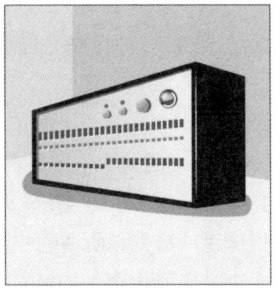

(B)
实验中所使用的电击仪器。

(C)
"学生"（实验助手）被绑在椅子上，电极安置在他手腕上。

Milgram操纵的一些实验条件

实验变量：

1. 学生自己要求被电击。
2. 权威人士充当受害人——由一位普通男子下命令。
3. 两位权威人士发出相反的命令。
4. 受试者自由选择电击强度。
5. 有两位同伴不服从。
6. 由一位普通男子下命令。
7. 受试者与权威人士（主试者）距离很远。
8. 受试者必须抓着学生的手压在电击板上。
9. 受试者与学生处于同一房间中。
10. 机关背景。
11. 受试者只听到学生的口头抗议。
12. 受试者与受害人之间距离很远。
13. 以女性为受试者。
14. 两位权威人士——其中一位充当受害人。
15. 受试者充当媒介，只是协助另一个人实际施加电击。
16. 有一位同伴先前的示范服从行为。

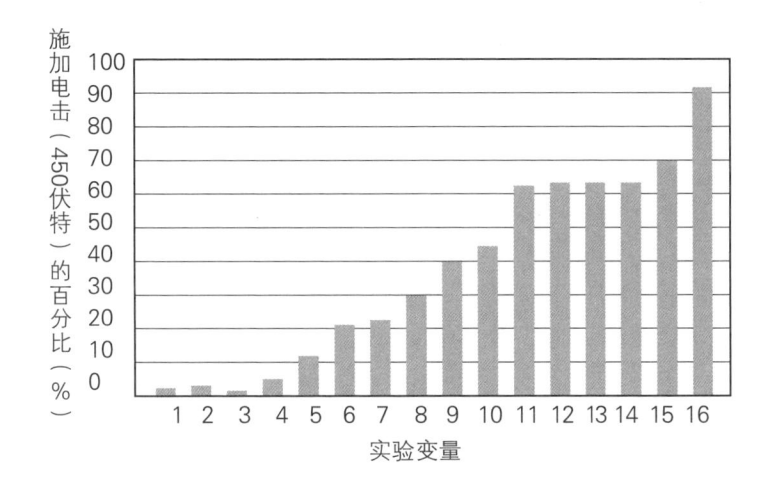

12-9 亲社会行为

亲社会行为（prosocial behavior）是指任何能够增进他人利益的行为，例如合作、助人、奉献及利他行为等。

（一）利他与助人行为的理论解释

社会生物学（sociobiology）：美国和日本的大学生被要求考虑一些情节：有3个人处身于险境，他们只能选择拯救其中一个人。研究结果显现了亲属效应，即随着亲属关系越为接近（基因的重叠性越高），受试者就越可能对之伸出援手。这就是所谓的"亲属选择"（kin selection）——我们不仅通过生儿育女的方式，也会通过确保亲属生存的方式，增加基因传递的机会。

为什么人们有时候会冒着生命危险援救陌生人呢？社会生物学家诉诸于"互利"（reciprocal altruism）的概念，即人们展现利他行为是因为他们期待别人也将会对他们展现利他行为。因此，互利的期待授予利他行为具有生存价值。

社会交换理论（social exchange theory）：人们的社会行为表现是基于一种利益交换原则。我们会考虑所涉的成本面（时间损失、受伤可能、法律责任及长期负担等）和利益面（提高自尊、目击者的赞许、减轻心理痛苦、获得奖金及扬名社会等），在衡量得失后，我们才决定是否助人。这种理论不承认利他主义的存在，人们是出于自利而助人，当付出超过获利时就没有助人行为。

学习理论的观点：儿童在成长过程中习得关于利他及助人行为的规范（主要是通过强化和模仿），然后把它融入自己的生活中。

（二）情境对亲社会行为的影响

1964年的一个夜晚，纽约市的一位女性在快抵达公寓时遭到歹徒的袭击，当时她的38位邻居都听到了呼救声，有些人在窗户后全程目睹惨剧。但在长达30分钟的时间内，竟无人伸出援手，连报警电话也没有打。许多新闻评论视之为一种道德腐败，认为这些旁观者如此"冷漠"及"铁石心肠"，简直不可思议。

但是根据社会心理学家Latane和Darley的研究，恰恰是旁观者的人数使没有人伸出援手。当发生紧急情况时，旁观者介入的可能性视他认为在场的旁观者人数而定。假如现场只有一人，这个人很可能见义勇为，立即救助；假如现场有好几个人，他通常假定别人"将会"或"应该"伸出援手，因而他就退避下来，不愿卷入麻烦。这种现象被称为"责任扩散"（diffusion of responsibility）。

旁观者为什么没有伸出援手？除了责任扩散，研究者继续探讨另一些原因。他们发现援助的举动涉及5个步骤：①注意到事件——人们在匆忙之中（时间压力）较不会注意周遭事物，这使得助人的可能性降低；②把事件解读为紧急情况——为了决定当前情境是否为紧急状况，你通常会先察看他人的反应，如果他人只是耸耸肩就忙自己的事，你通常也会依样模仿；③承担责任——你确认"做些什么"是属于你的责任；④知道如何救助——你必须知道适当的援助方式；⑤决定进行援助——你也必须衡量助人的代价，援助成本不可过高。如果通不过这5个步骤，旁观者将不会介入。

责任扩散的现象

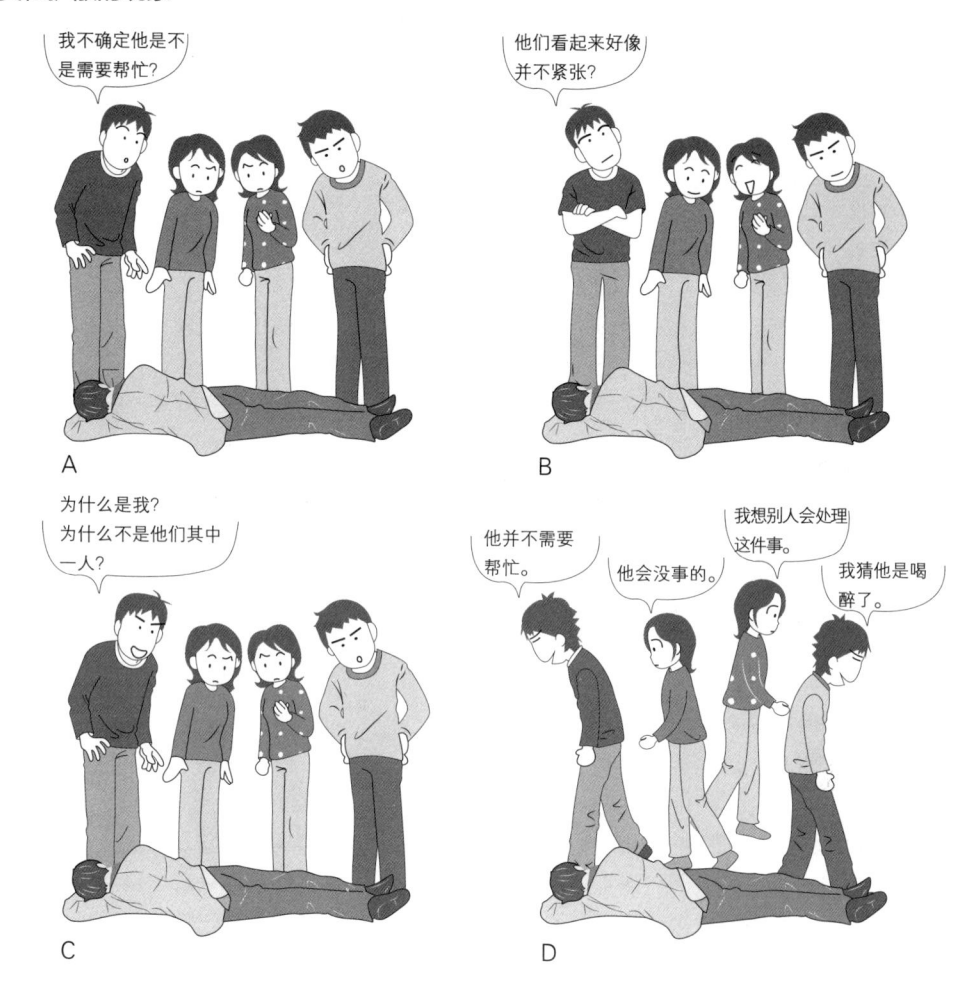

A — 我不确定他是不是需要帮忙?

B — 他们看起来好像并不紧张?

C — 为什么是我?为什么不是他们其中一人?

D — 他并不需要帮忙。／他会没事的。／我想别人会处理这件事。／我猜他是喝醉了。

➕ 知识补充站

心情好，做好事

有时候我们心情很好，有时候心情糟透了，而这些无常的情绪状态往往是利他行为的重要决定因素。换句话说，人们心情好时更乐于助人。

为什么好心情会增进助人的意愿? 这可能基于3个方面原因。首先，好心情使人看向人生的光明面。其次，做好事能够延长我们的好心情；反之，袖手旁观会破坏我们的好心情。最后，好心情增加我们对自己内心世界的注意，这使我们更有可能依循自己的价值观与理想而行事。

12-10 攻击行为

（一）攻击行为概述

攻击行为（aggression）是指任何意图造成他人心理或身体伤害的行为。它是心理学家最为关注的社会行为之一。

愤怒与攻击行为：每个人都有"愤怒"的经验，愤怒经常是攻击行为产生的根源。"遭受他人侵犯或干涉"是引起愤怒最常见的原因。对于他人的侵犯，人们往往采取"以牙还牙"的方式加以报复，而这又使攻击行为因为相互报复而扩大。

挫折与攻击行为：挫折（frustration）是指任何妨碍个体获得快乐或达到预期目标的外在情况。早期的学者提出"挫折—攻击假说"，它把挫折和攻击看作因果关系，也就是挫折必然导致攻击，攻击也必然有挫折为前提。但后来的研究发现，挫折是引起攻击的一个可能条件，但不是唯一的条件。当我们感受到挫折是无意而不是有意的时候，我们并不会有攻击行为。

归因的影响：某一事件之所以会引起愤怒或攻击行为，关键在于受害人必须知觉到这种侵犯或挫折是他人有意造成的伤害。因此，人们对他人行为的归因将会影响是否展现攻击。

攻击行为的学习：学习理论主张，攻击行为可通过学习而获得，强化和模仿是两种主要的学习过程。班杜拉（1961）关于观察学习的实验指出，儿童可以通过观察他人从事攻击行为之后受到奖励或惩罚而学会攻击行为。

（二）与攻击行为有关的因素

气温与攻击行为：研究学者发现，当气温在一定的范围内，暴力事件的发生与气温呈现线性关系。这也就是说，在38~41℃之下，随着气温的升高，人们的暴力倾向增强。但是在超过这个温度之后，因为人们外出的机会减少，所以暴力行为发生的机会也较少。

酒精与攻击行为：许多研究证实，过量饮酒的人易于被激怒，从而表现出偏高的攻击倾向。一般认为这是酒精为攻击行为提供了直接的生理刺激，使饮酒者处于偏高的生理唤起状态，这就是俗话所说的"酒壮人胆"。但大多数研究指出，这是因为酒精降低了人们对攻击行为的控制，即所谓的去抑制作用（disinhibition）。

攻击性线索与攻击行为：研究学者发现，当情境中呈现与攻击有关的一些线索，如刀、枪、棍等武器，这往往会成为攻击行为发生的起因，或会助长人际冲突的严重性，这种现象被称为武器效应（weapon effect）。

去个性化与攻击行为：去个性化（deindividuation）是指当处身于群众之中，个体的自我认同被团体认同所取代，个体难以意识到自己的价值观和行为准则，从而做出平时不敢做的反社会行为，如结伙犯罪或街头暴动。这种现象的产生与3个方面的因素有关，即匿名性、责任分担及自我意识弱化。

在班杜拉（1961，1963）的经典实验中，儿童首先观看榜样的攻击行为，随后他们也学会展现同样的行为。

根据挫折—攻击假说，当发生塞车而寸步难行时，这产生的挫折经常引发攻击行为，例如大按喇叭或拳脚相向。

+ 知识补充站

惩罚攻击有助于减少攻击行为吗？

许多父母相信"不打不成器"，它表示如果你的小孩有攻击倾向，你只要施加体罚，他很快就学会不能欺凌弱小。同样地，如果我们社会增加对攻击的惩罚，像是刑期加长或诉诸死刑，这样能减少暴力犯罪吗？

因为严格惩罚（体罚）本身就是一种攻击，那么惩罚者实际上是在示范攻击行为，它可能引起受罚者模仿这个举动。因此，体罚从来无法达到它原先预定的效果——"教导坏孩子变好"。

在成人的暴力犯罪方面，所谓的严刑峻法似乎也不具吓阻效果。许多国家对蓄意谋杀判处死刑，但它们的谋杀犯比例并未低于那些没有死刑的国家。同样地，美国到2013年为止有18个州废除死刑，但这些州并未发生死刑犯罪突增的情况。

在现今的人类社会，死刑存废的价值论战，没有绝对的对或错。它只是一场受害者的公道与加害者的人道之间的角力。

12-11 偏　见

偏见（prejudice）是指个人对于他人或团体所习得的一种态度，它包括负面情感（不喜欢或害怕）、负面信念（刻板印象），以及规避、控制或排挤该团体成员的行为意图（歧视）。

（一）偏见的起源

团体冲突理论：团体冲突（group conflict）理论指出，为了争夺有限的资源，如工作或石油等，团体之间就产生了偏见。当人们认为自己有权获得某些利益，却没有得到，他们如果拿自己跟获得该利益的团体相互比较，这时便会产生相对剥夺感，进而引发对立与偏见。

社会学习理论：偏见是习得的，在这过程中，父母的榜样作用和新闻媒体的宣传效果极为重要。儿童的种族偏见和政治倾向大部分来自父母。

社会分类（social categorization）：这是指人们倾向于把社会世界划分为内团体和外团体。内团体（in-groups）是个人认定自己所归属的团体；外团体（out-groups）是个人不认同的团体。个人自尊将会造成"内团体偏差"，也就是评价自己所属团体优于其他团体。当对方被界定为外团体的成员时，几乎立即成为敌对情感和不公平待遇的对象。

（二）偏见的影响

偏见对知觉的影响：当个人抗拒改变自己不正确的信念时（即使面对确凿的证据），就具备了偏见的条件。例如，许多人表示黑人都是懒虫，却无视于自己身边就有许多勤奋的黑人同事，这便是偏见。偏见就像戴上了一副有色眼镜，它将会影响你如何知觉及对待一些人。

偏见对他人行为的影响：我们对他人的偏见也影响他人实际的行为表现。个人的偏见不仅影响自己的行为，也会影响对方的行为。换句话说，你对对方的预期会使得对方按照你的预期表现行为，这便是所谓的"自证预言"。

责怪受难者：对很少受到歧视的人而言，他们再怎样努力想象，也很难了解身为偏见对象的感受。当这样的同理心缺席时，就很难避免落入责怪受难者的陷阱。例如，他们往往认为弱势族群之所以失业是因为"他们太懒惰"。

（三）消除偏见的方法

社会化：儿童和青少年的偏见主要通过社会化过程而形成。因此，为了减少或消除偏见，我们应该控制这一过程，注意父母和媒体所施加的不当影响。

受教育程度：有时候，人们的偏见是源于自己的无知和狭隘。接受教育有助于化解个人偏颇的信念。

直接接触：敌对团体之间的直接接触有助于减少它们之间存在的偏见，这被称为"接触假说"（contact hypothesis）。但这样的接触需要有几个条件，包括相互依赖、追求共同目标、同等地位、亲近的接触、频繁接触，以及平等的社会规范。

消除偏见只靠敌对团体间的直接接触是不够的，它应该是在追求共同命运的前提下培养人际互动。

+ **知识补充站**

拼图技术（jigsaw technique）

拼图技术是指制造条件以使学生们必须互相依赖（而不是彼此竞争）才能学到所指定的教材。在"拼图技术"中，先前敌对的白人、拉丁裔及非洲裔学生被编为一个共同命运的小组。然后，整体教材（如南非曼德拉总统的一生）被分成几个段落，每个组员必须先研读自己分到的段落（如曼德拉的牢狱生涯），再把内容告诉其他组员，这是他们能够获知全部内容的唯一方法。最后，学生的成绩依据整个团体的表现来评估。

通过这个拼图历程，学生们开始留意别人，学会彼此尊重。他们具体表现真正的种族融合，也更有能力从别人的观点来看待世界——相较于传统教学法。它成功地打破原先教室中内团体对抗外团体的观念，使学生们培养出同属于一个团体的认知。

+ **知识补充站**

刻板印象（stereotype）的效应

刻板印象是指对一群人的概念判断，以便把同样的特征加派给某一团体的所有成员，它是形成偏见的主要原因。刻板印象不以亲身经验为依据，也不以事实资料为基础，只是凭借一些人云亦云的间接资料就做出武断的评定。

如果一般都认为某一团体是无可救药地愚笨、不可教育，且只适合卑微的工作，那么何必要为他们浪费教育资源呢？因此，这些成员得不到适当教育，30年之后，你会发现什么？除了少数例外，大部分成员都担任着卑微的工作。这时候，那些偏见者又会振振有词："你看吧！我一直都是对的，还好我们没有把宝贵的教育资源浪费在那些人身上。"这是自证预言在社会层面上的再度发挥。

12-12　团体影响

团体生活是人类生活的基本方式。外界的社会压力对人们的行为产生重大影响。这些社会影响（social influence）是如何起作用的呢？

（一）社会促进作用（social facilitation）

定义：社会促进作用是指人们在他人旁观的情况下，工作表现比起自己单独进行时来得好。Triplett（1898）的研究是社会心理学最早的实验之一，他要求儿童把钓鱼线卷在线轴上，结果发现儿童在别人面前的卷线速度快于他们单独执行时。后来的研究让受试者完成一些任务，如简单乘法或圈字母等，也发现同样的现象。此外，社会助长作用不仅发生在人类身上。研究人员发现，当一群蚂蚁一起挖土时，每只蚂蚁的平均挖土量是单独挖土时的3倍。蟑螂的爬行速度也有类似现象。

关于社会助长作用的解释：首先，他人在场（mere presence）使个人产生不确定性，因此提升生理唤起（arousal），这进一步促进个人的表现。

其次，评价担忧理论（evaluation apprehension）指出，他人在场使个人察觉别人正在对自己进行评价，但因为担忧无法得到别人的正面评价，所以产生生理唤起。

最后，分心冲突模式（distraction-conflict model）指出，当个人执行一项作业时，他人或新奇刺激的出现会造成分心，使个人在注意作业还是注意新奇刺激之间产生了冲突，这种冲突引起生理唤起，从而导致社会助长作用。这一模式解释了噪声、闪光等刺激对作业表现的促进或损害作用。

（二）社会懈怠（social loafing）

定义与研究：当处身于团体中，因为个体表现未被单独评价，而是以整体被看待，这经常造成个体表现的下降，就称为"社会懈怠"。这种现象可类比为"三个和尚没水喝"。当众人推动一部卡车时，众人集成的合力，普遍小于个人单独作业时所施力的总和。再者，随着团体人数越多，个人使出的力道就越小。

关于社会性懈怠的解释：在团体情境中，因为个体认识到自己的努力会被埋没在人群中，所以对自己行为的责任感降低，从而付出较少努力，导致任务表现下降——这显然是另一种形式的"责任分散"。

（三）社会促进作用和社会懈怠的擅长领域

团体情境有时候对个体的任务表现起促进作用，但有时候却引发社会懈怠，你如何判断呢？简单来说，你必须知道在情境中运作的两个重要变量：任务的简单性和复杂性；个体评价的可能性。

如果你的努力会被评价，他人在场引起生理唤起，这将导致社会助长作用，使简单作业表现更好，但复杂作业表现更差。如果他人在场，但你的努力无法被评价（你只是机器里的小螺丝钉），你可能感到较为松懈，这将导致社会懈怠，使简单任务表现更差，但复杂任务表现更好。

社会促进作用与社会懈怠

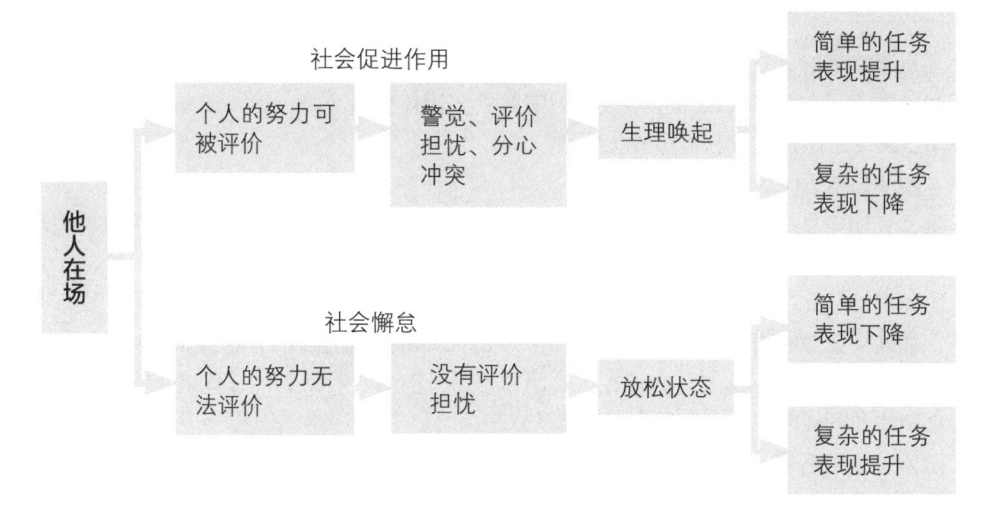

```
                        社会促进作用
                                                              ┌─→ 简单的任务
                                                              │   表现提升
         ┌─→ 个人的努力可 ─→ 警觉、评价 ─→ 生理唤起 ─┤
         │   被评价          担忧、分心              │
         │                   冲突                    └─→ 复杂的任务
他人在场 ┤                                                表现下降
         │
         │                社会懈怠
         │                                                  ┌─→ 简单的任务
         │                                                  │   表现下降
         └─→ 个人的努力无 ─→ 没有评价 ─→ 放松状态 ─┤
             法评价          担忧                            │
                                                             └─→ 复杂的任务
                                                                 表现提升
```

➕ 知识补充站

隐身术

　　心理学家向一些人提问：如果能够隐身24小时，他们打算做些什么事情？超过半数的人表示，他们要做一些脱轨或非法的事情，像是抢银行，或是潜入大明星或心仪对象的房间观看对方裸体，还有些犯罪行为足以在法律上被判终身监禁。

　　隐身于人群就像是隐身术，它会导致行为的解放。当对24种文化中的人类学档案进行分析后，发现那些在出征前改变容貌的战士（如在脸孔和身体绘上图案，或戴有面具）较可能从事屠杀、折磨及虐待对方的行为——相较于不隐藏身份的战士。美国近代史上，专门压迫欺凌黑人的三K党（ku klux klan），他们集体行动时穿上从头罩到脚的道袍式衣服，只留两个眼洞，也是基于匿名的效应。

　　在日常生活中，许多人被要求穿上制服（学生、运动选手、军人），使彼此看起来相像，这是不是也会产生类似的作用？

12-13　团体决策

当从事决策时，三个臭皮匠真的胜过一个诸葛亮吗？许多人认为答案是肯定的，这也是美国司法制度设立陪审团的基本假设。但实际上，团体决策（group decision）未必能达成最佳决策，主要是团体思维和群体极化所致。

（一）团体思维（group think）

定义：团体思维是指在一个高凝聚力的团体内部，人们在从事决策时，因为过度追求一致性，从而导致不良的决策。美国入侵古巴猪猡湾即为一例。

团体思维的先决条件：社会心理学家Janis（1982）指出，团体思维较容易发生在下列条件下，如高凝聚力的团体、团体与外界隔绝、强势的领导，而且缺乏系统化的决策过程。

团体思维的症状：这主要表现在认为团体是击不败的、自认为团体代表正义的一方、制造对立团体的刻板印象、自我约束，以及从众压力。

团体思维的后果：这对团体决策造成了不良影响，主要包括处理信息上发生选择性的偏差、未考虑所偏好方案的风险，以及未准备替代方案等。

如何克服团体思维？Janis认为这应该从5个方面着手：①领导者应该保持中立，鼓励每一个成员踊跃发言；②在团体所有成员表达了意见之后，领导者才能提出自己的期待；③他应该邀请不属于团体的专家参与团体讨论，以便对成员的意见提出批评；④最好先把团体分成一些小组独立讨论，再一起讨论他们的不同提议；⑤最好采取不记名投票，或要求团体成员匿名写下他们的意见，以避免成员的自我监督及自我审查。

（二）群体极化（group polarization）

定义与研究：这是指团体讨论促使成员的决策更趋于极端的现象。如果人们原本倾向冒险，群体极化作用使得他们更为冒险；如果人们原本倾向谨慎，群体极化作用使他们更为谨慎。举例而言，A棋手的实力远不如B棋手，在交手过程中，A棋手想走一步欺敌的险棋，如果欺敌成功，他可以打败B棋手，但如果被发现，他会一败涂地。你认为有多少成功概率，你才会建议A棋手走这步险棋。

研究发现，当单独决定时，个人表示至少要有30%的成功机会，A棋手才应该采取冒险的策略。但是经过团体讨论后，他们表示只要有10%的机会，A棋手就应该勇往直前，这称为风险偏移（risky shift）。后来的研究发现，如果人们原本倾向保守，那么团体讨论会使他们变得更为保守，称为谨慎偏移（cautious shift）。这二者合称为群体极化作用。

群体极化发生的原因：根据社会比较理论，在团体讨论过程中，个人跟其他成员进行比较，发现有些人比自己的意见更极端。因为希望获得正面评价（规范性影响），因而改变立场，朝更极端的方向移动。

根据说服性论证假说（persuasive argument hypothesis），当团体讨论时，个人因为获知其他成员提出的信息（信息性影响），从而更为肯定自己原本的态度。

团体思维的特征描述

团体思维的前提
1. 高凝聚力的团体——成员之间关系密切。
2. 高同质性的团体——隔离于外界影响力。
3. 领导者相当强势——指导式的领导。
4. 高压力——团体成员认为团体受到外在威胁,造成决策的急迫性胜过正确性。
5. 不良的决策程序——缺乏一套标准化程序来对所有选项从正反两面加以考虑。

↓

团体思维的症状
1. 无懈可击的错觉——团体是不败的。
2. 道德的错觉——"公道站在我们这边"。
3. 从众压力——对于提出异议者加以批评或迫使顺从。
4. 自我约束——不提出反对意见,避免打击团体士气。
5. 对于外团体的刻板观念——对方是不值得尊重的。
6. 表面上毫无异议——在公开场合表现出全体一致的意见。
7. 禁卫军现象——保护领导者,不使之接触反对意见。

↓

团体思维的后果
1. 没有充分考虑所有可行方案。
2. 未考虑行动方案的风险。
3. 未能拟订应变计划——替代方案。

➕ 知识补充站

团体思维的历史实例

　　Janis根据对真实世界事件(主要是美国突袭古巴猪猡湾)的剖析,提出了他极具影响力的团体决策理论,它指出团体的凝聚力可能成为清晰思维和良好决策的绊脚石。那么,美国历史上还有哪些政府决策也是受害于团体思维呢?

　　一般认为,美国近代史上的下列事件也都多少显露了团体思维的许多症状及结果:①美国于1941年遭到日本偷袭珍珠港;②杜鲁门总统于1950年入侵朝鲜;③约翰逊总统于1960年中期决定扩大越战;④尼克松总统和幕僚决定隐瞒水门案件;⑤美国太空总署于1986年的"挑战者"航天飞机爆炸事件;⑥美国认定伊拉克隐藏大规模毁灭性武器。这些都被视为不良的政府决策。

12-14 冲突与合作

在"二战"后的冷战期间，美国和苏联处于武力竞赛的状态。但如果双方都同意裁武，减少核弹的数量，两国可能双赢。如果双方继续投入预算，扩充军备，两国可能双输。当然，最后也可能一方以强大武力优势取胜，另一方就被迫投降。

（一）囚徒困境（prisoner's dilemma）

社会心理学家设计一种情境，用以研究在利益冲突的情况下，人们如何选择竞争或合作。

甲、乙两名嫌犯遭到逮捕，检察官怀疑他们共同犯下重大刑案，但是目前所有的证据只能起诉闯空门。因此，检察官把两名被告隔离审讯，告知他们有两个选择，即认罪或不认罪。如果他们二人都不认罪，只能以持械闯空门判刑3年。如果他们二人都认罪，检察官会要求法官从宽量刑，各判10年徒刑。但如果这两个人有一个人认罪，另一个不认罪，认罪者将被释放，而不认罪者将被处以30年重刑（参考右页图表）。在这个模型中，如果甲嫌犯认为他的同伴会认罪，那么他自己也必须认罪，否则会被判重刑。最好的结果是他们都不认罪，从而双方都被判较轻的刑期。因此，如果这两名嫌犯互相信任，他们应该不认罪。但是甲嫌犯选择不认罪，却又担心对方会不会不合作而出卖了自己。他应该冒这个险吗？美国和苏联原则上应该彼此信任而决定裁武，以把庞大军事经费用于解决内政问题。但每一方又担心自己合作，对方却趁机发展势力。这导致了一连串的竞争举动，最后没有人是赢家，只有冲突不断升级。

在囚徒困境游戏中，只让受试者玩一次，绝大多数都会选择竞争的反应。如果玩很多次，也让彼此知道对方的选择，那么许多受试者采取的是"一报还一报"的策略，也就是对方合作时就合作，对方竞争时就竞争。研究也发现，竞争几乎绝对会引发竞争，但是合作却未必会导致合作。

（二）货运赛局（trucking game）

在这项实验中，受试者想象自己在经营一家货运公司，任务是尽快把货物从起点送到终点。两家公司（甲或乙）最直接的路线是一条只容一辆货车通过的单行道，这置两家公司于直接冲突。另外，每家公司各有一条自己单独使用的路线，但是路途太长了（参考右页图形）。最后，甲乙双方在这条单行道上各有一道栅门，任凭自己遥控，以阻挡对方货车通过。

实验结果显示，尽管受试者相当清楚，他们采取的最佳策略是双方相互合作，轮流通过捷径。但是受试者之间却很少合作，通常是互相争夺单行道的使用权，并且当对方使用捷径时，经常关闭自己所控制的栅门，结果造成双方都是输家。

研究人员还发现，当双方使用威胁时，双方的各自和总收益最少。只有一方有权使用威胁时，有权的一方收益稍微大些，但总计收益较少。只有在双方都采取合作的情况下，各自和总收益都最大。

这听起来也很熟悉，就像是"冷战"期间，美国和苏联步入逐渐升级的核武竞争，每一方都以毁灭来威胁对方，最后陷于僵局。

最后，研究还发现，生活在集体主义文化（如亚洲文化）中的人较倾向于合作，生活在个人主义文化（如西方文化，美国是一个强调自由竞争与个人成就的社会）的人较倾向于竞争。

囚徒困境的基本模型

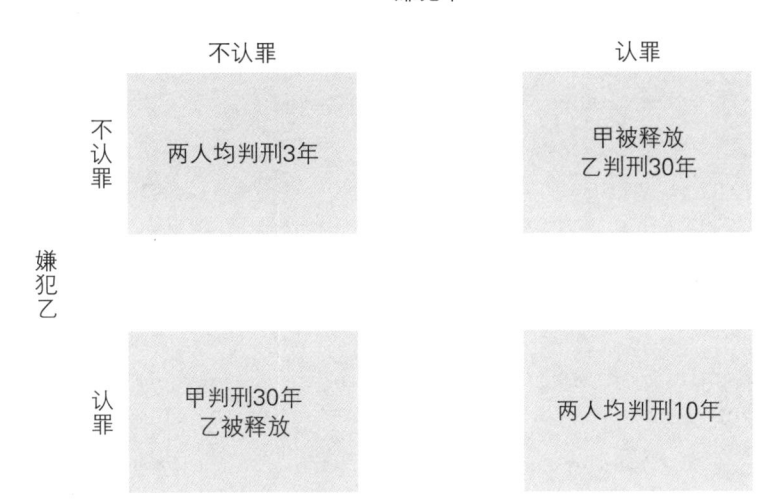

	嫌犯甲 不认罪	嫌犯甲 认罪
嫌犯乙 不认罪	两人均判刑3年	甲被释放 乙判刑30年
嫌犯乙 认罪	甲判刑30年 乙被释放	两人均判刑10年

货运赛局的路线图

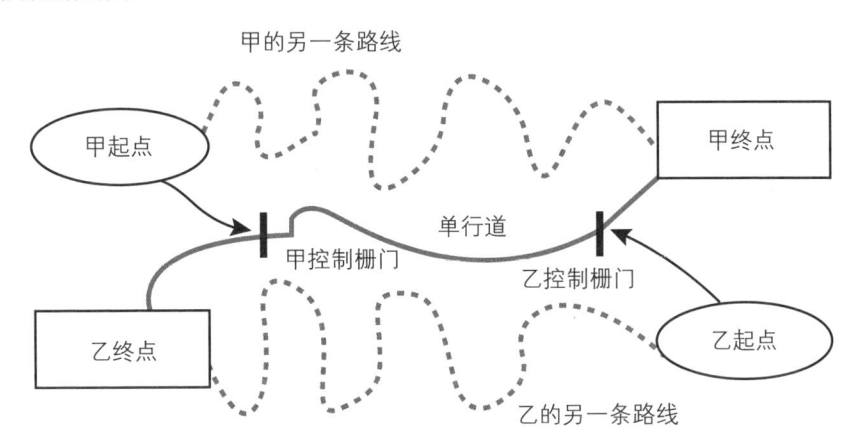

- 甲的另一条路线
- 甲起点 → 甲终点
- 单行道
- 甲控制栅门
- 乙控制栅门
- 乙终点 ← 乙起点
- 乙的另一条路线